现代生物农业·园艺

高原夏菜安全高效栽培理论与实践

王晓巍　张玉鑫　编著

科学出版社

北　京

内 容 简 介

本书介绍了发展高原夏菜的意义及甘肃省发展高原夏菜的产业优势、现状和存在问题，分析了甘肃省蔬菜生产比较优势区域差异，提出了甘肃省高原夏菜种植气候区划，总结了莴笋、胡萝卜、西芹、花椰菜、洋葱、娃娃菜、甘蓝、菜用豌豆等主栽高原夏菜安全高效栽培、贮运保鲜、脱水加工等技术研究理论成果，提出了高原夏菜产地环境条件、产品质量标准、安全高效生产技术规程、贮运保鲜技术规范和高效种植模式。书中所提的各项技术新颖、实用性强，注重理论性、科学性、先进性和适用性，力求深入浅出，通俗易懂，简明实用。

本书适合广大蔬菜科研人员、技术推广人员、基层领导干部、蔬菜企业管理者以及蔬菜种植者阅读使用。

图书在版编目（CIP）数据

高原夏菜安全高效栽培理论与实践/王晓巍，张玉鑫编著. —北京：科学出版社, 2017.6

(现代生物农业·园艺)

ISBN 978-7-03-052748-6

Ⅰ. ①高… Ⅱ.①王… ②张… Ⅲ. ①夏菜–蔬菜园艺–研究 Ⅳ.①S63

中国版本图书馆 CIP 数据核字(2017)第 101375 号

责任编辑：李秀伟 白 雪 / 责任校对：李 影
责任印制：张 伟 / 封面设计：刘新新

科学出版社 出版
北京东黄城根北街 16 号
邮政编码: 100717
http://www.sciencep.com

北京东华虎彩印刷有限公司 印刷

科学出版社发行 各地新华书店经销

*

2017 年 6 月第 一 版 开本：B5 (720×1000)
2017 年 6 月第一次印刷 印张：15 3/4 插页：1
字数：317 000

定价：98.00 元

(如有印装质量问题，我社负责调换)

编著者名单

（按姓氏汉语拼音排序）

郭晓冬　侯　栋　蒯佳琳　李亚莉
罗　真　马彦霞　苏斌忠　陶兴林
王晓巍　王志伟　颉敏华　谢志军
杨永岗　于庆文　张化生　张俊峰
张廷龙　张玉鑫

前 言

高原夏菜是利用甘肃省高原地区夏秋气候凉爽、光照充足、昼夜温差大、海拔垂直梯度明显等气候地理优势发展起来的蔬菜产业，其产品具有无公害、品质好、耐贮运等特点，6～10 月上市，供应我国东南沿海、长江中下游及华北地区夏秋蔬菜淡季市场及东南亚、中亚等国际市场的蔬菜。甘肃省已被农业部列入规划的西北黄土高原夏秋蔬菜优势区和西北内陆出口蔬菜重点生产区域。2015 年甘肃省蔬菜面积达到 810 万亩[①]，产量达 1816 万 t，产值达 340 亿元。蔬菜已成为甘肃省带动农业农村经济发展重要的特色优势产业。

甘肃高原夏菜的种植始于 20 世纪 90 年代，早期种植范围主要集中在兰州市的榆中县、红古区、皋兰县所在区域。经过 20 余年的发展，如今的高原夏菜种植范围已覆盖甘肃省内主要蔬菜产区，并辐射青海、宁夏、陕西等省区，能够持续供应 30 多个种类 200 多个品种的优质蔬菜，有效补充了我国东部与南部地区蔬菜“伏缺”季节的市场供应。高原夏菜已成为以甘肃省为代表的我国西部地区的品牌。

甘肃省农业科学院蔬菜研究所技术人员，针对制约甘肃省高原夏菜的共性和区域技术问题，积极进行了技术攻关与示范，取得了一批重要成果。针对河西走廊高原夏菜生产问题，重点以根茎类（胡萝卜、莴笋）、甘蓝类（花椰菜）和叶菜类（西芹）蔬菜为研究对象，提出了胡萝卜多层覆盖穴播栽培，西芹硝酸盐控制，甘蓝类、根茎类、叶菜类蔬菜适宜密植栽培，化学肥料减量使用、缓控施肥、膜下滴灌、间作套种高效种植制度等关键技术；集成提出了胡萝卜、莴笋、花椰菜、西芹、洋葱高效安全栽培技术；解决了河西走廊高海拔冷凉区高原夏菜上市过于集中的问题，对于减轻销售压力、实现产品均衡供应、提高种植效益具有重大意义，为西北地区高海拔冷凉区高原夏菜生产提供了示范样板。

针对陇中黄土高原区技术问题，提出了多茬复种茬口安排、错期播种、多茬高效种植等关键技术；集成提出了甘蓝、甜脆豆、荷兰豆、娃娃菜、青花菜高效安全栽培技术。实现了产量、商品性和单位面积效益的提高，促进了高原夏菜产品供给的安全性与产业整体效益的提升。经济社会效益显著，有效支撑了甘肃高原夏菜产业持续高效安全发展。

本书共 4 章：第一章为高原夏菜概述，介绍了发展高原夏菜的意义，甘肃省发展高原夏菜产业优势、产业发展现状和存在问题。第二章为专题研究，提出甘肃省高原夏菜种植气候区划、甘肃省蔬菜生产比较优势区域差异分析，总结了近

① 1 亩≈666.67m^2。

年来承担项目中有关莴笋、胡萝卜、西芹、花椰菜、洋葱、娃娃菜、甘蓝、菜用豌豆等主栽高原夏菜在适宜密度、节水灌溉、平衡施肥、化肥减量等栽培技术，贮运保鲜关键技术与脱水加工技术等方面的理论研究成果。第三章为高原夏菜生产技术规程，提出了高原夏菜产地环境技术条件、主栽高原夏菜产品质量标准、安全高效标准化生产技术规程及贮运保鲜技术规范。第四章为高原夏菜高效种植模式，总结了高海拔冷凉地区夏秋蔬菜延期供应技术及几种优化高效栽培模式。参编者都是长期工作在生产第一线开展科研与技术推广的人员，具备一定的理论知识、熟悉产业技术需求，本书是集体智慧的结晶。书中的各项技术新颖、实用性强，注重理论性、科学性、先进性和适用性，力求深入浅出，通俗易懂，简明实用。

由于编著者水平有限，书中难免有疏漏和不足之处，敬请读者批评指正。

编著者

2016年11月

目　　录

前言
第一章　高原夏菜概述……1
第一节　发展高原夏菜的意义……1
第二节　甘肃省发展高原夏菜的优势……3
一、甘肃省高原夏菜产业的宏观优势……3
二、甘肃省高原夏菜产业的微观优势……5
第三节　甘肃省高原夏菜的发展现状……6
一、甘肃省蔬菜产业的发展历程……6
二、甘肃省蔬菜产业的发展现状……10
第四节　甘肃省高原夏菜发展存在的问题……16
一、新品种引育滞后，专业化育苗体系不完善……16
二、产品上市期过于集中，销售压力大……17
三、市场信息不灵，销售渠道不畅……17
四、运输距离长，成本高……17
五、生产潜力发挥不足，质量安全监管有待加强……18
六、组织化水平不高，加工贮藏能力仍不足……18
参考文献……18
第二章　专题研究……20
第一节　甘肃省蔬菜生产比较优势区域差异分析……20
一、材料与方法……21
二、结果分析……22
三、讨论……31
第二节　甘肃省高原夏菜种植气候区划……32
一、材料与方法……32
二、结果与分析……34
三、结论……38
第三节　高原夏菜安全高效栽培技术研究……39
一、莴笋安全高效栽培技术研究……39

二、胡萝卜安全高效栽培技术研究……56
三、西芹安全高效栽培技术研究……73
四、花椰菜安全高效栽培技术研究……85
五、娃娃菜安全高效栽培技术研究……94
六、结球甘蓝安全高效栽培技术研究……101
七、洋葱安全高效栽培技术研究……111
八、菜用豌豆安全高效栽培技术研究……116
第四节　高原夏菜贮运保鲜关键技术研究……133
一、贮运包装内气体变化及其控制技术研究……133
二、主调菜种保鲜剂配制与优化筛选研究……135
三、主调菜种 1-MCP 施用规范研究……136
四、预冷设备的应用对蔬菜贮运温度及保鲜效果影响……136
五、高原夏菜保鲜技术集成应用……137
第五节　高原夏菜脱水加工技术研究……138
一、新型太阳能蔬菜脱水干燥车间设计与性能观测……139
二、蔬菜太阳能脱水工艺技术研究……145
参考文献……147
第三章　高原夏菜安全高效标准化生产技术规程……149
第一节　高原夏菜产地环境技术条件……149
第二节　高原夏菜产品质量标准……154
一、白菜产品质量标准……154
二、莴笋产品质量标准……158
三、胡萝卜产品质量标准……163
四、芹菜产品质量标准……167
五、洋葱产品质量标准……172
六、甘蓝产品质量标准……177
第三节　高原夏菜安全高效标准化生产技术规程……181
一、莴笋安全高效标准化生产技术规程……181
二、胡萝卜安全高效标准化生产技术规程……185
三、花椰菜安全高效标准化生产技术规程……189
四、青花菜安全高效标准化生产技术规程……192
五、西芹安全高效标准化生产技术规程……197
六、洋葱安全高效标准化生产技术规程……200

七、娃娃菜安全高效标准化生产技术规程……204
八、甘蓝安全高效标准化生产技术规程……207
九、荷兰豆安全高效标准化生产技术规程……211
十、甜脆豆安全高效标准化生产技术规程……215
第四节　高原夏菜贮运保鲜技术规范……218
一、白菜贮运保鲜技术规范……218
二、莴笋贮运保鲜技术规范……220
三、花椰菜贮运保鲜技术规范……221
四、芹菜贮运保鲜技术规范……223
五、甘蓝贮运保鲜技术规范……224
六、青花菜贮运保鲜技术规范……226
七、荷兰豆贮运保鲜技术规范……227
第四章　高原夏菜高效种植模式……230
第一节　高海拔冷凉地区夏秋蔬菜延期供应技术……230
一、通过错期播种实现夏秋蔬菜延期供应……230
二、利用不同覆盖方式实现夏秋蔬菜延期供应……230
三、利用不同海拔温差实现夏秋蔬菜延期供应……231
第二节　甘肃省高原夏菜优化栽培模式……231
一、菜用豌豆复种娃娃菜栽培模式……231
二、菜用豌豆复种花椰菜栽培模式……232
三、蒜苗复种西芹栽培模式……233
四、蒜苗复种花椰菜栽培模式……234
五、蒜苗复种娃娃菜栽培模式……234
六、菠菜复种娃娃菜栽培模式……234
七、菠菜复种花椰菜栽培模式……235
八、马铃薯复种大葱栽培模式……235
九、莴笋复种花椰菜栽培模式……236
十、花椰菜复种娃娃菜栽培模式……240
十一、娃娃菜套种向日葵高效栽培技术……240
十二、娃娃菜间作西芹高效栽培技术……242
彩图

第一章　高原夏菜概述

第一节　发展高原夏菜的意义

蔬菜是重要的园艺产品，是种植业中最具活力的经济作物，在世界农业生产中占有重要地位和优势。据联合国粮食及农业组织（FAO）数据估算，2013 年世界蔬菜收获面积约为 5823 万 hm^2，较 2012 年增长约 2.3%；总产量约为 11.35 亿 t，较 2012 年增长约 2.3%。全球蔬菜收获面积排名前五的国家为中国、印度、尼日利亚、土耳其和美国，分别占全球收获总面积的 41.69%、14.85%、3.25%、1.91%和 1.80%，蔬菜产量排名前五的国家为中国、印度、美国、土耳其和伊朗，分别占全球总产量的 51.13%、10.65%、3.01%、2.49%和 2.08%（国家大宗蔬菜产业技术体系，2016）。全球蔬菜生产主要分布在亚洲、欧洲和非洲，亚洲是世界最主要的蔬菜生产地区，其中中国和印度是亚洲主要的蔬菜生产国家；欧洲和非洲虽然也是世界主要蔬菜生产地区，但其占世界蔬菜生产的比例远远小于亚洲（贺超兴和于贤昌，2012）。

蔬菜是中国重要农产品之一，我国政府十分重视蔬菜生产，先后通过“菜篮子工程”和制定蔬菜发展规划等措施，积极引导蔬菜产业发展，取得了巨大成就。据中国农业统计资料显示，在 20 世纪 80 年代我国蔬菜播种面积年均增长近 10%，90 年代年均增长 14.5%（李崇光和包玉泽，2010），21 世纪以来年均增长 2.5%。蔬菜播种面积由 1985 年的 475.3 万 hm^2 增加到 2014 年的 2133.3 万 hm^2，产量由 8243 万 t 提高到 7.48 亿 t，人均占有量由 170kg 增加到 500kg；2014 年蔬菜产值约 1.5 亿元，蔬菜生产对全国农民人均纯收入的贡献额达 830 多元，占农民人均收入的 14%（丁海凤等，2015）。

2014 年我国设施蔬菜面积达 5793 万亩（沈辰等，2015），产量 2.63 亿 t，约占同年蔬菜瓜类总产量的 32.3%，设施蔬菜及瓜类人均占有量达 190kg 左右（杨其长，2016）。我国已经成为世界上最大的蔬菜生产国和消费国，收获面积、产量以及人均占有量均居世界第一。我国已初步形成了华南与西南热区冬春蔬菜、长江流域冬春蔬菜、黄土高原夏秋蔬菜、云贵高原夏秋蔬菜、北部高纬度夏秋蔬菜、黄淮海与环渤海设施蔬菜六大优势区域，呈现栽培品种互补、上市档期不同、区域协调发展的格局（韩婷和穆月英，2015）。在产销量增加的同时，我国蔬菜在国际市场上的整体竞争力也在不断增强，蔬菜已经成为我国主要的出口农产品之一。据 FAO 统计，1990 年我国的蔬菜出口量为 142 万 t，列世界第六位；2001 年达到了 511 万 t，位居世界第一位（何启伟和焦自高，2005）。2015 年，我国蔬菜进口量 24.47 万 t，较 2014 年增长 10.3%，进口额 5.41 亿美元，同比增长 5.13%；出口量为 1018.72 万 t，出口额 132.67 亿美元，较 2014 年分别增长 4.37%和 6.15%（徐克等，2016）。在出口市场上，我国蔬菜已经出口到全球近 200 个国家和地区，在全球市场占据了重要的地位。大力发展蔬菜专业化生产，打造具有国际竞争优势的现代化蔬菜产业，已成为我国政府调整农业生产结构、增加农民收入、发展现代农业的方式之一。

未来十年我国人口数量仍处在上升期，随着城乡居民生活水平的不断提高和农村人口向城镇转移加快，商品蔬菜需求量将呈现刚性增长趋势。沈辰等（2014）研究认为，未来我国蔬菜生产仍将呈现稳健增长态势，至 2023 年全国蔬菜播种面积将达 2056.8 万 hm^2，蔬菜总产量将达 72 991 万 t，人均蔬菜直接消费量将从 2013 年的 149kg 增加到 2023 年的 166kg，蔬菜国内消费量将达 7.22 亿 t，净出口量基本维持在 850 万～890 万 t。发展蔬菜产业仍具有广阔的市场前景。

20 世纪 80 年代以来，我国实施“菜篮子工程”，在全国范围较好地解决了冬春淡季吃菜难的问题。但由于中国东南沿海地区夏秋季节气候炎热，不利于蔬菜生产，导致这些地区 6～9 月蔬菜供需矛盾较大。另外，随着世界蔬菜贸易的发展，东南亚等国家和地区对中国夏季蔬菜的需求也呈不断上升的态势（张桂芬，2006）。高原夏菜是指利用西北高原夏季凉爽、日照充足、昼夜温差大等气候特点，在高海拔灌溉农业区生产优质蔬菜，补充东南沿海 6～9 月的蔬菜淡季（贠文俊，2012）。高原夏菜的种植始于 20 世纪 90 年代，早期种植范围主要集中在兰州市的榆中县、红古区、皋兰县所在区域。经过 20 余年的发展，如今的高原夏菜种植范围已覆盖甘肃省内主要蔬菜产区，并辐射青海、宁夏、陕西等省区（孙海峰，2014），能够持续供应 30 多个种类 200 多个品种的优质蔬菜，有效补充了我国东部与南部地区蔬菜“伏缺”季节的市场供应。高原夏菜已成为以甘肃省为代表的我国西部地区的品牌。

甘肃省在发展高原夏菜生产中，充分利用 6～9 月东南沿海蔬菜生产不足，而甘肃省正是蔬菜生产旺季的有利时机，以及全省冬春发展设施栽培的自然资源优势，大力发展设施蔬菜和高原夏菜生产，打好季节差，占领初秋和冬季、夏季两个时段的市场空间。在全国六大蔬菜生产优势区中，以甘肃为核心的高原夏菜基地以其适宜的自然条件和所生产的蔬菜品质较好，成为我国“西菜东调”、“北菜南运”的商品蔬菜基地之一，被农业部列入规划的夏秋蔬菜生产重点区域和西北内陆出口蔬菜重点生产区域。2014 年甘肃省蔬菜种植面积 760.29 万亩，占全省农作物种植面积的 12.08%；产量达 1705.19 万 t，占全省农作物总产量的 52%；产值约 331.99 亿元，约占农业总产值的 28.26%；蔬菜收入占到全省农民纯收入的 20.2%，为农民人均纯收入贡献 1160 元（甘肃省经济作物技术推广站，2015）。蔬菜产业已成为甘肃省带动农业农村经济发展重要的特色优势产业，在保障市场供应、增加农民收入、扩大劳动就业、拓展出口贸易等方面发挥了重要作用。搞好高原夏菜产业，对于满足西北地区尤其是东南部地区夏秋季节蔬菜供应，增加主产区农民收入具有重要的现实意义。

第二节　甘肃省发展高原夏菜的优势

一、甘肃省高原夏菜产业的宏观优势

（一）要素禀赋和自然资源

1. 气候资源

甘肃省地处黄土高原、青藏高原和内蒙古高原三大高原的交汇地带。境内地形复杂，山脉纵横交错，海拔相差悬殊，高山、盆地、平川、沙漠和戈壁等兼而有之，是山地型高原地貌。从东南到西北包括了北亚热带湿润区到高寒区、干旱区的各种气候类型。甘肃省气候干燥，气温日较差大，光照充足，太阳辐射强。年平均气温在0～14℃，由东南向西北降低；河西走廊年平均气温为4～9℃，祁连山区0～6℃，陇中和陇东分别为5～9℃和7～10℃，甘南1～7℃，陇南9～15℃。夏季凉爽，有“天然凉棚”之称，7月平均气温≤24.6℃，适宜喜凉蔬菜和喜温蔬菜生长，夏季蔬菜上市期正值我国南方6～9月蔬菜淡季。年均降水量300mm左右，降水各地差异很大，在42～760mm，自东南向西北减少，降水各季分配不匀，主要集中在6～9月。光照充足，光能资源丰富，年日照时数为1700～3300h，自东南向西北增多。河西走廊年日照时数为2800～3300h，敦煌是日照最多的地区，所以敦煌的瓜果甜美，罗布麻、锁阳等药材非常地道；陇南为1800～2300h，是日照最少的地区；陇中、陇东和甘南为2100～2700h。

2. 土地资源

甘肃省总土地面积45.5万km^2，人均2.3hm^2，比全国平均水平高出1倍多，居全国第七位。农用地2541.66万hm^2（38 124.86万亩），占土地总面积的55.90%。其中，耕地462.37万hm^2（6935.52万亩），人均耕地0.208hm^2，是全国平均水平的1.4倍；园地20.60万hm^2（309.01万亩）；林地518.32万hm^2（7774.82万亩）；牧草地1410.69万hm^2（21160.32万亩）；其他农用地129.67万hm^2（1945.19万亩）。全省土地面积居全国第七位，人均占有土地量居全国第五位。耕地面积居全国第11位，人均占有耕地2.65亩，居全国第六位。甘肃可利用土地资源丰富，适宜企业或种植大户开发利用。

3. 水资源

甘肃省水资源主要分属黄河、长江、内陆河3个流域9个水系。黄河流域有

洮河、湟河、黄河干流（包括大夏河、庄浪河、祖厉河及其他直接入黄河干流的小支流）、渭河、泾河5个水系；长江流域有嘉陵江水系；内陆河流域有石羊河、黑河、疏勒河（含苏干湖水系）3个水系。全省自产地表水资源量286.2亿m^3，纯地下水8.7亿m^3，自产水资源总量约294.9亿m^3，人均1150m^3。全省河流年总径流量415.8亿m^3，其中，1亿m^3以上的河流有78条。黄河流域除黄河干流纵贯省境中部外，支流就有36条。该流域面积大、水利条件优越。长江水系包括省境东南部嘉陵江上源支流的白龙江和西汉水，水源充足，年内变化稳定，冬季不封冻，河道坡降大，且多峡谷，蕴藏有丰富的水能资源。内陆河流域包括石羊河、黑河和疏勒河3个水系，有15条，年总地表径流量174.5亿m^3，流域面积27万km^2。河流大部分源头出于祁连山，北流和西流注入内陆湖泊或消失于沙漠戈壁之中。具有流程短，上游水量大、水流急，下游河谷浅、水量小、河床多变等特点，但水量较稳定，蕴藏有丰富的水能资源。

（二）制度环境

党中央、国务院对发展蔬菜生产、保障市场供应工作历来十分重视，始终把蔬菜生产作为保障民生、保持社会稳定和管理通胀预期的重要工作来认识和部署。国务院先后出台了《关于进一步促进蔬菜生产保障市场供应和价格基本稳定的通知》、《关于稳定消费价格总水平保障群众基本生活的通知》，国务院办公厅出台了《关于统筹推进新一轮“菜篮子”工程建设的意见》，提出了蔬菜产业发展的一系列针对性、指导性都非常强的政策措施。农业部制定颁布的《全国蔬菜重点区域发展规划（2009—2015年）》中，将甘肃省凉州区、靖远县、庆城县、合水县、甘州区、榆中县、西峰区、临洮县、会宁县、宁县、肃州区、武山县、崆峒区、甘谷县、秦州区15个县（区）列为黄土高原夏秋蔬菜重点区域，榆中县、甘州区、高台县、靖远县、七里河区5个县（区）被确定为西北内陆出口蔬菜重点区域基地县。2010年，农业部投入大量资金，在全国启动了蔬菜标准园创建活动，甘肃省有12个县列入创建范围。2011年，国务院办公厅颁布《关于进一步支持甘肃经济社会发展若干意见》，把蔬菜作为甘肃特色优势产业，明确要求大力发展。同时，蔬菜是我国国际贸易中最具出口竞争力的农产品之一，出口量日益增加。特别是欧亚大陆桥的开通，为甘肃蔬菜走向中东欧市场打开了便利的通道。随着我国东南部地区产业结构调整的深入推进和劳动力成本的不断提高，国家蔬菜产业重心逐年由东南沿海地区向工业化污染较轻的黄土高原优势区战略转移。

近年来，甘肃省委、省人民政府审时度势，立足甘肃实际，把蔬菜作为全省重要的特色优势产业和农民增收的支柱产业来培育，制定了《甘肃省蔬菜产业发展规划（2009—2012年）》，出台了《甘肃省蔬菜产业发展扶持办法》，从政策和资金方面对产业发展给予重点扶持。“十二五”时期，甘肃省委、省人民政府继续把蔬菜产业作为全省重要的特色优势产业，全力推进蔬菜产业发展。2011年全省整合筹措资金1亿多元，拉动地方投资20多亿元发展蔬菜产业，取得了明显成效。为促进蔬菜产业的发展，全省每年列出专项资金5000多万元，用于生产基地建设、扶持龙头企业、引进推广新品种、新技术和农民培训工作，年举办各类科技培训班5000期以上，参训农民达到120万人次；年引进和推广优新品种100多个，主要作物良种覆盖率达到95%以上；年示范推广新技术40余项，农业成果转化率达50%。同时利用中国农业信息网供求一站通系统，发挥网上信息发布快捷、方便、覆盖面广的优势，广泛开展名、特、优、新农产品销售信息的网上发布工作；加强与报社、电视台、电台等多种媒体合作，开展形式多样的信息服务，提高了信息的深度、广度、信度和效度，促进了蔬菜产业的发展。积极创新科技服务体制，大力探索新时期新形势下农业科技推广新途径，在充分发挥农业科技特派员与农技中心区域站作用的基础上，又开通了“12316”三农服务热线，由农业专家及时、快捷、方便地为农民服务。目前，已形成了以农业科技特派员、农业中心区站、农业专家直通车、“12316”三农服务热线为主的“四位一体”最佳服务模式，这一模式得到了有关领导的肯定和农民朋友的欢迎。

二、甘肃省高原夏菜产业的微观优势

（一）产品质量优势

甘肃大部分地区气候干燥、冷凉，病虫害轻；蔬菜基地远离城镇及工业区，江河上游及生产区域内工业污染少，具有生产无公害蔬菜的天然优势。自2001年全省实施无公害食品行动计划以来，各地采取多种措施，加强了产前、产中、产后各环节全程监管，蔬菜质量安全水平显著提升。高原夏菜由于生产在自然条件优良的冷凉高原，营养物质积累丰富。一是营养成分高。含糖、粗蛋白、维生素C高，粗蛋白、维生素C含量均分别明显高于外地蔬菜31个、28个百分点。二是硒元素含量丰富。芹菜、百合、青花菜、菠菜等蔬菜，每千克含硒量分别为0.0330mg、0.0124mg、0.0146mg、0.0101mg；玫瑰为0.0388mg，西甜瓜为0.0156mg。以上产品硒含量既符合国家标准限定值，又远高于外地同类产品，是大众补硒的最佳选择。三是高原夏菜具有较高的质量安全水平。严格实施蔬菜市场准入和产地准出制度，严把进口、出口关，强化从产前到产后的质量监管，高原夏菜在全国大中城市蔬菜质量安全例行监测中综合排名一直名列前茅，其中2003年和2005年全国第一，2004年和2006年全国第四。

（二）品种优势

由于气候的多样性，无论国外品种还是国内品种，许多蔬菜品种在甘肃都表现出良好的生物学适应性和强大的市场商品性。甘肃蔬菜种植品种已达380多个，一年四季可向省内外提供30多个种类200多个品种。其中，百合、韭黄、韭菜、甘蓝、青花菜、菜用豌豆等在国内外市场都具有很强的竞争力（王保福等，2009）。

（三）市场优势

从国际市场看，由于成本的原因，发达国家蔬菜生产不断萎缩，今后还将减少，这为我国蔬菜发展提供了更广阔的发展空间。另外一方面我国把蔬菜作为国际贸易中最具出口竞争力的农产品之一，2015 年，我国蔬菜出口量达 1018.72 万 t，出口额 132.67 亿美元；远远高于世界蔬菜出口增长的平均水平，出口量日益增加（徐克等，2016）。从国内市场看，每年 6～9 月，我国东、南部大部分地区气候炎热，台风和暴雨等自然灾害性天气频繁，蔬菜生产、运输均受到抑制，供给严重不足，价格上涨。而此时正是甘肃高原夏菜大量上市的季节，从空间和时间上弥补了南方市场的需求。蔬菜产品外销广州、厦门、上海、杭州、北京、成都、香港、澳门等 90 多个城市和青海等周边地区，同时还出口新加坡、马来西亚、加拿大、日本等国家。

（四）劳动力优势

蔬菜生产属于典型的劳动密集型产业，需要大量的手工作业。人工工资是构成蔬菜生产成本的主要因素，占总成本的 73.66%（吴文劼，2015）。我国属于低收入低消费国家，甘肃等西部欠发达地区，劳动力价格仅相当于全国平均价格的 60%左右（刘莉和杨伟，2009），与日本、美国和欧洲等发达国家和地区相比更低。甘肃人口多、劳动力资源相对比较丰富、工资性支出少，大大降低了蔬菜产品的成本，提高了市场竞争力。

第三节　甘肃省高原夏菜的发展现状

一、甘肃省蔬菜产业的发展历程

甘肃省蔬菜产业发展起始于 20 世纪 70 年代，经过 80 年代结构调整、90 年代快速发展和 21 世纪的稳步扩大三个阶段。特别是近年来，随着农业种植结构的调整力度逐年增大，蔬菜生产一直保持着持续快速发展的良好势头，种植面积逐步扩大，种植模式更加丰富，品种不断增多，产量连年增加，效益显著增长，已成为甘肃省种植业中最具竞争力的优势产业之一（王晓巍，2009）。

一是从 1978～1990 年，是甘肃省蔬菜产业化发展的起步阶段。1978 年以前，以计划种植为重要标志，主要服从于粮食生产，蔬菜生产基本上处于辅助的地位，其生产立足于产地周围地区的需求和自身的生产能力，有计划地组织生产。1978 年以后，伴随着家庭联产承包责任制在农村广泛地实行，农村生产潜能得到空前的释放，包括蔬菜生产在内的农业生产有了较大的发展。1978 年，甘肃省蔬菜面积仅为 67.74 万亩，占全省农作物播种面积的 1.29%，蔬菜产量为 57.58 万 t。到

1990 年，全省蔬菜面积达到 95.43 万亩，占全省农作物播种面积的 1.76%，蔬菜产量达到 204.58 万 t，人均占有量 90.74kg，蔬菜（含瓜类）产值达到 7.02 亿元，占全省农业总产值的 10.22%。与 1978 年相比，全省蔬菜面积扩大了 27.69 万亩，总产量增加了 147 万 t，人均占有量增加了 59.9kg，分别增长了 40.9%、255.3%和 194.2%（图 1-1）。

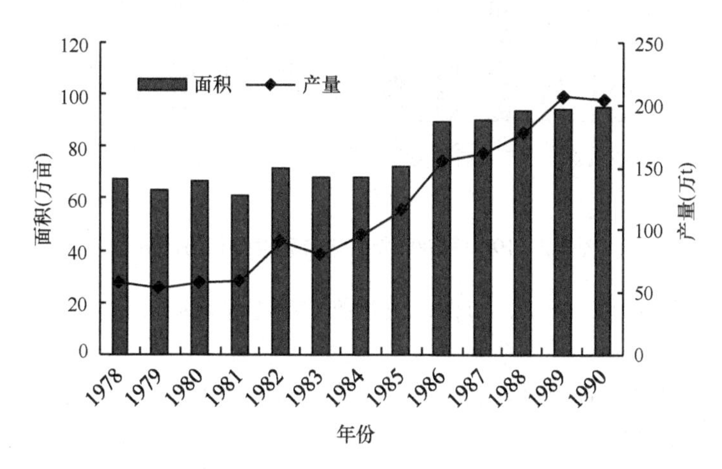

图 1-1　1978～1990 年甘肃省蔬菜面积与产量

二是从 1991～2000 年，是甘肃省蔬菜产业快速发展、不断壮大的阶段。这一阶段，蔬菜面积大幅增加，蔬菜生产呈现多元化发展的趋势。各地充分利用自身的自然条件与优势，开始走上专业化生产与高投入、高产出的路子。最突出的表现是借鉴山东寿光经验，尤其是温室大棚如雨后春笋，蓬勃兴起，棚菜大面积发展，使季节性很强的蔬菜生产延长了服务时间，提高了精细程度，也提高了经济效益。同时，蔬菜生产也成为调整农业产业结构、提高经济效益、实现贫困地区脱贫致富的重要途径。到 2000 年，全省蔬菜面积达到 277.57 万亩，占全省农作物播种面积的 4.95%，蔬菜产量达到 501.3 万 t，人均占有量 199.3kg，蔬菜（含瓜类）产值达到 51.2 亿元，占全省农业总产值的 23.0%。与 1990 年相比，全省蔬菜面积扩大了 182.1 万亩，总产量增加了 296.7 万 t，人均占有量增加了 108.6kg，产值增加了 44.2 亿元，分别增长了 190.9% 、145.0%、119.6%和 629.3%（图 1-2）。

甘肃省从 20 世纪 80 年代中期大力发展塑料拱棚蔬菜生产，90 年代初开始大力发展日光温室蔬菜生产。自 1991 年开始引进辽宁、山东、北京的第一代节能日光温室以来，在各级政府、科研单位和技术推广部门的共同努力下，日光温室生产发展迅猛。1992 年全省日光温室面积仅 12 亩，到 1997 年发展到 9.1 万亩。1998 年甘肃省委、省人民政府及时抓住发展的有利时机，实施了日光温室翻番工程，由甘肃省农业科学院蔬菜研究所牵头，全省大联合，组成日光温室科技攻关研发团队，

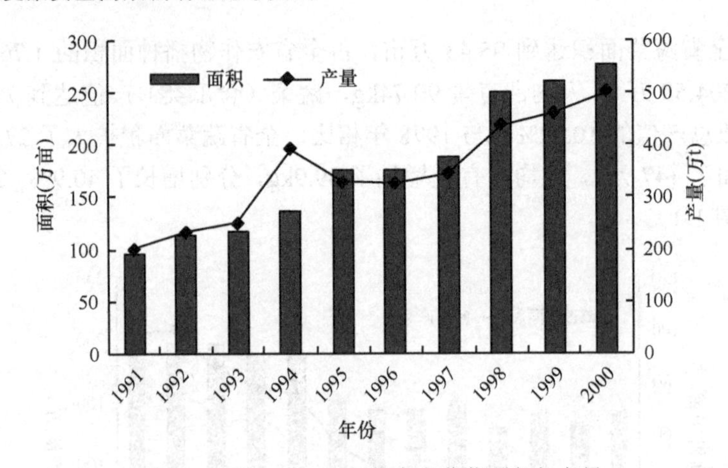

图 1-2 1991～2000 年甘肃省蔬菜面积与产量

涵盖育种、设施工程、栽培、植保、农技推广等专家，研究设计出西北型节能日光温室，选育出了‘甘丰’系列黄瓜、‘陇椒’系列辣椒、‘陇番’系列番茄等设施专用蔬菜新品种。各级财政加大投入力度，极大地调动农民群众建造日光温室的积极性，很好地发挥了财政资金宏观调整和优势产业引导发展的作用。到 2000 年全省设施蔬菜面积达到 58.8 万亩，占全省蔬菜面积的 21.2%，其中大中棚蔬菜面积 32.4 万亩，日光温室蔬菜面积 26.4 万亩（图 1-3）。日光温室面积是西部其他省（自治区）日光温室面积之和，年均新增面积达到 4.3 万亩。不仅解决了甘肃省淡季蔬菜供应问题，还使甘肃省成为西北冬春蔬菜生产供应中心。

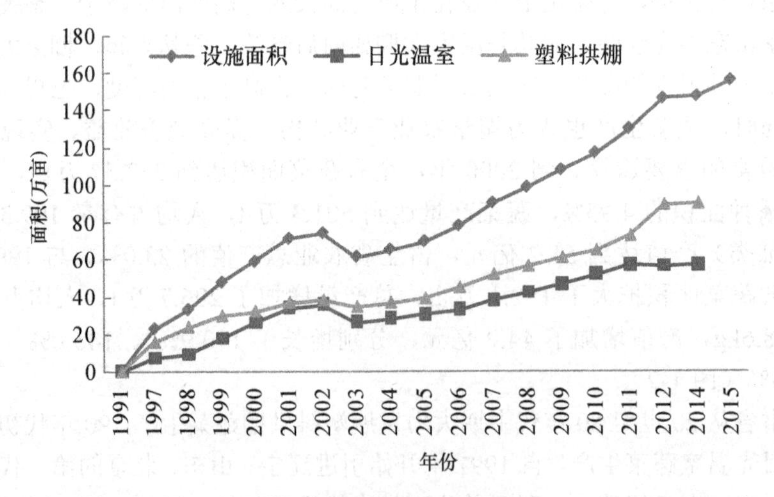

图 1-3 甘肃省设施蔬菜面积

三是 21 世纪以来，是甘肃省蔬菜产业优化提升时期。这一阶段全省蔬菜生产基地规模化程度不断提升。在重点抓好高效节能日光温室普及推广的基础上，全力抓好蔬菜生产模式的试验示范，建成了一批规模化的优质蔬菜生产基地，初步形成了日光温室、塑料大棚、小拱棚、地膜覆盖和露地生产 5 种生产模式并举的特色产业开发新格局。2014 年全省蔬菜种植面积 760.29 万亩，产量达 1705.19 万 t，面积和产量均居全国的第 17 位。到 2015 年年底，全省蔬菜种植面积约 790.8 万亩，产量达到 1823.14 万 t（表 1-1）。

表 1-1　2001～2015 年甘肃省蔬菜产业发展情况

年份	种植面积（万亩）	比上年增长（%）	占农作物播种面积（%）	蔬菜产量（万 t）	比上年增长（%）	产值（亿元）	占全省农业总产值（%）
2001	304.92	2.46	5.07	603.17	19.25	48.48	19.09
2002	339.66	11.39	5.50	645.17	6.96	56.10	21.81
2003	403.10	18.68	6.31	732.59	13.55	54.76	19.85
2004	425.08	5.45	7.72	810.75	10.67	82.76	24.98
2005	460.22	8.27	8.23	866.91	6.93	89.04	24.54
2006	476.21	3.47	8.50	933.85	7.72	106.84	26.99
2007	520.46	9.29	9.05	999.92	7.08	132.52	28.89
2008	551.69	6.00	9.51	1082.29	8.24	149.55	28.24
2009	557.46	1.05	9.44	1145.35	5.83	177.94	30.30
2010	592.46	6.28	9.89	1235.46	7.87	205.30	27.10
2011	623.10	5.17	10.21	1320.60	6.89	210.54	24.82
2012	681.02	9.30	11.02	1460.42	10.59	165	16.76
2013	722.81	6.14	11.52	1578.72	8.10	301.52	27.30
2014	760.29	5.19	12.08	1705.19	8.01	331.99	28.26
2015*	790.8	4.01	13.20	1823.14	6.92	335	

注：数据来源于《甘肃农村年鉴》

* 2015 年数据来源于《2015 年甘肃省国民经济和社会发展统计公报》

从 2001 年起甘肃省日光温室蔬菜进入平稳发展阶段。到 2005 年，全省设施面积 69.62 万亩，其中，塑料棚蔬菜面积 39.1 万亩，日光温室蔬菜面积 30.52 万亩。到 2006 年以后，宁夏、新疆设施蔬菜生产发展速度加快，与甘肃省形成了激烈的竞争态势。为了保持甘肃省设施蔬菜的竞争优势，甘肃省人民政府出台了《甘肃省蔬菜产业发展规划（2009—2012 年）》和《甘肃省蔬菜产业发展扶持办法》。2010 年整合筹措资金 4000 万元，拉动地方投资 20 多亿元，加快了设施蔬菜的发展。形成了全省“西部温室东部大棚”的设施蔬菜优势区域布局，以河西五市（武威、张掖、金昌、酒泉、嘉峪关）及兰州、白银为主的日光温室重点产区，以陇东、陇南为主的春提早秋延后塑料大（小）拱棚重点产区，明显改善了冬春淡季蔬菜供应紧缺的问题。2010 年全省设施蔬菜面积达 120 万亩；以河西走廊和沿黄灌区为主的日光温室达 42.6 万亩，占全省日光温室面积的 81.9%；以陇东南为主的塑料拱棚面积达到 48.6 万亩，占全省塑料拱棚面积的 74.8%。2015 年全省设施蔬菜播种面积 156 万亩（图 1-3），占蔬菜总播种面积的 19.7%；产量 540.55 万 t，占蔬菜总产量的 29.7%；总产值达到 170 亿元以上，日光温室实现了亩产量、产值双过万。

二、甘肃省蔬菜产业的发展现状

（一）生产规模不断扩大

由于气候条件、劳动力资源和生产成本等优势，甘肃省的蔬菜生产规模不断扩大，生产总量逐年递增。全省蔬菜种植面积由2001年的304.9万亩增加到了2015年的790.8万亩，面积增加485.9万亩，增幅159.4%，年均增长7.12%；产量由2001年的603.2万t增加到了2015年的1823.1万t，增加1219.97万t，增幅202.3%，年均增长8.24%；产值由2001年的近48.5亿元增长到2015年的335亿元，增加了286.5亿元，增幅591.0%（表1-1）。面积、产量增长速度远远高于全国平均水平。全省蔬菜面积排名前五的为庆阳市、天水市、兰州市、平凉市和武威市，分别为124.1万亩、101.5万亩、93.8万亩、89.1万亩和63.9万亩（图1-4），占全省蔬菜面积的16.3%、13.4%、12.3%、11.7%和8.4%；蔬菜产量排名前五的为兰州市、天水市、武威市、酒泉市和张掖市，分别为271.3万t、237.3万t、227.3万t、178.1万t和160.7万t（图1-5），分别占全省蔬菜总产量的15.9%、13.9%、13.3%、10.4%和9.4%。全省有7个县（区）蔬菜种植面积在20万亩以上，26个县（区）在10万～20万亩，22个县（区）5万～10万亩（表1-2）。

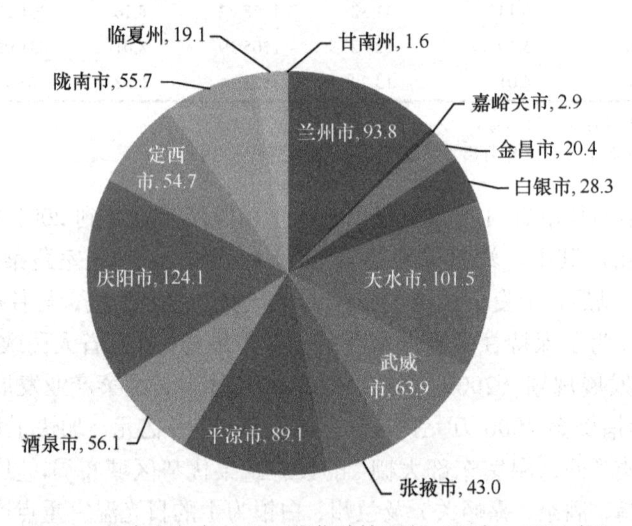

图1-4 甘肃省各市（州）蔬菜种植面积（万亩，2014年）

全省设施蔬菜面积由2001年的71.18万亩增加2014年的147.5万亩，较2001年增加76.32万亩，增幅107.2%，年均增长7.66%。其中，日光温室面积由2001年的34.1万亩增加到2014年的57.2万亩，增加了23.1万亩，增幅67.7%，年均增长4.8%；塑料拱棚面积由2001年的37.08万亩增加到2014年的90.3万亩，增加了53.22万亩，增幅143.5%，年均增长10.25%。到2015年，全省设施蔬菜播种

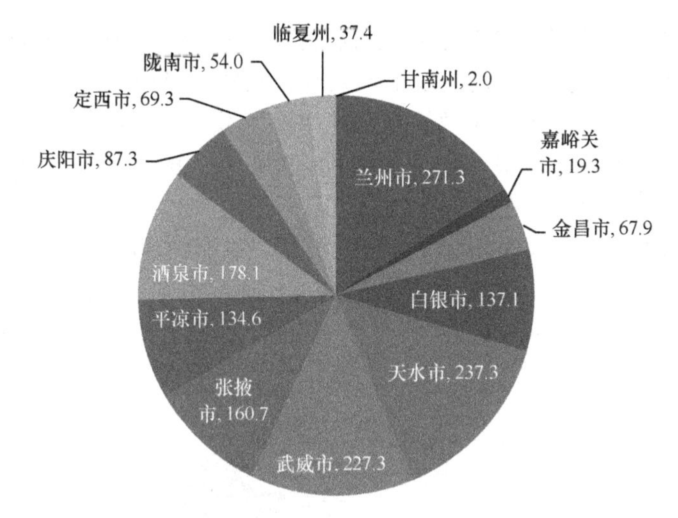

图 1-5　甘肃省各市（州）蔬菜产量（万 t，2014 年）

表 1-2　甘肃省 14 个市（州）的蔬菜面积和产量

地区	面积（万亩）	产量（万 t）	地区	面积（万亩）	产量（万 t）	地区	面积（万亩）	产量（万 t）	地区	面积（万亩）	产量（万 t）
兰州市	**93.77**	**271.30**	**张掖市**	**42.98**	**160.67**	**金昌市**	**20.35**	**67.87**	**定西市**	**54.69**	**69.25**
城关区	2.52	9.01	甘州区	16.78	68.38	金川区	6.32	15.34	安定区	10.00	10.99
七里河区	12.77	23.60	肃南县	0.93	4.66	永昌县	14.03	52.52	通渭县	2.11	2.08
西固区	7.24	28.34	民乐县	4.20	4.33	**武威市**	**63.88**	**227.30**	陇西县	10.02	15.18
安宁区	0.43	1.09	临泽县	7.84	24.77	凉州区	34.01	150.17	渭源县	2.51	2.00
红古区	9.12	62.25	高台县	11.80	53.86	民勤县	9.07	32.93	临洮县	21.05	29.81
永登县	12.12	34.02	山丹县	1.43	4.66	古浪县	11.36	29.25	漳县	6.00	6.78
皋兰县	9.87	24.27	**酒泉市**	**56.06**	**178.13**	天祝县	9.45	14.94	岷县	3.00	2.40
榆中县	33.69	80.16	肃州区	20.28	66.02	**平凉市**	**89.06**	**134.63**	**临夏州**	**19.08**	**37.42**
兰州新区	6.01	8.55	金塔县	10.27	52.52	崆峒区	21.37	35.10	临夏市	1.50	11.33
嘉峪关市	**2.91**	**19.34**	瓜州县	4.29	7.45	泾川县	16.07	21.97	临夏县	6.50	6.48
白银市	**28.34**	**137.14**	肃北县	0.05	0.08	灵台县	13.60	18.26	康乐县	0.56	1.02
白银区	3.08	23.31	阿克塞县	0.02	0.07	崇信县	6.51	10.91	永靖县	5.88	10.43
平川区	1.54	4.92	玉门市	12.63	26.72	华亭县	10.01	11.51	广河县	1.93	3.97
靖远县	16.66	89.78	敦煌市	8.53	25.27	庄浪县	11.50	25.28	和政县	0.57	1.84
会宁县	5.10	8.98	**陇南市**	**55.71**	**53.99**	静宁县	10.00	11.60	东乡县	0.39	0.40
景泰县	1.97	10.15	武都区	16.60	10.98	**庆阳市**	**124.09**	**87.27**	积石山县	1.75	1.95
天水市	**101.49**	**237.25**	成县	5.55	9.67	西峰区	18.56	15.15	**甘南州**	**1.64**	**1.97**
秦州区	10.83	23.22	文县	5.60	7.54	庆城县	29.83	12.73	合作市	0.10	0.15
麦积区	8.65	18.32	宕昌县	2.24	2.44	环县	6.23	3.32	临潭县	0.15	0.15
清水县	12.40	13.53	康县	2.60	1.15	华池县	8.24	4.49	卓尼县	0.22	0.29
秦安县	10.71	19.01	西和县	6.40	1.29	合水县	18.33	13.14	舟曲县	0.79	0.89
甘谷县	17.62	50.16	礼县	2.96	2.89	正宁县	7.59	14.18	迭部县	0.33	0.48
武山县	34.56	102.06	徽县	10.62	15.53	宁县	16.10	15.08	夏河县	0.06	0.01
张家川县	6.73	10.96	两当县	3.14	2.50	镇原县	19.21	9.18			

注：数据来源于《甘肃农村年鉴 2015》

面积 156 万亩，总产量 540.6 万 t，总播种面积和产量分别占全省蔬菜的 19.7% 和 29.7%，总产值达到 170 亿元以上。天水、武威、白银、张掖、兰州、酒泉、陇南、庆阳 7 个市是甘肃省主要设施蔬菜生产区域，设施蔬菜面积均在 10 万亩以上（图 1-6）。武威、白银、张掖、兰州、酒泉 5 个市是甘肃省主要日光温室种植区域，日光温室面积均在 5 万亩以上（图 1-7）。天水、陇南、庆阳、兰州、张掖、酒泉、白银、定西 8 个市为甘肃省主要塑料拱棚种植区域，占全省大棚总面积的 88.4%；其中天水、陇南、庆阳、兰州 4 市面积达到 53 万亩，占总面积的一半以上，达到 59.1%（图 1-8）。

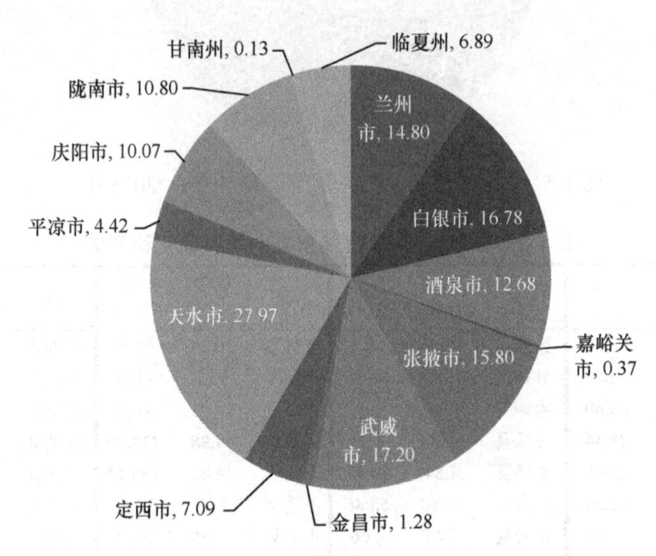

图 1-6　甘肃省各市（州）设施蔬菜生产面积（万亩）

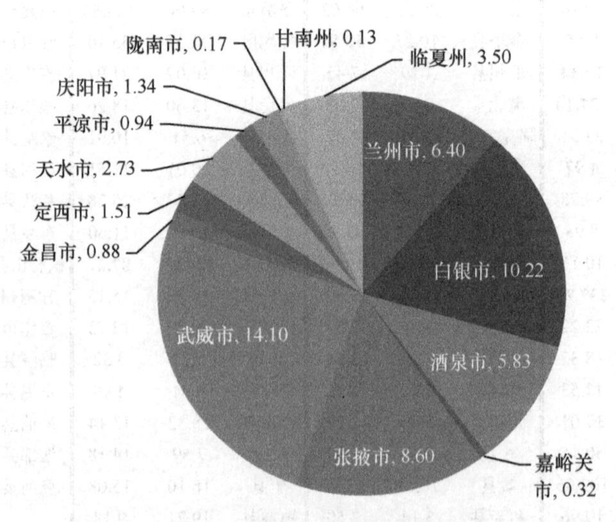

图 1-7　甘肃省各市（州）日光温室蔬菜生产面积（万亩）

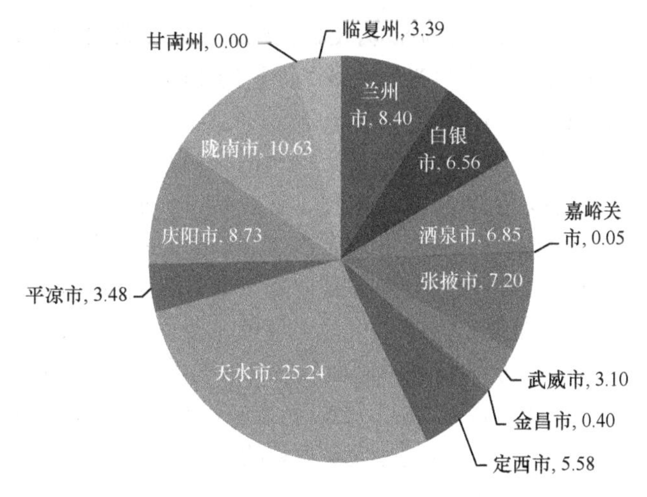

图 1-8　甘肃省各市（州）塑料拱棚蔬菜生产面积（万亩）

（二）区域布局趋于优化

基于甘肃省资源状况、气候条件、生产水平和耕作制度，以及不同蔬菜生长发育对生态条件的要求和种植特点，已形成了特色明显、优势突出、规模相对集中的河西走廊、沿黄灌区、渭河流域、泾河流域和“两江一水”流域五大蔬菜生产优势区（甘肃省经济作物技术推广站，2015）。

1）河西走廊蔬菜生产优势区。包括河西走廊武威市、金昌市、张掖市、酒泉市、嘉峪关市等区域。该区域日照时间长，昼夜温差大，灌溉条件好，冬季雨雪天气少，具有发展优质鲜食蔬菜、加工蔬菜和反季节蔬菜得天独厚的潜力和优势。露地蔬菜种植以茄果类、洋葱、大蒜、胡萝卜、甘蓝、花椰菜、莴笋、娃娃菜等高原夏菜和加工番茄、洋葱、甜椒、豆角等优质脱水菜为主；设施蔬菜以茄子、辣椒、番茄、黄瓜、番瓜、西甜瓜等外销型蔬菜为主。该区域蔬菜面积 186.2 万亩，占全省蔬菜种植面积的 24.5%，产量 653.3 万 t，占全省蔬菜产量的 38.3%。设施蔬菜面积近 48 万亩，占全省设施蔬菜总面积的 32.5%，其中，日光温室面积 30 万亩左右，占全省日光温室蔬菜总面积的 53%；塑料拱棚面积 18 万亩，占全省塑料拱棚总面积的 20%。

2）沿黄灌区蔬菜生产优势区。包括兰州市、临夏州及白银市的白银区、平川区、靖远县、景泰县等区域。该区域夏季气候温凉，冬季光照充足，阴天少，适宜蔬菜生产，特别是适宜生产反季节蔬菜和高原夏菜，是甘肃省日光温室引进最早、发展最快、规模最大、技术最领先、经济效益最大的生产区域。露地蔬菜以花椰菜、娃娃菜、甘蓝、莴笋、西芹、青花菜、菜心、百合等高原夏菜为主；设施蔬菜以茄子、辣椒、番茄、黄瓜、韭黄等反季节蔬菜生产为主。该区域蔬菜面积 136.1 万亩，占全省蔬菜种植面积的 17.9%，产量 436.9 万 t，占全省蔬菜产量的25.6%。设施蔬菜面积近39.5万亩，占全省设施蔬菜面积的26.3%。其中，日光温室面积21万亩，占全省日光温室蔬菜面积的36%；塑料拱棚面积18.5万亩，占全省塑料拱棚面积的20.5%。

3）渭河流域蔬菜生产优势区。包括定西市的临洮县、陇西县、安定区、漳县、岷县、渭源县、通渭县，天水市的武山县、甘谷县、清水县、秦城区、秦安县、麦积区、张家川县，平凉市的庄浪县、静宁县，白银市的会宁县共17个县（区）。该区域夏季气候温和，冬、春季气候温暖，是甘肃省秋延后和春提早拱棚蔬菜生产区。主要蔬菜种类有韭菜、大葱、大蒜、辣椒、架豆、莴笋、黄瓜等。该区域蔬菜面积182.8万亩，占全省蔬菜种植面积的24.0%，产量352.4万t，占全省蔬菜产量的20.7%。设施蔬菜面积35.3万亩，占全省设施蔬菜面积的24%。其中，日光温室面积4.3万亩，占全省日光温室蔬菜面积的7.5%；塑料拱棚面积近31万亩，占全省塑料拱棚面积的34.4%。

4）泾河流域蔬菜生产优势区。包括庆阳市的庆城县、西峰区、镇原县、合水县、正宁县、华池县、宁县、环县和平凉市的崆峒区、泾川县、灵台县、崇信县、华亭县等13个县（区）。该区域夏季气候较湿润，主要蔬菜种类有黄花菜、辣椒、萝卜、大葱、南瓜、西葫芦等。该区域蔬菜种植面积191.7万亩，占全省蔬菜种植面积的25.2%，产量185.0万t，占全省蔬菜产量的10.8%。设施蔬菜面积14.5万亩，占全省设施蔬菜面积的10%。其中，日光温室面积2.3万亩，占全省日光温室蔬菜面积的4.0%；塑料拱棚面积12.2万亩，占全省塑料拱棚面积的13.6%。

5）“两江一水”流域蔬菜生产优势区。该区域主要包括陇南市的武都区、徽县、西和县、成县、文县、两当县、礼县、康县和甘南州等区域。该区域气候湿润，冬季温暖，是甘肃省冬播蔬菜和春提早蔬菜的主要生产基地，主要蔬菜种类有蒜苗、大蒜、大白菜、辣椒、水萝卜、菠菜、甘蓝等。蔬菜种植面积57.4万亩，占全省蔬菜种植面积的7.5%；产量56.0万t，占全省蔬菜产量的3.3%。设施蔬菜面积近11万亩，占全省设施蔬菜面积的7.4%。其中，日光温室面积0.2万亩，占全省日光温室蔬菜面积的0.3%；塑料拱棚面积10.8万亩，占全省塑料拱棚面积的11.9%。

（三）产业优势日益显著

蔬菜产业已成为农民增收的支柱产业，带动农民增收作用增强。露地蔬菜每亩收益在0.4万～0.8万元，比2000年增长了3～4倍，设施蔬菜每亩收益可达0.8万～1.2万元，高的可达3 万元以上，比2000年增长了30%。2014年全省蔬菜种植面积760.29万亩，产值约331.99亿元，约占农业总产值的28.26%，蔬菜收入占到全省农民纯收入的20.2%，为农民人均纯收入贡献1160元。全省城乡居民人均蔬菜占有量 509kg，位居全国前列。重点产区农民蔬菜纯收入占当地农民人均纯收入的60%以上（甘肃省经济作物技术推广站，2015）。

（四）标准体系日趋完善

近年来，通过制定规范化生产技术标准，蔬菜中“三品一标”产品的比例进一步提高，蔬菜产品品质显著提升，生产从注重产量向确保均衡供应和提质增效并重的方向加快转变。各地突出地方特色，规划引导，重点扶持，形成了一批集新品种、新技术示范展示于一体的标准化、规模化科技示范园区和生产基地；涌现出了榆中、凉州、武山等一批进行蔬菜规模化种植、标准化生产、品牌化销售、商品化处理、产业化经营的典型。以甘蓝、花椰菜、娃娃菜、甜脆豆、西芹等优势露地蔬菜产品为主的高原夏菜和以番茄、辣椒、韭菜、甜瓜、西瓜等优势设施蔬菜产品为主的反季节蔬菜享誉省内外，部分产品远销港澳，出口到东南亚、中亚等地区和日本等国。目前，建立了10个国家级、37个省级无公害蔬菜标准化生产示范县，24家企业认证蔬菜绿色食品基地64个，有291个蔬菜有效使用绿色标识。甘肃省在全国大中城市蔬菜质量安全例行监测中，合格率为96%。

（五）科技支撑能力显著增强

甘肃省已建立健全了以农业院校、科研院所、农业科技企业为主体的农业科技创新体系，新品种选育、新技术开发水平大幅度提高；建立起了国家大宗蔬菜产业技术体系兰州试验站和非耕地有机生态型无土栽培技术示范基地等科技支撑体系；农业科研院所、龙头企业、农民专业合作社等广泛参与蔬菜产业发展和技术服务（甘肃省经济作物技术推广站，2015）。“十二五”期间，甘肃省各育种单位在辣椒、番茄、黄瓜、西瓜、甜瓜、花椰菜等传统优势育种研究上取得了新进展，研究筛选出辣椒雄性不育三系配套、花椰菜雄性不育系、白黄瓜雌性系、设施专用硬肉番茄、白兰瓜、西瓜等各种优良瓜菜自交系1000余份，育成蔬菜、瓜类新品种30多个。以日光温室为代表的设施的建造及设施蔬菜管理、产量和效益水平方面又上了一个新台阶。2013年甘肃省农牧厅正式下发了由甘肃省农业科学院蔬菜研究所提出的甘肃省不同生态区园艺设施类型及建造技术规范，为新型日光温室的建造提供了技术依据。新型组装式日光温室和连栋塑料大棚，日光温室自动卷帘通风设备、水幕墙蓄放热系统、气源热泵蓄放热系统、温室翻地起垄机等新型设施和设备在甘肃省迅速推广。“蔬菜良种种苗集约化统繁统供技术”、“蔬菜设施高标准轻简化建造技术”、“设施蔬菜机械化、自动化等轻简化栽培技术”、“设施蔬菜节本增效‘精量化’水肥一体灌溉技术”、“以有机生态型无土栽培为核心的非耕地设施蔬菜高效栽培技术”、“老旧蔬菜设施高标准轻简化改造技术”等新技术在生产中逐步推广。高品质高原夏菜标准化技术、水肥一体化技术、化肥减量施用技术、全膜双垄旱作栽培技术、麦后复种技术、高效间作套种模式、蔬菜病虫害无害化防控技术取得了重大进展。积极实施了同一海拔区域错期播种，不同海拔区域按照垂直分布延期播种，使高原夏菜产品分期上市。延长了市场供应期，保障了基地效益的持续稳定。

全省蔬菜科技服务体系不断创新，积极开展蔬菜科技成果示范、转化和技术培训工作。年举办各类科技培训班5000期以上，参训农民达到120万人次；年引进和推广优新品种100多个，主要作物良种覆盖率达到95%以上；年示范推广新技术40余项，农业成果转化率达50%。同时利用中国农业信息网供求一站通系统，发挥网上信息发布快捷、方便、覆盖面广的优势，广泛开展名、特、优、新农产品销售信息的网上发布工作；利用全国农产品网上展厅栏目，进行优质名牌农产品展示宣传。积极创新科技服务体制，在充分发挥农业科技特派员与农技中心区域站作用的基础上，又开通了“12316”三农服务热线。目前，已形成了以农业科技特派员、农业中心区站、农业专家直通车、“12316”三农服务热线为主的“四位一体”最佳服务模式。

（六）市场化水平不断提高

近几年，甘肃省财政设立专项资金扶持蔬菜产地初加工及保鲜库的建设成效显著，有效缓解了甘肃省“高原夏菜”集中上市期“菜贱伤农”的难题，为高原夏菜产得出、卖得掉提供了强有力的“冷链”支撑。目前，全省已建成有一定规模的蔬菜精深加工企业248家，年加工各类蔬菜150万t，实现产值21.76亿元；冷链保鲜贮藏规模40万t，年周转量150万t；组建蔬菜专业合作社188个，成员3.32万人，有力推动了蔬菜产业化经营。同时，以区域专业批发市场为骨干，以蔬菜直销店、连锁超市等窗口式终端市场为补充的蔬菜市场营销网络初步形成，已建成规模较大的区域蔬菜专业批发市场30多个，年蔬菜交易量380万t，交易额48.5亿元。

第四节　甘肃省高原夏菜发展存在的问题

一、新品种引育滞后，专业化育苗体系不完善

甘肃省70%蔬菜新品种要从外引进，有些品种完全依赖进口。具有自主知识产权的蔬菜品种只有‘陇椒’系列和‘航椒’系列等少数几个品种，缺乏适应不同地区自然条件、符合出口外调需求的高原夏菜专用品种，而且品种结构单一，不能满足不同市场的需求，制约了产业效益提升和持续稳定发展。新品种选育工作滞后，良种储备种类少、数量小、能力弱；同时，地方传统品种、特色品种开发滞后，提纯复壮未有效开展起来，难以满足蔬菜产业快速发展的要求。专业化育苗体系不完善，甘肃省蔬菜良种种苗统供率不到5%，影响了蔬菜良种的普及推广和更新换代进程。

二、产品上市期过于集中，销售压力大

在甘肃省各地高原夏菜生产中，农户在种植过程中有一定盲目性，缺乏统一规划，导致蔬菜质量上不去、产量不稳定，造成产品高峰期销售价格下降，而其余时间无货可销的不利局面，销售压力大，一定程度上挫伤了农民种植高原夏菜的积极性，同时制约了该产业的进一步发展壮大。例如，2011 年嘉峪关市和酒泉市的洋葱种植面积超过 17 万亩，较上年增加 1 万亩，洋葱总产量 115 万 t，但由于洋葱上市时间集中，而受劳动力价格大幅度上涨和前期洋葱价格低迷等因素的影响，企业不敢大量收贮洋葱进行加工，导致农民出现卖难的问题。永昌县 3 万亩胡萝卜集中在 9 月上市，给产品销售带来了困难。

三、市场信息不灵，销售渠道不畅

由于高原夏菜区地处西北内陆，经济发展相对落后，市场信息不灵，加上农业投入不足，市场发育程度、流通秩序和信息服务等还不够完善，生产与市场衔接不紧，缺乏信息的引导，导致蔬菜生产出现区域性、结构性、季节性过剩，成为蔬菜产业发展的重要制约因素。蔬菜经销商建立稳定、丰富的销售网络，是蔬菜稳定外销的基础。但甘肃省蔬菜在这一环节，还存在渠道较为单一、不稳定的情况。一是高原夏菜主要在东南沿海大城市的大批发市场销售，一旦这里销售受阻，就会造成产地滞销。二是市场经销商不稳定，尤其是在较小市场及较小城市，由于经销商本身较少，加上实力较差，遇到经营困难，就会退出经营，造成销售平台的缺失，影响高原夏菜销售的稳定性。三是在主销城市缺乏直接面向市民的销售渠道，各市场经销商大多依靠市场批发，从事直接进入超市销售、连锁配送的很少，与当地企事业单位、学校等较大的消费群体合作直销的没有。单一、不稳定的销售渠道，很难促成销售量的稳定及逐步扩大。

四、运输距离长，成本高

蔬菜营销从菜农到消费者经历了 6 个环节：菜农—产地中间商—当地批发商—销地批发商—市场中间商—零售商—消费者，在蔬菜流通成本中物流费用占了近 50%。尽管甘肃省蔬菜基地批发价不高，但是运抵终端市场后，价格明显高于外地蔬菜价格，这是制约高原夏菜销售量稳定扩大的主要因素。一是甘肃省地处西北，距沿海城市、长江流域及中东部这些有蔬菜夏淡季（“伏缺”季节）的省份比较远，油费、过路费高。二是由于路远，所以蔬菜必须打冷降温、隔热材料要求也比较严，每车隔热材料即棉被、塑料膜费用约 600 元。而张北、陕西因为距离较近，没必要采取以上措施，蔬菜采收后直接装车几个小时就可运达郑州、

合肥等城市。三是高原夏菜的运输车90%是外地车，由于地域性限载过严，加之运输蔬菜的车辆来甘肃时货源少，使得来甘肃拉菜的车辆较少，有些车主借机提高运价，这就导致甘肃省蔬菜的运输成本在全国几个夏菜产区为最高。甘肃省蔬菜运价最高时达到900元/t，比山东的450元/t、云南的500元/t高出1倍左右。

五、生产潜力发挥不足，质量安全监管有待加强

日光温室蔬菜生产的传统茬口安排、品种搭配、采收周期、产量价格与市场需求的最佳时段吻合方面，还存在很大误区；塑料拱棚在春提早和秋延后的时段安排上还有很大的可延伸空间；露地蔬菜上市品种和时间过于集中，地理垂直布局不够合理，致使夏秋淡季蔬菜的产量和花色品种不齐全，不能保证市场均衡供应。各地虽制定了一批蔬菜生产技术规程和标准，但普及率较低，投入品监管不到位，农残超标现象时有发生，农民质量安全意识需进一步增强。产地环境治理和保护缺乏手段。市场准出准入机制不健全，蔬菜产品质量追溯制度还未建立，导致一些不合格产品也能进入市场销售，质量安全监管有待加强。

六、组织化水平不高，加工贮藏能力仍不足

甘肃蔬菜产业虽然有了较大发展，但绝大多数农户经营规模偏小，蔬菜加工、运销的企业虽然已有一定的数量，但仍以单家独户生产经营为主，缺乏必要的组织形式和有效的约束机制。一方面企业之间无序竞争，难以创出名牌产品；另一方面大部分企业与农户之间仅停留于一般购销关系或松散的联合层面，尚未形成风险共担、利益共享的紧密经济共同体，致使小生产与大市场之间的矛盾没有得到真正解决，在一定程度上限制了蔬菜产业的升级。蔬菜保鲜贮藏设施简陋，贮藏能力小，冷链贮运链条不配套；精深加工企业少，品种单一，产能利用率低；采后商品化处理水平低，洁净处理及分级包装等发展严重滞后。区域蔬菜专业批发市场、产地批发市场少，配套设施简陋，有场无市、有市无场的现象普遍存在。

参考文献

丁海凤, 于拴仓, 王德欣, 等. 2015. 中国蔬菜种业创新趋势分析. 中国蔬菜, (8): 1-7.

甘肃省经济作物技术推广站. 2015. 甘肃省蔬菜产业发展现状及存在的问题. 甘肃农业, (10): 12-13.

国家大宗蔬菜产业技术体系. 2016. 2014 年度大宗蔬菜产业技术发展报告. http://www.wxphp.com/wxd_8x8cq9qnls6i8st1cmuz_1.html[2016-07-22].

韩婷, 穆月英. 2015. 中国蔬菜生产自然风险省际比较研究. 世界展望, (8): 36-43.

何启伟, 焦自高. 2005. 山东省出口蔬菜的良性发展与启示. 山东蔬菜, (4): 2-4.

贺超兴, 于贤昌. 2012. 世界主要蔬菜生产的发展趋势与展望. 蔬菜, (12): 1-6.

李崇光, 包玉泽. 2010. 我国蔬菜产业发展面临的新问题与对策. 中国蔬菜, (15): 1-5.
刘莉, 杨伟. 2009. 甘肃省蔬菜产业现状与发展对策. 甘肃农业科技, (9): 34-37.
沈辰, 梁丹辉, 王盛威, 等. 2014. 2014—2023 年中国蔬菜市场展望. 世界农业, (12): 14-18.
沈辰, 吴建寨, 王盛威, 等. 2015. 中国蔬菜调控目录制度的展望. 中国食物与营养, 21(9): 19-23.
孙海峰. 2014. 甘肃高原夏菜: 在发展中谋求升级. http://gsrb.gansudaily.com.cn/system/2014/08/07/015128494. shtml[2014-08-07].
王保福, 李红霞, 马丽荣. 2009. 甘肃省蔬菜产业化发展分析与对策研究. 长江蔬菜, (7): 1-3.
王晓巍. 2009. 甘肃省蔬菜产业现状及发展策略. 发展, (1): 39-40.
吴文劼. 2015. 我国蔬菜生产成本、效益及其影响因素分析. 长江蔬菜, (12): 53-56.
徐克, 李辉尚, 马娟娟, 等. 2016. 2015 年中国蔬菜进出口贸易状况及展望. 农业展望, (5): 73-76.
杨其长. 2016. 供给侧改革下的设施园艺将如何发展? 中国农村科技, (5): 40-43.
贠文俊. 2012. 兰州市发展高原夏菜产业的成效与做法. 甘肃农业科技, (4): 36-39.
张桂芬. 2006. 中国高原夏菜生产销售及其发展对策. 世界农业, 323(3): 1-3.

第二章 专 题 研 究

第一节 甘肃省蔬菜生产比较优势区域差异分析

甘肃省位于中国大陆部分的地理中心，地域辽阔，地形呈狭长状，是中国唯一占有三大自然区（东部季风区、西北干旱区和青藏高原区）各一部分的省份。特殊的地理位置一方面导致了省内地貌、气候的地域差异十分显著，另一方面也对人类的社会经济活动产生深远影响（刘兴莉和王生林，2007）。不同地区农业自然资源禀赋、区位条件、科学技术、种植制度以及市场需求等因素存在的差异，从不同层面上影响着各地区的农作物种植，使同一农作物在不同地区的比较优势表现出一定的差异（周喜新等，2011）。计算农作物比较优势的方法有转换法、国内资源成本法、显示比较优势法等。当前，在国内多数采用的方法是综合比较优势指数法，测定和比较不同区域之间某个产品或同一区域内不同产品之间的比较优势（周贤君等，2009）。对于农作物，比较优势主要体现在单产和种植规模两个方面。因此，农作物比较优势的测定通常采用单产水平和种植规模作为主要变量，以效率比较优势指数、规模比较优势指数和综合比较优势指数为主要指标，对农作物的比较优势进行分析研究（王学强等，2007）。相关学者，采用比较优势原理分别对湖南省（周喜新等，2011）、山西省（胡艳君和乔娟，2004）、河南省（王学强等，2007）、福建省（吴越等，2010）、甘肃省（刘兴莉和王生林，2007）主要农作物比较优势进行了分析。刘雪等（2001）、李岳云等（2003）采用综合优势指数法分析了我国蔬菜生产的综合比较优势；汤勇等（2006）运用国内资源成本法对中国蔬菜生产层面的比较优势进行了测算；张吉国（2007）通过规模比较优势指数和效率比较优势指数测算了山东省蔬菜生产规模和专业化程度；苏国贤（2010）应用综合优势指数法对山西省蔬菜产品进行优势测定；曾善静等（2011）采用贸易竞争力指数、显性比较优势指数和区域显性比较优势指数、贸易依存度和国际市场占有率等指标进行了江西省蔬菜国际竞争力分析；穆月英等（2011）采用灰色系统评估法对北京市蔬菜生产的地区比较优势进行了定量评估。本研究从规模比较优势、效率比较优势和综合比较优势 3 个方面对甘肃省主要蔬菜种类区域比较优势进行分析，确定了甘肃省蔬菜主要种类的优势生产区域，为甘肃省蔬菜生产区域布局优化提供科学依据。

一、材料与方法

（一）数据来源

以甘肃省蔬菜作物为研究对象，按照甘肃省行政区划，对 14 个市（州）的蔬菜播种面积、单产进行统计分析。考虑到农作物生产受自然因素的影响较大，年际间有波动，选择了近 5 年的平均数据，以减少计算结果的误差。

（二）比较优势指数计算方法

计算农作物比较优势的方法有转换法、国内资源成本法、显示比较优势法等。本研究采用综合比较优势指数法，该方法适合区域之间的比较或者同区内不同作物之间的比较，包括规模比较优势指数、效率比较优势指数和综合比较优势指数（马惠兰，2004）。

1. 规模比较优势指数（scale advantages indices，SAI）

规模比较优势指数是指某地区某一时期某种作物的面积与该地区所研究作物总面积的比值，和同一时期高一级区域同一比值的比率。该指标反映一个地区某一农作物生产的规模和专业化程度，它是市场需求、资源禀赋、种植制度等因素相互作用的结果。其计算公式为

$$SAI_{ij}=(GS_{ij}/GS_i)/(GS_j/GS)$$

式中，SAI_{ij} 为 i 地区 j 作物的规模比较优势指数；GS_{ij} 为 i 地区 j 作物的播种面积；GS_i 为 i 地区所研究作物总播种面积；GS_j 为高一级区域 j 作物的播种面积；GS 为高一级区域所研究农作物总播种面积。$SAI_{ij}>1$，说明与高一级区域平均水平相比，i 地区 j 作物生产具有规模比较优势，其值越大，规模比较优势越明显；$SAI_{ij}<1$，说明 i 地区 j 作物处于规模比较劣势，其值越小，规模比较劣势越明显。

2. 效率比较优势指数（efficiency advantages indices，EAI）

效率比较优势指数是指某一地区某一时期某种作物的单产水平与该地区所研究作物平均单产水平的比值，和同一时期高一级区域同一比值的比率。该指标反映资源禀赋（光、热、水）决定的土地生产效率显示的比较优势。它是当地自然资源禀赋以及各种物质投入水平和科技进步等因素的综合体现。其计算公式为

$$EAI_{ij}=(AP_{ij}/AP_i)/(AP_j/AP)$$

式中，EAI_{ij} 为 i 地区 j 作物的效率比较优势指数；AP_{ij} 为 i 地区 j 作物的单产；AP_i 为 i 地区所研究作物的平均单产；AP_j 为高一级区域 j 作物的单产；AP 为高一级区域所研究农作物的平均单产。$EAI_{ij}>1$，说明与高一级区域平均水平相比，i 地区 j 作物生产具有效率比较优势，其值越大，效率比较优势越明显；$EAI_{ij}<1$，说

明 i 地区 j 作物处于效率比较劣势，其值越小，效率比较劣势越明显。

3. 综合比较优势指数（integrated advantages indices，IAI）

综合比较优势指数是效率比较优势指数与规模比较优势指数综合作用的结果，能够更为全面地反映一个地区某种作物生产的优势程度。由于土地生产率和生产规模就形成农业区域比较优势的重要性而言，缺一不可，相互制约关系又极为显著，只要一方面的比较优势降低就会对整体水平影响很大。因此，综合比较优势指数只能取上述两种比较优势指数的几何平均值，因为算术平均值不能反映两种因素缺一不可的相互制约关系。综合比较优势指数计算公式如下：

$$IAI_{ij}=SQR（EAI_{ij} \times SAI_{ij}）$$

式中，SQR 函数：返回数值的平方根。$IAI_{ij}<1$，说明与高一级区域平均水平相比，i 区 j 种作物生产处于比较劣势；$IAI_{ij}>1$，则说明具有比较优势；IAI_{ij} 越大，优势就越明显。综合比较优势指数法侧重于国内生产实际，它综合考虑了生产力、资源因素、市场需求及种植制度等众多因素，从生产效率和区位优势两方面衡量生产的相对比较优势。这一方法适合于国内不同区域之间某种产品或同一区域内不同种产品之间比较优势的衡量和比较。

二、结果分析

通过定性研究和定量研究相结合、比较分析法和实证分析法相结合的方法，在阅读大量经济学、竞争力理论、蔬菜产业发展等方面的理论和实证研究文献后，结合对甘肃高原夏菜蔬菜基地的考察，立足理论和实际相结合，对甘肃高原夏菜产业的比较优势进行研究。

（一）甘肃省蔬菜比较优势分析

由表 2-1 可知，甘肃省蔬菜在全国范围内不具有规模比较优势（SAI=0.938），但效率比较优势明显（EAI=1.516），具有一定的综合比较优势（IAI=1.192）。

表 2-1　甘肃省蔬菜比较优势指数

甘肃蔬菜面积/全省总播种面积	全国播种面积/全国总播种面积	规模比较优势指数（SAI）	AP_{ij}/AP_i	AP_j/AP	效率比较优势指数（EAI）	综合比较优势指数（IAI）
0.121	0.129	0.938	5.728	3.779	1.516	1.192

（二）甘肃省各地区蔬菜比较优势分析

由表 2-2 所示，全省生产蔬菜具有综合比较优势的地区为嘉峪关市和兰州市。嘉峪关市、兰州市、酒泉市、金昌市、武威市、天水市、平凉市和庆阳市具有较高的规模比较优势指数，这些地区蔬菜面积占全省的 73.2%，形成较强的规模优势。白银市、甘南州具有较强的效率比较优势，但规模比较优势较低，不具有综合比较优势。酒泉市、金昌市、天水市、武威市、平凉市、庆阳市虽具有蔬菜生产的规模优势，但效率比较优势指数偏低，反映在综合比较优势指数上则不具优势。

表 2-2　甘肃省各地区蔬菜比较优势指数

指数	兰州市	嘉峪关市	金昌市	白银市	天水市	武威市	张掖市	平凉市	酒泉市	庆阳市	定西市	陇南市	临夏州	甘南州
规模比较优势指数（SAI）	2.22	3.81	1.51	0.51	1.22	1.43	0.86	1.06	1.79	1.04	0.53	0.72	0.62	0.13
效率比较优势指数（EAI）	0.50	0.34	0.57	1.51	0.56	0.57	0.78	0.49	0.47	0.29	0.70	0.54	0.65	1.27
综合比较优势指数（IAI）	1.05	1.13	0.93	0.88	0.83	0.90	0.82	0.72	0.92	0.55	0.61	0.62	0.63	0.40

（三）甘肃省各地区主要蔬菜比较优势分析

1. 叶菜类蔬菜比较优势区域差异

从表 2-3 看，甘肃省各市（州）叶菜类蔬菜生产的综合比较优势指数从高到低的顺序为兰州市＞临夏州＞平凉市＞天水市＞金昌市＞陇南市=白银市＞定西市＞张掖市＞庆阳市＞武威市＞酒泉市＞甘南州＞嘉峪关市；综合比较优势指数高于全省平均水平的市（州）有兰州市、临夏州、平凉市、天水市，具有较强的比较优势。各市（州）规模比较优势指数差异较大，在 0.11～1.70，变异系数为 37.48%；兰州市、临夏州、天水市、平凉市规模比较优势指数均在 1.20 以上，张掖市、金昌市、定西市、白银市、甘南州在 1.00 左右，其他市（州）在 0.80 以下。庆阳市和陇南市具有较强的生产效率比较优势，但由于规模优势指数较低，综合比较优势也就相对较弱。

平凉市、庆阳市、临夏州具有较强的菠菜生产比较优势，综合比较优势指数在 1.20 以上；庆阳市有较强的菠菜生产效率比较优势，效率比较优势指数达到 2.19。金昌市、兰州市具有绝对强的芹菜生产比较优势，综合比较优势指数在 1.50 以上；庆阳市、陇南市有较强的芹菜生产效率比较优势，效率比较优势指数在 1.20 以上，但规模比较优势较低；定西市、平凉市、张掖市、天水市有一定的芹菜生产规模比较优势，但效率比较优势较低。临夏州具有较强的白菜生产比较优势，其次是平凉市、定西市、天水市、白银市、兰州市；陇南市、庆阳市具有较强的白菜生产效率比较优势，但规模比较优势较低。白银市、陇南市、平凉市、天水市、庆阳市具有较强的甘蓝生产比较优势。兰州市、陇南市、天水市具有较强的莴笋生产比较优势，其中兰州市综合比较优势指数达到 1.68，规模比较优势指数达到 3.28，具有绝对强的比较优势；庆阳市、临夏州、酒泉市具有较强的莴笋生产效率比较优势，但规模比较优势较低。天水市、甘南州、金昌市具有较强的香

表 2-3　叶菜类蔬菜比较优势指数

市（州）	规模比较优势指数							SAI	效率比较优势指数							EAI	综合比较优势指数							IAI
	菠菜	芹菜	白菜	甘蓝	莴笋	香菜	花椰菜		菠菜	芹菜	白菜	甘蓝	莴笋	香菜	花椰菜		菠菜	芹菜	白菜	甘蓝	莴笋	香菜	花椰菜	
兰州市	1.04	1.99	0.81	0.95	3.28	0.92	5.80	1.70	0.88	1.22	1.28	0.95	0.86	1.01	0.77	0.92	0.95	1.51	1.02	0.95	1.68	0.96	2.12	1.25
嘉峪关市	0.07	0.34	0.05	0.00	0.00	0.36	0.10	0.11	0.00	0.41	0.45	0.00	0.00	0.00	0.41	0.46	0.00	0.36	0.13	0.00	0.00	0.00	0.20	0.22
金昌市	0.60	3.44	0.65	0.01	0.64	1.76	1.28	1.04	1.44	0.93	1.13	0.00	0.90	1.11	0.92	0.98	0.91	1.72	0.85	0.00	0.75	1.38	1.08	1.00
白银市	0.63	0.93	1.24	2.16	0.75	0.39	0.25	1.02	0.57	0.49	0.86	1.25	0.55	0.38	0.41	0.97	0.60	0.67	1.03	1.63	0.63	0.38	0.31	0.99
天水市	1.28	1.08	1.66	2.04	1.15	2.78	0.34	1.38	0.96	0.58	0.73	0.69	1.07	1.27	0.67	0.78	1.11	0.79	1.09	1.18	1.09	1.88	0.48	1.04
武威市	0.16	0.74	0.96	0.14	0.50	0.38	0.14	0.79	0.80	0.50	1.03	0.76	0.47	0.40	0.75	0.92	0.35	0.60	1.00	0.32	0.48	0.39	0.32	0.85
酒泉市	0.68	0.70	1.06	0.35	0.17	0.83	0.35	0.78	1.08	0.52	0.70	0.87	1.54	0.66	0.67	0.73	0.83	0.59	0.85	0.54	0.49	0.72	0.47	0.75
张掖市	1.20	1.09	1.27	0.93	0.45	1.02	0.38	1.06	1.17	0.76	0.73	0.96	1.13	0.76	0.86	0.80	1.13	0.90	0.96	0.86	0.70	0.88	0.53	0.92
定西市	0.64	1.25	1.29	0.53	1.22	0.55	0.76	1.01	1.17	0.81	0.94	1.00	0.69	0.72	0.78	0.96	0.86	0.99	1.09	0.71	0.74	0.63	0.73	0.97
陇南市	0.99	0.52	0.70	1.55	1.47	0.73	0.28	0.76	1.48	1.24	1.47	1.31	1.92	0.98	1.37	1.35	1.20	0.75	0.99	1.34	1.23	0.81	0.50	0.99
平凉市	1.63	1.09	1.44	1.43	0.96	0.96	0.43	1.20	1.27	0.92	0.94	1.04	0.88	0.90	0.99	1.01	1.37	0.99	1.15	1.18	0.84	0.90	0.61	1.09
庆阳市	0.78	0.70	0.72	0.84	0.78	0.63	0.33	0.66	2.19	1.35	1.42	1.71	1.97	1.60	1.79	1.46	1.30	0.85	0.88	1.09	0.85	0.97	0.49	0.91
临夏州	1.27	0.74	2.36	0.44	0.55	0.61	0.51	1.47	1.35	0.99	0.77	1.28	1.87	1.17	1.20	0.91	1.29	0.84	1.34	0.73	1.01	0.80	0.78	1.15
甘南州	1.36	0.98	0.78	0.41	1.59	2.96	0.36	0.96	0.73	0.49	0.37	0.72	0.19	0.80	0.38	0.55	0.99	0.68	0.54	0.54	0.54	1.53	0.37	0.73
变异系数	49.50	67.14	49.41	81.79	80.75	76.73	175.05	37.48	45.34	38.00	34.81	50.36	60.26	46.75	44.07	27.77	40.38	39.43	30.40	58.89	48.41	53.51	72.06	25.72

菜生产比较优势。兰州市、金昌市具有较强的花椰菜生产比较优势，兰州市综合比较优势指数为 2.12，具有绝对强的比较优势；庆阳市、陇南市、临夏州有较强的花椰菜生产效率比较优势，但规模比较优势较低。

2. 瓜菜类蔬菜比较优势区域差异

白银市、武威市、庆阳市具有较强的瓜菜类蔬菜生产综合比较优势；陇南市、临夏州有较强的效率比较优势，但规模比较优势较低；而武威市、天水市、甘南州有较强的规模比较优势，但效率比较优势较低（表 2-4）。武威市、白银市具有较强的黄瓜生产比较优势，综合比较优势指数在 1.40 以上；庆阳市、陇南市有较强的黄瓜生产效率比较优势，但规模比较优势较低。兰州市、天水市、张掖市具有较强的西葫芦生产比较优势；庆阳市、陇南市、临夏州具有较强的西葫芦生产效率比较优势，但规模比较优势较低；甘南州有较强的西葫芦生产规模比较优势，但效率比较优势较低。陇南市、庆阳市具有较强的南瓜生产比较优势，综合比较优势指数在 1.40 以上；兰州市、张掖市有较强的南瓜生产效率比较优势，但规模比较优势较低；白银市有较强的南瓜生产规模比较优势，但效率比较优势较低。

表 2-4　瓜菜类蔬菜比较优势指数

市（州）	规模比较优势指数			SAI	效率比较优势指数			EAI	综合比较优势指数			IAI
	黄瓜	西葫芦	南瓜		黄瓜	西葫芦	南瓜		黄瓜	西葫芦	南瓜	
兰州市	0.61	1.52	0.32	0.92	0.86	1.05	1.73	0.95	0.72	1.23	0.69	0.93
嘉峪关市	0.27	0.49	0.00	0.35	0.27	0.27	0.00	0.26	0.26	0.36	0.00	0.29
金昌市	0.57	0.50	0.27	0.53	0.59	0.73	0.56	0.64	0.58	0.60	0.38	0.58
白银市	2.16	1.14	1.76	1.81	0.94	0.72	0.45	0.85	1.42	0.89	0.85	1.24
天水市	0.90	1.93	0.46	1.31	0.74	0.88	0.85	0.77	0.82	1.16	0.61	0.98
武威市	1.89	0.52	1.10	1.32	1.16	0.36	0.57	1.08	1.47	0.43	0.78	1.18
酒泉市	0.76	1.01	0.62	0.84	0.67	0.89	1.00	0.77	0.72	0.95	0.72	0.81
张掖市	0.92	1.33	0.96	1.07	0.68	1.01	1.28	0.87	0.79	1.15	1.03	0.97
定西市	0.85	1.03	0.39	0.88	0.75	0.78	0.00	0.86	0.79	0.87	0.00	0.86
陇南市	0.81	0.54	1.42	0.73	1.22	1.55	2.65	1.37	0.99	0.87	1.90	0.99
平凉市	1.02	0.96	1.42	1.02	0.79	0.88	1.08	0.84	0.87	0.90	1.08	0.89
庆阳市	0.86	0.61	0.92	0.76	1.28	1.83	2.18	1.46	1.02	1.01	1.41	1.03
临夏州	0.67	0.82	0.08	0.69	1.00	1.21	0.00	1.08	0.81	0.97	0.00	0.86
甘南州	1.21	1.74	1.37	1.34	0.35	0.39	0.00	0.39	0.65	0.80	0.00	0.72
变异系数	50.29	45.36	68.63	37.86	35.58	46.76	92.18	36.04	35.33	28.65	81.91	26.11

3. 根茎类蔬菜比较优势区域差异

金昌市、平凉市、临夏州、天水市具有较强的根茎类蔬菜生产综合比较优势；庆阳市、陇南市有较强的效率比较优势，但规模比较优势较低；临夏州、兰州市、张掖市有较强的规模比较优势，但效率比较优势较低（表 2-5）。平凉市具有较强的萝卜生产比较优势，综合比较优势指数为 1.45；陇南市、庆阳市、甘南州有较强的萝卜生产效率比较优势，效率比较优势指数在 1.20 以上，但规模比较优势较低。金昌市、天水市、平凉市、临夏州具有较强的胡萝卜生产比较优势，其中，金昌市的综合比较优势指数在 1.90 以上，具有绝对强的比较优势；庆阳市有较强的胡萝卜生产效率比较优势，但规模比较优势较低。临夏州、兰州市具有绝对强的百合生产比较优势，综合比较优势指数在 2.00 以上。

表 2-5　根茎类蔬菜比较优势指数

市（州）	规模比较优势指数			SAI	效率比较优势指数			EAI	综合比较优势指数			IAI
	萝卜	胡萝卜	百合		萝卜	胡萝卜	百合		萝卜	胡萝卜	百合	
兰州市	0.71	1.01	6.00	1.53	1.12	0.86	0.68	0.62	0.88	0.93	2.02	0.97
嘉峪关市	0.00	1.17	0.00	0.59	0.00	0.48	0.00	0.68	0.00	0.70	0.00	0.63
金昌市	0.98	3.65	0.00	1.83	1.05	1.05	0.00	1.19	0.98	1.94	0.00	1.47
白银市	1.10	0.51	0.03	0.66	1.02	0.72	0.01	1.05	1.05	0.60	0.01	0.83
天水市	0.84	1.75	0.00	1.15	0.92	1.06	0.00	1.14	0.88	1.36	0.00	1.14
武威市	0.56	1.05	0.12	0.66	1.02	0.67	4.49	0.91	0.75	0.84	0.72	0.77
酒泉市	0.78	0.27	0.01	0.44	0.88	0.78	0.00	0.96	0.82	0.45	0.00	0.65
张掖市	1.40	1.29	0.04	1.20	0.93	0.75	4.64	1.02	1.12	0.90	0.43	1.05
定西市	0.77	0.36	0.36	0.51	0.87	0.95	1.53	0.98	0.79	0.58	0.75	0.70
陇南市	0.70	0.33	0.03	0.56	1.90	1.42	0.45	1.70	1.13	0.68	0.11	0.91
平凉市	1.97	1.55	0.16	1.76	1.32	1.15	1.75	1.02	1.45	1.19	0.44	1.31
庆阳市	0.63	0.31	0.11	0.56	1.72	1.70	0.00	1.81	1.04	0.69	0.00	0.92
临夏州	1.06	1.74	8.79	2.29	1.09	0.74	0.86	0.63	1.06	1.13	2.69	1.19
甘南州	1.01	0.85	1.60	0.99	1.21	0.66	0.62	0.98	1.10	0.74	0.99	0.96
变异系数	155.58	76.36	211.18	54.28	39.04	34.10	142.41	31.97	33.44	41.34	137.61	24.93

4. 茄果类蔬菜比较优势区域差异

由表 2-6 可知，白银市、张掖市、酒泉市、武威市具有较强的茄果类蔬菜生产综合比较优势；庆阳市有较强的效率比较优势，但规模比较优势较低；金昌市、定西市有一定的规模比较优势，但效率比较优势较低。白银市、武威市具有较强的茄子生产比较优势，白银市的综合比较优势指数达到 1.73，具有绝对强的比较优势；酒泉市有一定的茄子生产规模比较优势，但效率比较优势较低。酒泉市、临夏州、张掖市具有较强的番茄生产比较优势，综合比较优势指数在 1.30 以上；白银市、定西市、甘南州有一定的番茄生产规模比较优势，规模比较优势在 1.25 以上，但效率比较优势较低。金昌市、定西市、庆阳市、武威市具有较强的辣椒生产比较优势，其中金昌市综合比较优势指数达到 2.12，具有绝对强的比较优势；

庆阳市、陇南市有较强的辣椒生产效率比较优势，效率比较优势在 1.70 以上，但规模比较优势较低。白银市、张掖市、庆阳市具有较强的甜椒生产比较优势，综合比较优势在 1.20 以上。

表 2-6 茄果类蔬菜比较优势指数

市（州）	规模比较优势指数				SAI	效率比较优势指数				EAI	综合比较优势指数				IAI
	茄子	番茄	辣椒	甜椒		茄子	番茄	辣椒	甜椒		茄子	番茄	辣椒	甜椒	
兰州市	0.75	0.75	0.57	0.05	0.57	1.00	0.88	0.82	0.72	0.94	0.86	0.82	0.68	0.17	0.73
嘉峪关市	0.35	1.06	0.28	0.11	0.53	0.24	0.31	0.39	0.00	0.34	0.27	0.57	0.32	0.00	0.42
金昌市	0.52	0.69	6.01	0.22	1.80	0.45	0.79	0.76	0.87	0.53	0.48	0.73	2.12	0.41	0.97
白银市	2.98	1.57	0.43	2.52	1.84	1.01	0.64	0.38	0.87	0.83	1.73	1.00	0.41	1.45	1.24
天水市	0.76	0.69	0.79	0.60	0.71	0.57	0.63	0.65	0.71	0.61	0.66	0.65	0.71	0.65	0.65
武威市	1.85	0.76	2.16	1.24	1.43	0.77	1.14	0.75	0.92	0.90	1.19	0.93	1.20	1.07	1.14
酒泉市	1.37	3.13	0.98	1.29	1.85	0.65	0.68	0.85	0.89	0.77	0.94	1.43	0.88	1.03	1.18
张掖市	1.08	2.79	0.78	2.21	1.82	0.66	0.69	0.92	0.86	0.77	0.84	1.34	0.83	1.37	1.18
定西市	1.04	1.29	1.58	1.00	1.24	0.72	0.56	1.11	0.67	0.71	0.85	0.83	1.31	0.81	0.93
陇南市	0.50	0.53	0.48	1.12	0.63	0.86	0.99	1.71	0.92	0.96	0.65	0.69	0.89	0.99	0.76
平凉市	0.77	0.77	0.94	1.10	0.87	0.63	0.62	0.84	0.65	0.64	0.69	0.68	0.86	0.85	0.74
庆阳市	0.79	0.59	0.94	1.17	0.83	0.90	0.96	1.96	1.39	1.24	0.83	0.72	1.25	1.21	0.99
临夏州	0.90	2.18	0.30	0.07	1.02	1.01	0.90	0.65	0.56	1.04	0.95	1.40	0.43	0.17	1.03
甘南州	0.89	1.25	1.16	0.81	1.05	0.10	0.38	0.31	0.36	0.31	0.29	0.69	0.59	0.53	0.56
变异系数	39.19	30.70	52.36	41.12	33.22	44.28	31.56	50.58	57.83	27.36	62.52	62.85	113.43	75.18	42.09

5. 葱蒜类蔬菜比较优势区域差异

由表 2-7 可看出，嘉峪关市、定西市、天水市、酒泉市、陇南市具有较强的葱蒜类蔬菜生产综合比较优势；庆阳市、金昌市、武威市有较强的效率比较优势，但规模比较优势较低；定西市有一定的规模比较优势，但效率比较优势较低。

庆阳市、武威市、陇南市、定西市、平凉市具有较强的大葱生产综合比较优势，其中庆阳市、武威市、陇南市的综合比较优势指数在 1.20 以上，具有绝对强的比较优势。嘉峪关市、酒泉市、定西市、金昌市具有较强的洋葱生产比较优势，其中嘉峪关市的综合比较优势指数达到 3.63，具有绝对强的比较优势。天水市、甘南州、定西市具有较强的韭菜生产比较优势，天水市综合比较优势指数达到 2.13，具有绝对强的比较优势。陇南市、庆阳市、张掖市、平凉市、武威市、定西市具有较强的大蒜生产比较优势，其中庆阳市、张掖市的综合比较优势指数在 1.20 以上，具有绝对强的比较优势。陇南市、平凉市、庆阳市、定西市具有较强的蒜苗生产比较优势，陇南市、平凉市、庆阳市的综合比较优势指数在 1.28 以上。陇南市、武威市、天水市具有较强的蒜薹生产比较优势，综合比较优势指数在 1.29 以上。

表 2-7 葱蒜类蔬菜比较优势指数

市（州）	规模比较优势指数						SAI	效率比较优势指数						EAI	综合比较优势指数						IAI
	大葱	洋葱	韭菜	大蒜	蒜苗	蒜薹		大葱	洋葱	韭菜	大蒜	蒜苗	蒜薹		大葱	洋葱	韭菜	大蒜	蒜苗	蒜薹	
兰州市	0.41	0.29	0.49	0.10	0.81	0.03	0.34	1.05	0.75	1.12	0.66	1.29	0.75	1.10	0.65	0.45	0.73	0.25	1.01	0.12	0.60
嘉峪关市	0.39	25.75	0.03	0.03	0.00	0.09	18.28	0.85	0.52	0.00	0.00	0.00	0.05	0.85	0.56	3.63	0.00	0.00	0.00	0.07	2.27
金昌市	0.19	1.75	0.11	0.08	0.03	0.00	0.39	0.93	0.73	0.64	1.07	0.13	0.00	1.43	0.40	1.11	0.25	0.28	0.06	0.00	0.74
白银市	1.24	1.43	1.29	1.03	0.52	0.00	1.00	0.44	0.42	0.36	0.34	0.43	0.00	0.49	0.73	0.76	0.68	0.57	0.46	0.00	0.69
天水市	0.74	0.65	3.49	1.05	1.42	2.15	1.41	1.16	0.87	1.30	1.35	1.07	0.85	1.18	0.91	0.73	2.13	1.16	1.08	1.29	1.25
武威市	1.23	0.99	0.33	0.95	0.74	1.48	0.85	1.51	0.82	0.84	1.51	0.51	1.22	1.27	1.37	0.86	0.53	1.19	0.61	1.34	1.01
酒泉市	0.38	5.56	0.91	2.13	0.26	0.41	1.62	1.12	0.60	0.91	0.73	0.86	1.04	0.98	0.64	1.67	0.87	0.90	0.40	0.57	1.25
张掖市	0.74	0.62	0.62	2.82	0.47	0.01	0.94	1.13	0.44	1.04	0.79	0.39	0.00	0.68	0.85	0.49	0.78	1.24	0.43	0.00	0.76
定西市	1.61	3.73	1.92	1.07	1.54	0.89	1.84	0.97	0.49	0.79	1.23	1.12	0.94	0.99	1.16	1.13	1.22	1.12	1.19	0.76	1.33
陇南市	0.85	0.18	0.33	2.22	3.36	4.35	1.31	1.71	0.51	0.91	1.76	2.60	0.85	1.63	1.20	0.29	0.54	1.73	2.33	1.92	1.21
平凉市	1.41	0.29	1.01	1.25	2.01	1.98	1.03	1.00	0.48	0.68	1.17	1.04	1.49	0.91	1.15	0.36	0.76	1.19	1.37	1.00	0.96
庆阳市	1.48	0.09	0.95	1.16	1.65	1.83	0.93	1.63	0.61	1.13	2.20	1.96	0.00	1.51	1.43	0.18	0.88	1.24	1.28	0.00	1.06
临夏州	0.95	0.12	0.61	0.32	0.47	0.05	0.46	0.78	0.25	1.14	1.16	1.03	0.00	0.83	0.86	0.16	0.83	0.60	0.69	0.00	0.61
甘南州	1.18	0.31	2.42	0.41	1.07	0.15	0.98	0.23	0.07	0.91	0.15	0.14	0.00	0.54	0.51	0.14	1.48	0.24	0.39	0.00	0.71
变异系数	48.21	217.59	90.74	79.21	85.89	128.00	199.30	38.16	38.85	39.22	58.56	78.10	103.82	32.64	35.53	102.84	60.07	58.86	74.06	124.05	41.13

6. 菜用豆类蔬菜比较优势区域差异

陇南市、白银市、武威市、兰州市、庆阳市具有较强的菜用豆类蔬菜生产综合比较优势，其中陇南市综合比较优势指数达到 1.21；临夏州具有较强的效率比较优势，但规模比较优势较低；甘南州有一定的规模比较优势，但效率比较优势较低（表 2-8）。

表 2-8 菜用豆类蔬菜比较优势

市（州）	规模比较优势指数			SAI	效率比较优势指数			EAI	综合比较优势指数			IAI
	四季豆	豇豆	豌豆		四季豆	豇豆	豌豆		四季豆	豇豆	豌豆	
兰州市	0.82	0.79	1.59	1.34	0.50	1.13	1.04	0.88	0.60	0.93	1.28	1.08
嘉峪关市	1.27	0.00	0.11	0.38	0.50	0.00	0.20	0.36	0.66	0.00	0.12	0.36
金昌市	0.06	0.38	0.16	0.17	0.00	0.42	0.92	0.73	0.00	0.40	0.37	0.35
白银市	7.01	0.81	0.19	1.69	0.65	0.61	0.55	0.84	2.13	0.65	0.31	1.16
天水市	0.10	1.30	1.33	1.04	0.52	0.96	1.00	0.94	0.23	1.12	1.14	0.98
武威市	0.28	0.15	3.15	1.97	0.63	0.99	0.73	0.62	0.41	0.38	1.51	1.10
酒泉市	1.38	1.68	0.41	0.77	0.74	0.98	0.88	0.97	0.99	1.27	0.59	0.85
张掖市	1.01	1.53	0.51	0.80	1.04	0.72	0.68	0.91	0.82	1.01	0.58	0.84
定西市	0.71	1.31	0.30	0.52	0.00	0.76	0.81	0.74	0.00	0.91	0.48	0.60
陇南市	1.77	1.50	0.75	1.06	1.44	1.75	1.81	1.74	1.32	1.43	1.09	1.21
平凉市	0.74	1.36	0.52	0.75	0.53	0.63	1.02	0.84	0.58	0.89	0.70	0.77
庆阳市	0.70	0.87	0.54	0.74	1.57	1.85	1.80	1.77	0.90	1.14	0.97	1.05
临夏州	0.09	0.14	0.29	0.21	0.12	1.81	1.34	1.22	0.10	0.49	0.60	0.50
甘南州	1.00	0.89	1.77	1.36	0.00	0.00	0.77	0.63	0.00	0.00	1.16	0.91
变异系数	139.11	60.17	99.33	56.43	81.32	63.47	43.85	40.70	92.16	57.11	50.97	33.28

白银市、陇南市具有较强的四季豆生产比较优势，白银市综合比较优势指数达到 2.13，具有绝对强的比较优势；庆阳市具有较强的四季豆生产效率比较优势，效率比较优势指数达到 1.57，但规模比较优势较低；酒泉市、嘉峪关市具有较强的四季豆生产规模比较优势，但效率比较优势较低。陇南市、酒泉市、庆阳市、天水市具有较强的豇豆生产比较优势；临夏州具有较强的豇豆生产效率比较优势，效率比较优势指数达到 1.81，但规模比较优势较低；张掖市、平凉市、定西市具有较强的豇豆生产规模比较优势，规模比较优势指数在 1.31 以上，但效率比较优势较低。武威市、兰州市、甘南州、天水市、陇南市具有较强的豌豆生产比较优势，其中武威市、兰州市综合比较优势指数在 1.28 以上，具有绝对强的比较优势；庆阳市具有较强的豌豆生产效率比较优势，效率比较优势指数达到 1.80，但规模比较优势较低。

（四）不同市（州）优势蔬菜种类差异

由表 2-9 可看出，兰州市具有比较优势的蔬菜种类有花椰菜、百合、莴笋、

表 2-9　甘肃省各地区比较优势与劣势蔬菜种类

市（州）	具有较强比较优势种类（IAI>1）	处于比较劣势种类（IAI<0.65）
兰州市	百合、花椰菜、莴笋、芹菜、豌豆、西葫芦、白菜、蒜苗	蒜薹、甜椒、大蒜、洋葱、四季豆
嘉峪关市	洋葱	叶菜类、茄果类、菜用豆类
金昌市	胡萝卜、芹菜、辣椒、洋葱、花椰菜	瓜菜类、茄果类、菜用豆类
白银市	四季豆、茄子、甜椒、甘蓝、黄瓜、白菜、萝卜	香菜、花椰菜、菠菜、胡萝卜、豌豆、大蒜、百合
天水市	韭菜、香菜、蒜薹、大蒜、胡萝卜、西葫芦、甘蓝、豌豆、豇豆、菠菜、白菜、莴笋	花椰菜、百合、四季豆、甜椒、南瓜
武威市	黄瓜、蒜薹、豌豆、大葱、辣椒、大蒜、茄子、甜椒	菠菜、甘蓝、芹菜、莴笋、香菜、花椰菜、西葫芦、蒜苗、四季豆、豇豆、韭菜
酒泉市	洋葱、番茄、甜椒、豇豆	芹菜、甘蓝、莴笋、花椰菜、胡萝卜、蒜苗、蒜薹、豌豆、百合
张掖市	甜椒、番茄、大蒜、西葫芦、萝卜、菠菜、南瓜、豇豆	花椰菜、百合、洋葱、蒜苗、蒜薹、豌豆
定西市	辣椒、韭菜、大葱、蒜苗、洋葱、大蒜	南瓜、香菜、四季豆、豌豆
陇南市	蒜苗、蒜薹、南瓜、大蒜、豇豆、甘蓝、四季豆、莴笋、菠菜、萝卜、豌豆	花椰菜、茄子、洋葱、韭菜
平凉市	萝卜、蒜苗、菠菜、大蒜、胡萝卜、大葱、甘蓝、白菜、南瓜	花椰菜、百合、洋葱、四季豆
庆阳市	大葱、南瓜、菠菜、蒜苗、辣椒、大蒜、甜椒、豇豆、甘蓝、萝卜、黄瓜	花椰菜、百合、洋葱、蒜薹
临夏州	百合、白菜、菠菜、番茄、胡萝卜、萝卜、莴笋	南瓜、辣椒、甜椒、大蒜、洋葱、蒜薹、四季豆、豇豆、豌豆
甘南州	香菜、韭菜、豌豆、萝卜	白菜、甘蓝、莴笋、花椰菜、南瓜、茄子、辣椒、甜椒、大蒜、大葱、四季豆、豇豆

芹菜、豌豆、西葫芦，而甜椒、蒜薹、大蒜、洋葱具有强的比较劣势。嘉峪关市具有比较优势的蔬菜种类有洋葱，而叶菜类、茄果类、菜用豆类具有强的比较劣势。金昌市具有比较优势的蔬菜种类有胡萝卜、芹菜、辣椒、洋葱、花椰菜，而瓜菜类、茄果类、菜用豆类蔬菜具有强的比较劣势。白银市具有比较优势的蔬菜种类有四季豆、茄子、甜椒、甘蓝、黄瓜，而百合、香菜、花椰菜、菠菜、胡萝卜、豌豆、大蒜具有强的比较劣势。天水市具有比较优势的蔬菜种类有韭菜、香菜、蒜薹、大蒜、胡萝卜、甘蓝、豌豆、豇豆、菠菜，而花椰菜、百合、甜椒、南瓜具有强的比较劣势。武威市具有比较优势的蔬菜种类有黄瓜、茄子、大葱、大蒜、蒜薹、豌豆，而菠菜、甘蓝、莴笋、香菜、花椰菜、西葫芦、韭菜、四季豆、豇豆具有强的比较劣势。酒泉市具有比较优势的蔬菜种类有洋葱、番茄、甜椒、豇豆，而芹菜、甘蓝、莴笋、花椰菜、胡萝卜、蒜苗、蒜薹、豌豆、百合具有强的比较劣势。张掖市具有比较优势的蔬菜种类有甜椒、番茄、大蒜、西葫芦、萝卜、菠菜、南瓜、豇豆，而花椰菜、百合、洋葱、蒜苗、蒜薹具有强的比较劣势。定西市具有比较优势的蔬菜种类有辣椒、韭菜、大葱、蒜苗、大蒜，而南瓜、香菜、四季豆、豌豆具有强的比较劣势。陇南市具有比较优势的蔬菜种类有蒜苗、

蒜薹、南瓜、大蒜、豇豆、甘蓝、四季豆、莴笋、菠菜、萝卜，而花椰菜、茄子、洋葱、韭菜具有强的比较劣势。平凉市具有比较优势的蔬菜种类有萝卜、蒜苗、菠菜、大蒜、胡萝卜、大葱、甘蓝、白菜，而花椰菜、百合、洋葱、四季豆具有强的比较劣势。庆阳市具有比较优势的蔬菜种类有大葱、南瓜、菠菜、蒜苗、辣椒、大蒜、甜椒、豇豆，而花椰菜、百合、洋葱、蒜薹具有强的比较劣势。临夏州具有比较优势的蔬菜种类有百合、白菜、菠菜、番茄、胡萝卜、萝卜，而南瓜、辣椒、甜椒、大蒜、洋葱、蒜薹、四季豆、豇豆、豌豆具有强的比较劣势。甘南州具有比较优势的蔬菜种类有香菜、韭菜、豌豆、萝卜，而白菜、甘蓝、莴笋、花椰菜、南瓜、茄子、辣椒、甜椒、大蒜、大葱、蒜苗、蒜薹、四季豆、豇豆具有强的比较劣势。

三、讨论

从变异系数看，蔬菜作物规模比较优势指数的变异系数大，其综合比较优势指数的变异系数也大，说明规模比较优势是形成区域农作物优势差异的一个重要因素。不同蔬菜作物综合比较优势指数的变异系数存在较大差异，说明不同蔬菜种类在不同市（州）的综合优势表现是不同的。比较优势的变异系数越大，农作物的区域特征越明显。甘肃省不同蔬菜作物综合比较优势指数的变异系数排序为百合＞蒜薹＞辣椒＞洋葱＞四季豆＞南瓜＞甜椒＞蒜苗＞花椰菜＞番茄＞茄子＞韭菜＞甘蓝＞大蒜＞豇豆＞香菜＞豌豆＞莴笋＞胡萝卜＞菠菜＞芹菜＞大葱＞黄瓜＞萝卜＞白菜＞西葫芦，其中，百合、蒜薹、辣椒、洋葱等作物的变异系数大于100%，说明这些作物区域特征非常突出。受自然资源、市场区位、社会经济、种植规模和技术水平等因素的影响，甘肃省主要蔬菜比较优势在各市（州）之间存在着较大差异，不同市（州）均具有各自处于较强比较优势与明显比较劣势的蔬菜种类。各市（州）的生产特点和方向，是在一定的自然条件和社会经济条件下，经过人类长期劳动而形成的，既反映了各市（州）优势蔬菜作物构成和土地利用方式，也反映了农业生产水平和布局状况，可作为充分合理利用资源、定向改善生产条件、确定发展方向、合理安排生产布局的科学依据。因此，依据各市（州）的蔬菜比较优势调整种植结构，可从根本上抑制各市（州）蔬菜结构趋同及市（州）间的无序竞争，实现蔬菜生产的合理布局和区域化种植，提高甘肃省蔬菜生产的综合能力。

农作物生产与社会需求、自然资源禀赋等诸多因素有关，要正确处理好农作物生产与发挥区域农业比较优势的关系。依照比较优势原则，合理配置土地、劳力、水、资金、技术等资源。一是要加大科技投入，扶持优势产品，全面提高蔬菜产品质量竞争力；二是要根据比较优势的原则，依据地区资源状况，对具有比较优势的产品进行合理的区域布局，增强其竞争优势。各市（州）应针对其具有比较优势的蔬菜种类，找准市场定位，稳定规模优势，扩大产量优势，强化农产品质量，降低生产成本，提高经济效益，实现本地区优势蔬菜生产的专业化和产业化。

第二节 甘肃省高原夏菜种植气候区划

甘肃省地处黄土高原、青藏高原和蒙古高原交汇区，跨亚热带、温带和寒带3个气候带，地貌及气候条件复杂多样。由于高原夏菜的经济效益好，有些地方不顾蔬菜生长的气候要求而盲目种植，导致收成不好，受到了一定的经济损失；有的地方种植品种结构不合理，造成高原夏菜产量低、品质差，经济效益不高。因此，只有根据高原夏菜的生态适应性进行合理布局，充分利用当地的自然资源和社会经济条件，才能充分发挥气候资源在高原夏菜生产中的优势，实现高原夏菜产业的可持续发展，但目前尚未见到关于甘肃高原夏菜气候区划研究的报道。为此，本研究选取热量、水分、光照等多种指标（李华等，2009），采用主成分分析和系统聚类分析方法（刘蕴薰等，1981），对甘肃省高原夏菜的种植进行气候区划，以期为甘肃各地高原夏菜的合理种植提供参考。

一、材料与方法

（一）区划范围

研究区范围仅包括甘肃省境内当前实际种植高原夏菜的区域。该区海拔1100～2600m，经纬度为35.37°～40.53°N，94.68°～105.08°E。

（二）研究材料

本研究所用各县（区）气象资料（包括历年逐月平均气温、降水量、日照时数等），来自区划范围内国家气象站1949～2000年记录数据。26县（区）包括：瓜州县、白银区、安定区、敦煌市、皋兰县、高台县、古浪县、会宁县、金塔县、景泰县、靖远县、肃州区、兰州市、临洮县、临夏州、临泽县、民乐县、民勤县、山丹县、凉州区、永昌县、永登县、榆中县、玉门市、甘州区、夏河县，按顺序依次编号为1～26。根据高原夏菜生长主要生态因子要求，将其分为以下几种。

1）耐寒蔬菜：主要包括菠菜、香菜、大葱、大蒜；

2）半耐寒蔬菜：萝卜、胡萝卜、芹菜、大白菜、娃娃菜、甘蓝、莴苣、荷兰豆、甜脆豆、花椰菜、绿菜花；

3）喜温蔬菜：西葫芦、番茄、黄瓜、辣椒、茄子、菜豆；

4）耐热蔬菜：南瓜、苦瓜、西瓜、甜瓜、豇豆。

（三）区划原则

1. 气候资源的地域分异性

气候资源如温度、水分、光照等，在空间分布上的相对一致性、差异性及其变化的规律性导致了在不同地域有不同的组合类型，是进行气候区划的必要条件。所以，在区划时，要充分考虑地域差异性，高原夏菜品种生长发育所需的温度、光照、湿度等条件缺一不可。

2. 相似性和差异性

随着地域的变化，气候资源随之变化，气候因子在不同地域差异性为高原夏菜气候区划提供了前提条件并给出了各种可能性的结果。同时，气候因子具有共性和相似性，只要确立主要影响因素，就给区划带来了可能性。

3. 因地制宜和适当集中

根据高原夏菜生物学特性及社会经济要求的不同，对其实施因地制宜和适当集中的种植区划原则。根据不同环境“对症下药”，适地适栽，保证其在适宜的环境条件下成长，保证产品质量。但是又不可过于分散，适当集中利于产销，易于推广，容易形成品牌。

4. 可持续发展

高原夏菜种植作为一种经济产业，同时要考虑发展的持续性，既能够充分利用资源而又不能危害资源；同时，有机种植已经兴起，进行科学合理的区划对于高原夏菜的种植意义深远。

（四）区划指标的选择

按照区域位置-地貌-气候为基本顺序进行区划。结合甘肃省地理方位、地貌形态的差异，选择与高原夏菜生长发育具有密切关系的 8 个影响因子作为甘肃高原夏菜气候区划的指标。这 8 个影响因子是：≥10℃有效积温（X_1）、累计降水量（X_2）、平均大气湿度（X_3）、平均气温（X_4）、7 月（最暖月）平均气温（X_5）、平均高温（X_6）、平均低温（X_7）、累计日照时数（X_8）。7 月（最暖月）气温往往决定高原或高纬度地区植物能否生长良好；≥10℃有效积温反映地方气候为生物所能提供的热量条件；降水量反映全生育期水分供给量；平均大气湿度反映生物生长所需的湿度状况；平均气温反映全生育期热量条件；全生育期日照时数用来比较各地区光能资源的分布状况。

（五）数据处理方法

1. 主成分分析

由于选择的指标数量较多且众多变量之间可能存在明显相关性，因而会造成信息重叠、干扰，且解释困难。采用主成分分析法在尽可能不损失信息或少损失信息的情况下，将多个指标提取为少数几个指标，高度概括原始数据中绝大部分的信息。主成分分析步骤如下：①原始数据无量纲化后，将 26 个县（区）的 8 个区划指标因子值组成矩阵 $\boldsymbol{X}_{pn}$（p=8，n=26）；②计算 $\boldsymbol{X}_{pn}$ 的协方差矩阵的特征值及特征向量；③计算各主成分的方差贡献率及累计方差贡献率（张嵩甫等，1995）。

2. 聚类分析

系统聚类法是目前气候区划中应用较多的一种分析方法。用 SPSS 软件进行系统聚类分析，其步骤如下（郝黎仁等，2003）：①对数据进行标准化处理；②标准化之后的数据用分层聚类法进行分析，聚类方法选择组间连接法（between-groups linkage），合并两类使得两类间的平均距离最小；距离测度方法选择欧氏距离（Euclidean distance）；聚类关系（cluster membership）与实际情况进行综合分析，确定甘肃夏菜种植区划适宜类型及其数目。区划结果在 GIS 平台作图输出。

3. 分区命名方法

根据甘肃省高原夏菜种植区 26 县（区）气象数据中的水分因子（表 2-10），将高原夏菜种植气候区按照降水量和大气湿度划分为半湿润区、半干旱区、干旱区 3 种类型，然后结合高原夏菜的分类对气候区划进行命名。

表 2-10　种植气候区划水分条件命名指标

项目	半湿润	半干旱	干旱
降水量（mm）	300～500	200～300	50～200
大气湿度（%）	70～80	60～70	50～60

二、结果与分析

（一）主成分分析

由表 2-11 可知，前 2 个主成分的累计方差贡献率已经达到 95.484%，包含了

表 2-11　各主成分的特征值、方差贡献率（%）和累计方差贡献率（%）

主成分	特征值	方差贡献率（%）	累计方差贡献率（%）
1	6.363	79.544	79.544
2	1.275	15.940	95.484
3	0.191	2.381	97.865
4	0.138	1.722	99.587
5	0.029	0.362	99.949
6	0.003	0.040	99.989
7	0.001	0.011	100.000
8	0.000	0.000	100.000

绝大多数原始信息，特征值分别为 6.363 和 1.275，作为提取的 2 个公因子进行系统聚类分析。

由表 2-12 可以看出，第 1 主成分由变量 X_7、X_4、X_1、X_5 和 X_6 决定，它们在主因子上的载荷分别为 0.975、0.924、0.907、0.891 和 0.827，5 个因子主要包括的是温度条件，载荷均为正值，说明各因子之间是正相关，与实际相符；第 2 主成分由 X_8 和 X_3、X_2 决定，在主因子上的载荷分别为 0.943、–0.903、–0.859，3 个因子包括的是日照时数和水分条件，日照时数和水分条件之间是负相关，与实际相符。假设提取的 2 个公因子为 F_1、F_2，公因子对变量进行线性回归得到：

$$F_1=0.907X_1-0.362X_2-0.312X_3+0.924X_4+0.891X_5+0.827X_6+0.975X_7+0.239X_8$$

$$F_2=0.419X_1-0.859X_2-0.903X_3+0.379X_4+0.450X_5+0.527X_6+0.098X_7+0.943X_8$$

表 2-12 旋转后第 1 和第 2 主成分的载荷矩阵

影响因子	第 1 主成分	第 2 主成分
X_7	0.975	0.098
X_4	0.924	0.379
X_1	0.907	0.419
X_5	0.891	0.450
X_6	0.827	0.527
X_8	0.239	0.943
X_3	–0.312	–0.903
X_2	–0.362	–0.859

根据 F_1、F_2 的表达式产生 2 个新的变量 fac_1、fac_2，2 个新变量代表 8 个原始指标。

（二）聚类分析

新变量 fac_1、fac_2 作为聚类分析的变量，在 SPSS 上运行，通过比较，选取 5 作为阈值进行聚类分析，结果如图 2-1 所示。

根据聚类分析结果对研究区进行分类。3 类地区不适合夏菜种植，分别为夏河县海拔 2500m 以上区域，生长季热量不足，不适宜蔬菜生产；瓜州县、敦煌市和金塔县海拔 1200m 以下地区夏季炎热，不适宜夏季蔬菜生产；荒漠、戈壁、山地、陡坡地，立地条件不适合蔬菜生产。其他农耕区域，海拔在 1100～2600m、平均温度 10～20℃、生长季≥10℃有效积温 450～1750℃、生长季累计日照时数 1100～1900h 的地区为高原夏菜生产区，去掉 3 类不适合种植区，其他地区与实际情况结合，再细分为 8 个区。将高原夏菜种植气候区划的结果在 GIS 平台输出，如图 2-2 所示。

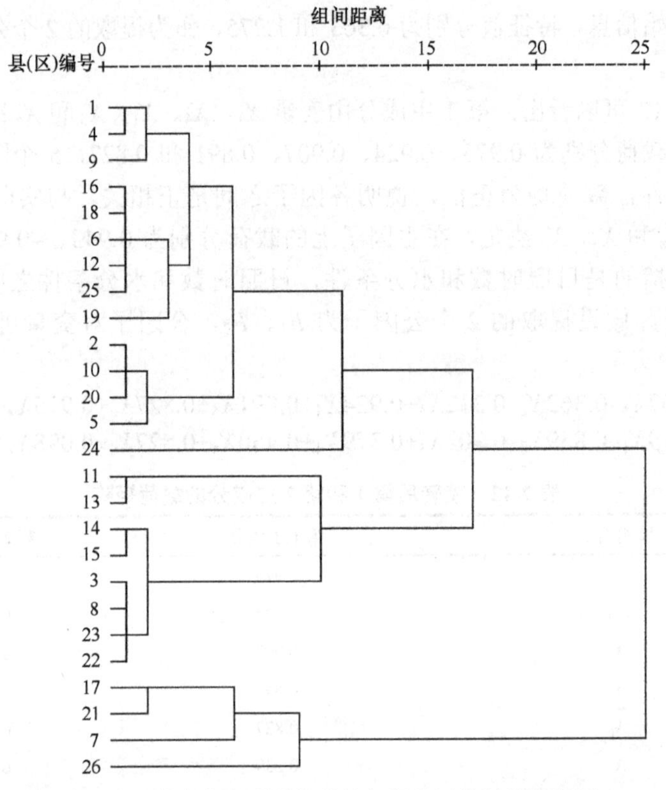

图 2-1 甘肃省高原夏菜种植气候分区的树状聚类图

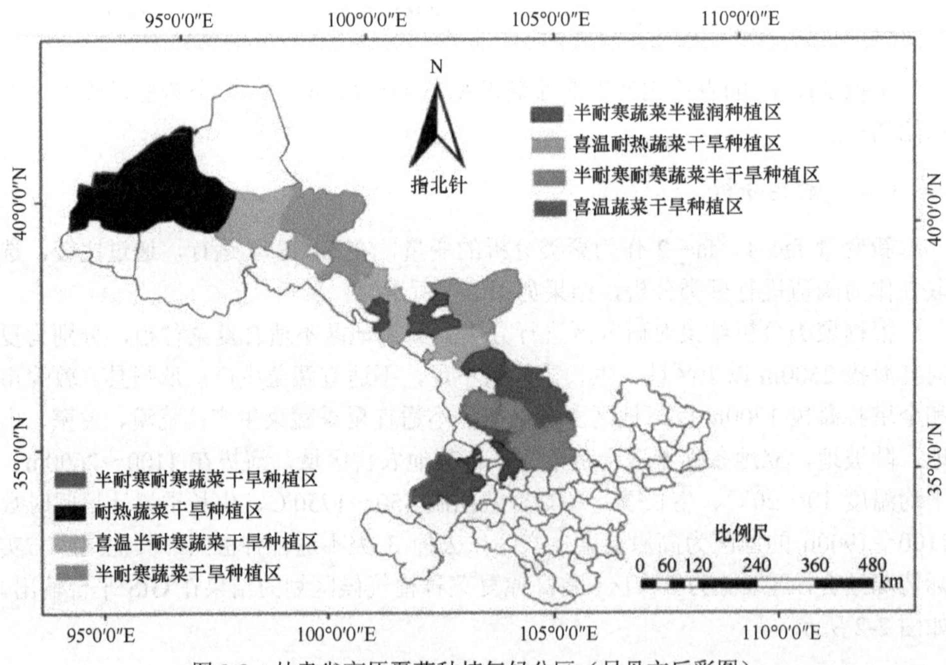

图 2-2 甘肃省高原夏菜种植气候分区（另见文后彩图）

（三）高原夏菜气候区划评述

1）耐热蔬菜干旱种植区。①区域范围。该区包括敦煌市和瓜州县境内海拔在1200m以下区域，平均海拔1138～1170.8m。②气候资源。生长季均温16～20℃，≥10℃有效积温1500℃左右，平均气温≥10℃的天数187天，生长期227天左右，年均温1.6℃，最热月平均气温25℃左右，日照时数2200h左右，生长期降水量不足50mm。③适宜蔬菜种类。该区宜种植耐热蔬菜，特别是瓜类作物。2009年瓜州县蜜瓜种植面积达到5466.7hm^2，占到全县农作物总播种面积的16.6%；应稳定瓜果生产，将瓜州建成哈密瓜生产基地。敦煌市可种植苦瓜、丝瓜、冬瓜等瓜类。

2）喜温耐热蔬菜干旱种植区。①区域范围。该区包括金塔县、民勤县、临泽县、高台县海拔1200～1400m区域和瓜州县、敦煌市海拔1200m以上农区。②气候资源。生长季均温13～18℃，≥10℃有效积温1500℃左右，平均气温≥10℃的天数180天，生长期220天左右，最热月平均气温22～24℃，日照时数2000～2100h，生长期降水量50～110mm。③适宜蔬菜种类。适宜种植喜温蔬菜和耐热蔬菜，如洋葱、番茄、辣椒、西葫芦、菜豆、甜瓜等。

3）喜温蔬菜干旱种植区。①区域范围：该区包括兰州市、靖远县、景泰县，海拔在1400～1700m。②气候资源。生长季均温13～19℃，≥10℃有效积温1400～1700℃，平均气温≥10℃的天数180～200天，生长期220天以上，最热月平均气温23℃，日照时数1800h左右，生长期降水量170～300mm。③适宜蔬菜种类。该区应以种植喜温蔬菜为主，如黄瓜、辣椒、西葫芦、菜豆等。

4）半耐寒蔬菜干旱种植区。①区域范围。该区包括皋兰县、白银区，海拔在1700m左右。②气候资源。生长季均温12～17℃，≥10℃有效积温1200～1500℃，平均气温≥10℃的天数180天左右，生长期220天以上，最热月平均气温20～22℃，日照时数1700h左右，生长期降水量190～250mm。③适宜蔬菜种类。该区应以种植半耐寒蔬菜为主，如豌豆、大白菜、甘蓝、花椰菜等。

5）喜温半耐寒蔬菜干旱种植区。①区域范围。该区包括肃州区、凉州区、甘州区、玉门市、山丹县，境内地势平坦，海拔在1400～1800m。②气候资源。生长季均温10～16℃。≥10℃有效积温1100～1400℃，平均气温≥10℃的天数170～180天，生长期210天以上，最热月平均气温20～22℃，日照时数1800～2100h，生长期降水量50～180mm。③适宜蔬菜种类。适宜种植喜温蔬菜和半耐寒蔬菜，如洋葱、番茄、辣椒、菜豆、大白菜、甘蓝、莴苣、胡萝卜等。

6）半耐寒耐寒蔬菜半干旱种植区。①区域范围。该区包括榆中县、会宁县、安定区、永登县，海拔在1800～2100m。②气候资源。生长季均温12～17℃，≥10℃有效积温850～1000℃，平均气温≥10℃的天数为150～170天，生长期200天以上，最热月平均气温18～20℃，日照时数1500～1650h，生长期降水量270～

400mm。③适宜蔬菜种类。适宜种植半耐寒蔬菜和耐寒性蔬菜，如甘蓝、西芹、大白菜、娃娃菜、花椰菜、大蒜、菠菜、香菜等。

7）半耐寒蔬菜半湿润种植区。①区域范围。该区包括临洮县、临夏州，海拔在 1800～2000m 的区域。②气候资源。生长季均温 12～17℃，≥10℃有效积温 1000℃，平均气温≥10℃的天数 180 天左右，生长期 210 天以上，最热月平均气温 18～20℃，日照时数 1500～1600h，生长期降水量 450～500mm。③适宜蔬菜种类。该区以种植半耐寒蔬菜为宜，如甘蓝、大白菜、花椰菜、大葱、胡萝卜等。

8）半耐寒耐寒蔬菜干旱种植区。①区域范围。该区包括民乐县、永昌县、古浪县、夏河县，海拔在 1900～3300m。②气候资源。生长季均温 10～13℃，≥10℃有效积温 500～800℃，平均气温≥10℃的天数 130～150 天，生长期 180～200 天，最热月平均气温 16～18℃，日照时数 1500～1650h，生长期降水量 150～300mm。③适宜蔬菜种类。该区适宜半耐寒蔬菜和耐寒性蔬菜，如花椰菜、甘蓝、大白菜、生菜、西芹、胡萝卜、大蒜等。

三、结论

通过对甘肃省高原夏菜种植区 26 个县（区）历年气象条件的统计和分析，对甘肃省高原夏菜气候适宜性进行了区划，分区结果与实际现状比较符合。不适宜种植区是因为环境条件过于极端，无法进行种植。适宜区依据高原夏菜生长所需的生态条件又进一步细分，为甘肃省高原夏菜气候适宜性种植区的划分提供了科学依据。

1）本研究对甘肃省高原夏菜生态适生种植区进行常规区划，主要是依靠气象类指标进行初步区划。先运用主成分分析法对分区指标进行降维处理，与传统方法相比，不但减少了工作量，而且各指标之间彼此独立，提高了分区精度。系统聚类分析将甘肃省高原夏菜种植区分为 8 个分区，结果评述中对于划分区域的范围、气候资源等进行了描述，分类的区域与县（区）实际气候和高原夏菜种植状况一致性较好，充分利用了当地的气候资源。在划分区域的同时，还讨论了各个种植生态区发展方向及适合种植的蔬菜种类。对于有些地区不合理种植结构的调整和优化有很好的指导作用，为解决优势品种的产业化发展尚不突出的问题提供了科学依据。

2）聚类分析中选取不同的阈值会得到不同的结果，如阈值选为 20 则分为 2 类，阈值选为 15 则分为 3 类。将结果分为 2 类或 3 类均无法对分区结果进行精细化描述，导致最终的区划结果指导作用不强甚至无法提供参考作用。系统聚类分析结果与实际情况结合，选取 5 作为阈值能更好地反映现有各区的高原夏菜种植情况，在实践过程中操作性更强。在种植区域内依靠地形地貌要素，在适宜种植区可以建立种植基地，集中管理，强化优势，提高蔬菜的产量和质量，增加高原夏菜的种植效益。例如，耐热蔬菜干旱种植区内的瓜州县是瓜果生产大县、名县，建立瓜果生产基地的同时应利用已经拥有的品牌效应带动其他产区的发展。

3）甘肃省的高原夏菜生态气候适生种植区划以县（区）为单位，得到了既能满足气候需求又有耕地的实际可种植区域，做到了适地适种。由于甘肃省高原夏菜种类繁多、地貌类型多样，但从整体上看，八大区域的划分能够较好地反映甘肃省高原夏菜种植结构的区域差异，对于甘肃省高原夏菜生产及其种植结构调整具有一定的指导作用。

第三节　高原夏菜安全高效栽培技术研究

一、莴笋安全高效栽培技术研究

（一）莴笋的特征特性

莴笋（*Lactuca sativa* L.）为菊科莴苣属能形成肉质嫩茎的一、二年生草本植物，别名茎用莴苣、莴苣笋、青笋、莴菜等。莴笋是莴苣在长期栽培中，经不断的选择、培育而成的一个变种，食用部分主要是花茎，嫩叶也可食用，其茎肥如笋，肉质细嫩，故称“莴笋”。原产于地中海沿岸，后传入欧洲和美洲栽种。文献记载，隋炀帝大业年间的公元605～608年，呙国与隋朝有使节往来，隋人得莴苣菜种。由于交换代价极高，隋人称之为“千金菜”。由此推论莴苣应在公元581～681年引入中国。莴苣引入中国后，得到了推广。唐代韩鄂编纂《四时纂要》（成书于公元945～960年）中有关于莴苣的记载。到宋元时期已在中国北方地区普遍栽培。莴苣最初在中国以嫩叶供食，在长期栽培过程中，逐渐演化出茎用类型莴笋。宋代孟元老的《东京梦华录》（成书于南宋绍兴十七年，即公元1147年）中已有在州桥夜市上出售“莴苣笋”的记载。元代司农司编撰的《农桑辑要》（公元1273年）中记述了莴笋的栽培和加工方法。北宋时期，已出现了以嫩茎供食的新变种“莴苣笋”。南宋时期，莴笋种植在中国南方地区得以迅速发展，成为江南民众喜食的蔬菜（张德纯，2010）。现在全国各地都有种植。莴笋含有多种微量元素，营养丰富，既是蔬菜，又是绿色保健植物。莴笋对人有良好的保健作用，有开通疏利、消积下气作用。莴笋带有苦味，能刺激消化酶分泌，增进食欲，增强消化腺和胆汁的分泌，可促进消化器官的功能。莴笋还有利尿通乳作用，莴笋含钾量高，比钠的含量要高得多，这有利于体内水电解质的平衡，能促进尿液和乳汁的分泌，对患有高血压、水肿、心脏病的人有一定的食疗作用（林亚芬等，2015）。莴笋的适应性强，可春秋两季或越冬栽培，以春季栽培为主，夏季收获，选用适宜品种，配合相应栽培设施和技术措施，可周年供应。

1. 植物学特性

莴笋是一年生或二年生草本，高 25～100cm。根垂直直伸。茎直立，单生，上部圆锥状花序分枝，茎枝白色。基生叶及下部茎叶大，不分裂，倒披针形、椭圆形或椭圆状倒披针形，长 6～15cm，宽 1.5～6.5cm，顶端急尖、短渐尖或圆形，无柄，基部心形或箭头状半抱茎，边缘波状或有细锯齿，向上的渐小，与基生叶及下部茎叶同形或披针形，圆锥花序分枝下部的叶及圆锥花序分枝上的叶极小，卵状心形，无柄，基部心形或箭头状抱茎，边缘全缘，全部叶两面无毛。头状花序多数或极多数，在茎枝顶端排成圆锥花序。

总苞果卵球形，长 1.1cm，宽 6mm；总苞片 5 层，最外层宽三角形，长约 1mm，宽约 2mm，外层三角形或披针形，长 5～7mm，宽约 2mm，中层披针形至卵状披针形，长约 9mm，宽 2～3mm，内层线状长椭圆形，长 1cm，宽约 2mm，全部总苞片顶端急尖，外面无毛。舌状小花约 15 枚。瘦果倒披针形，长 4mm，宽 1.3mm，压扁，浅褐色，每面有 6～7 条细脉纹，顶端急尖成细喙，喙细丝状，长约 4mm，与瘦果几等长。冠毛 2 层，纤细，微糙毛状。花果期 2～9 月。

莴笋是直根系，移植后发生多数侧根，浅而密集，主要分布在 20～30cm 土层中。茎短缩。叶互生，披针形或长卵圆形等，色淡绿、绿、深绿或紫红，叶面平展或有皱褶，全缘或有缺刻。短缩茎随植株生长逐渐伸长和加粗，茎端分化花芽后，在花茎伸长的同时茎加粗生长，形成棒状肉质嫩茎。肉色淡绿、翠绿或黄绿色。圆锥形头状花序，花浅黄色，每一花序有花 20 朵左右，自花授粉，有时也会发生异花授粉。瘦果，黑褐或银白色，附有冠毛。

2. 生育周期

1）发芽期：播种至真叶显露，需 8～10 天。

2）幼苗期：真叶显露至第一叶序 5 或 8 枚叶片全部展开，俗称“团棵”。直播需 17～27 天；育苗需 30 多天，生长适温 12～20℃，可耐–6～–5℃低温。

3）莲座期：“团棵”至第三叶序全部展开，心叶与外叶齐平，需 20～30 天，叶面积迅速扩大，嫩茎开始伸长和加粗。

4）肉质茎形成期：茎迅速膨大，叶面积迅速扩大，需 30 天左右。生长适温白天 18～22℃，夜间 12～15℃，零度以下受冻。此期苗端分化花芽，花茎开始伸长和加粗，成为肉质茎的一部分。

5）开花结实期：抽薹至瘦果成熟，生育温度与莴苣的相同。莴笋属高温感应型，花芽分化受日平均温度的影响大。日平均气温在 23℃以上，花芽分化迅速。还有人认为花芽分化与 5℃以上的积温有关。对高温敏感程度不同的品种，在不同时期播种时，花芽分化需要的积温不同。茎较粗大的植株对高温的感应性比茎较细小的植株强。长日照促进抽薹开花，在 24h 日照下，不论 15℃或 35℃都能提早抽薹开花。高温长日比低温长日更有利于抽薹开花。

3. 对环境条件的要求

1）温度：喜冷凉湿润气候，耐寒，忌炎热，在南方可露地越冬。种子在 4℃以上即可发芽，但所需时间较长，发芽适温为 15～20℃，30℃以上发芽受阻。15～20℃最适茎叶生长，高于 25℃易引起先期抽薹。

2）水分：根系吸收能力弱，叶面积大，耗水量大，对土壤水分状态反应极为敏感，栽培中应保持土壤湿润，产品器官形成期土壤更不能干旱，否则会降低产量和质量。缺水时，茎小而苦；水分过多时，易裂茎。

3）光照：属长日照作物，喜中等强度光照。为高温感应型蔬菜，长日照下发育速度随温度的升高而加快，秋季栽培在连续高温下易抽薹。温度适宜的条件下，光照充足有利于营养生长；弱光下，叶形变小而细长，生长衰弱，影响结球。种子为需光型种子，在有光条件下发芽整齐。

4）土壤营养：对土壤适应性很强，以富含有机质、疏松透气的壤土或黏质壤土为宜。需较多的氮肥和一定量的钾肥。生长迅速，叶面积大，叶数多，对养分要求高，任何时期缺氮肥都会抑制叶片的分化和生长，从而影响产量。

（二）栽培技术研究

1. 试验区概况

试验在甘肃省农业科学院永昌试验站和永昌县焦家庄乡进行。试验地海拔 1996m，属大陆性冷凉干旱气候，年平均气温 4.8℃，年降水量 188mm，无霜期 130 天，年日照时数 2933h。土壤为灌漠土，0～25cm 土层有机质 27g/kg、碱解氮 100mg/kg、速效磷 60mg/kg、速效钾 80mg/kg、容重 1.57g/cm^3，pH 7.5。利用 HOBO 微型气象站自动定位监测了永昌县试验点光合有效辐射、大气温湿度和耕作层土壤温度，探明了蔬菜生育期这些因子的变化规律。

（1）光合有效辐射（PAR）

高原夏菜生长期（4～9 月）日平均 PAR 458μmol/（m^2·s）（图 2-3）。PAR 从 4 月中旬［日均约 450μmol/（m^2·s）］开始显著增大，6 月上旬时达到最大［日均 577.5μmol/（m^2·s）］，之后逐渐降低，9 月降至 400μmol/（m^2·s）以下。PAR 日变化呈单峰曲线，7:00 左右开始增强，10:00～16:00 高于 600μmol/（m^2·s），13:00 左右达到高峰［4～8 月均在 1200μmol/（m^2·s）以上，5～6 月在 1600μmol/（m^2·s）以上，9 月在 1100μmol/（m^2·s）左右］，16:00 之后迅速下降，20:00 后降至 100μmol/（m^2·s）以下（图 2-4）。

（2）空气湿度

夏菜生长期空气湿度总体上呈逐步增大趋势，日平均空气湿度为 59.4%（图 2-5）。4 月平均在 40%以下，5～6 月空气湿度相对较低，日均 40%～60%

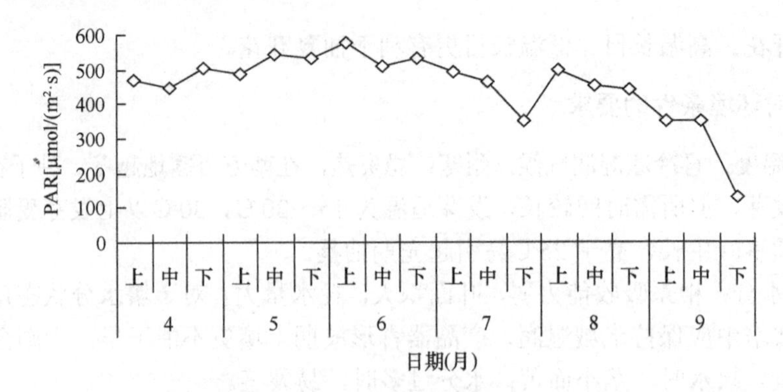

图 2-3 永昌县蔬菜种植季节的 PAR

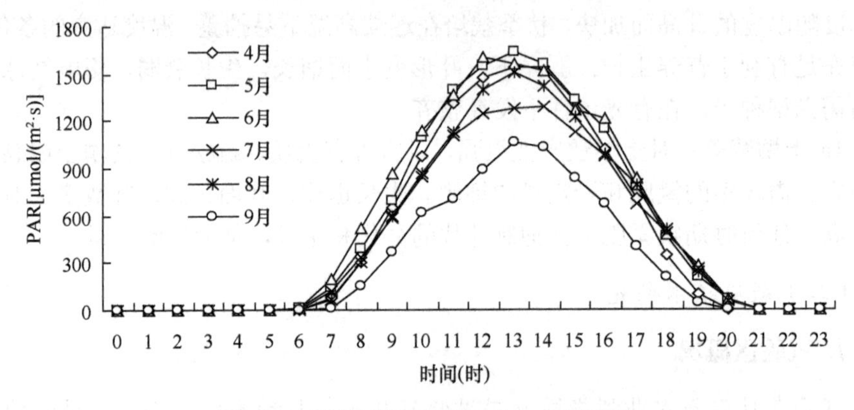

图 2-4 永昌县蔬菜种植季节 PAR 日变化

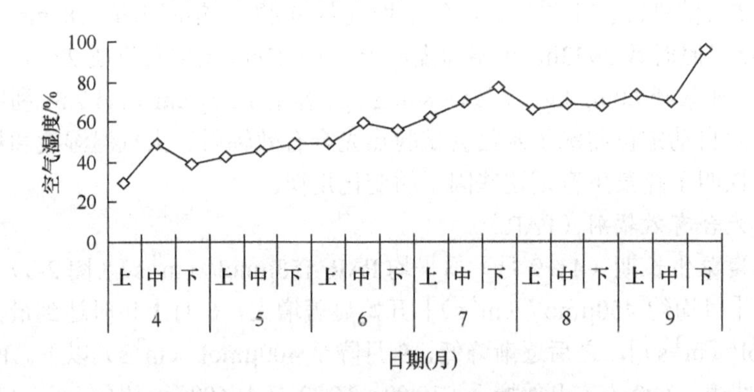

图 2-5 永昌县蔬菜种植季节的空气湿度

（白天 25%～30%，夜间 60%～70%）；进入 7 月后空气湿度日均值大于 60%，7 月下旬和 9 月下旬，阴雨天气较多，平均湿度大于 75%（图 2-5）。一日之中，日出前空气湿度最大（4 月 60%左右、5 月 70%、6 月 80%、7～9 月接近 90%），8:00～9:00 迅速降低，13:00～17:00 稳定在较低水平（4～6 月小于 40%、7～8 月 40%～50%、9 月接近 60%），之后逐渐增大，23:00 后大于 80%（图 2-6）。

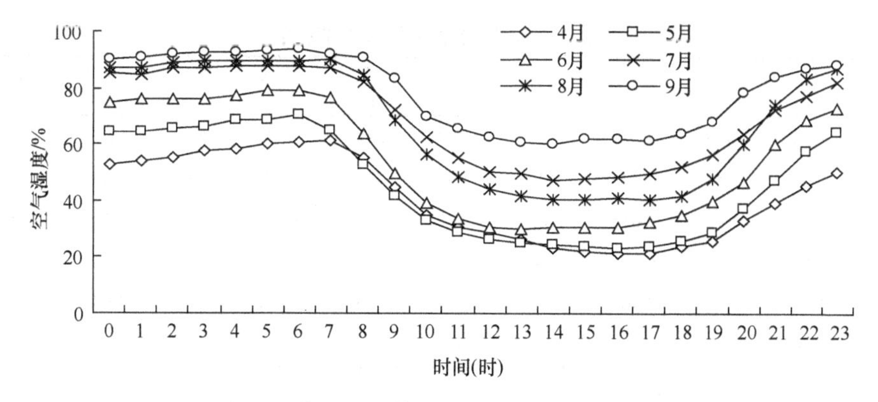

图 2-6 永昌县蔬菜种植季节空气湿度日变化

（3）大气温度

永昌试验点蔬菜生长季日平均大气温度为 13.7℃（图 2-7），除 4 月和 9 月下旬外日温均在 10℃以上。大气温度从 5 月上旬开始迅速攀升，6 月上旬至 8 月中旬日均温度超过 15℃，7 月上旬最高，达 17.4℃，之后逐渐降低，9 月下旬降至 10℃以下。大气温度日变化呈单峰曲线，日出时最低，7:00～8:00 迅速升高，10:00 时达 10℃以上（9 月除外），14:00～15:00 达到峰值（平均 19℃以上，6～8 月 22℃以上），之后逐渐下降，19:00 以后迅速下降，夜间温度可低至 10℃以下（7 月除外）。

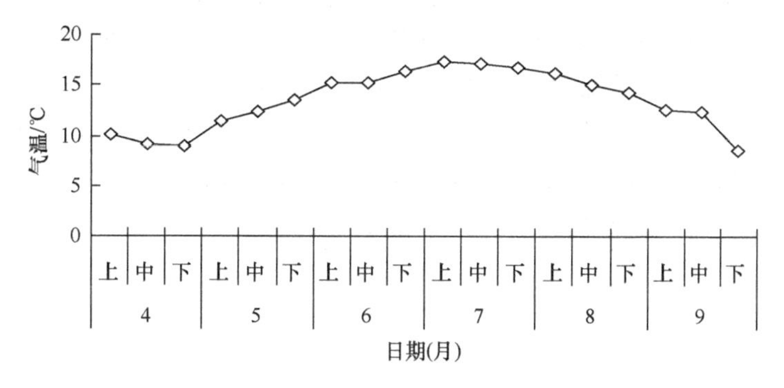

图 2-7 永昌县蔬菜种植季节的大气温度

永昌试验点蔬菜生长季平均昼夜温差为 8.6℃，其中 5 月、6 月、8 月 3 个月的昼夜温差较大（均在 9.5℃以上），4 月（8.3℃）次之，7 月（7.9℃）再次，9 月（6.4℃）最小。7 月温差较小的主要原因是夜间温度明显较高（比 6 月均值高 2.5℃，比 8 月高 2.8℃），白天温度仅比 6 月均值高 0.5℃，而 9 月温差小的主要原因则是白天温度较低（比 8 月均值低 5.1℃，比 7 月低 6.3℃）。

永昌试验点 4～9 月≥5℃积温达 36 858℃，时间 3772h；≥10℃积温达 20 105℃，时间 2813h；≥15℃积温达 8871℃，时间 1719h（表 2-13）。

表 2-13 永昌县蔬菜种植季节积温

月份	≥5℃（℃）	时间（h）	≥8℃（℃）	时间（h）	≥10℃（℃）	时间（h）	≥12℃（℃）	时间（h）	≥15℃（℃）	时间（h）
4月	3 093	409	1 979	328	1 390	267	919	209	411	130
5月	5 794	652	4 006	530	3 034	443	2 217	380	1 206	287
6月	7 677	705	5 646	632	4 451	557	3 423	461	2 163	370
7月	9 008	744	6 784	734	5 355	695	4 036	614	2 506	409
8月	7 552	731	5 464	654	4 251	566	3 238	462	1 998	370
9月	3 734	531	2 320	407	1 624	285	1 130	216	587	153
总计	36 858	3 772	26 199	3 285	20 105	2 813	14 963	2 342	8 871	1 719

（4）土壤温度

永昌试验点蔬菜生长季土壤（垄面下 20cm 处）温度高于大气温度（图 2-8），裸地土壤温度平均比气温高 0.22℃，透明膜和黑色膜覆盖下土壤温度平均比气温高 4.6℃和 3.5℃，比裸地土壤温度高 4.3℃和 3.3℃，进入 5 月后土壤温度昼夜均在 10℃以上，塑料膜覆盖处理的夜间最低土壤温度在 15℃左右。整个生长季，白天透明膜覆盖的土壤温度平均 20.4℃，比黑色膜覆盖处理高 2.7℃，比裸地土壤温度高 4.2℃，比大气温度高 2.4℃；夜间透明膜覆盖的土壤温度平均为 16.5℃，比黑色膜覆盖高 0.65℃，比裸地土壤温度高 4.9℃，比大气温度高 7.1℃。塑料膜覆盖后土壤温度最大日较差为透明膜 8.6℃、黑色膜 4.4℃，明显小于裸地土壤温差和大气温差。全生育期内，气温的平均值最小，比覆盖透明膜低 4.56℃，地膜覆盖下土壤温度明显高于裸地，透明膜和黑色膜覆盖的土壤温度分别比裸地高出 4.34℃和 3.29℃。各处理土壤温度均在播种后 80 天左右达到最大。在播种后 10～60 天，透明膜和黑色膜覆盖的土壤温度分别比裸地高出 3.58℃和 2.54℃。在播种后 60～120 天，透明膜和黑色膜覆盖分别比裸地高出 5.10℃和 4.12℃。结果表明，

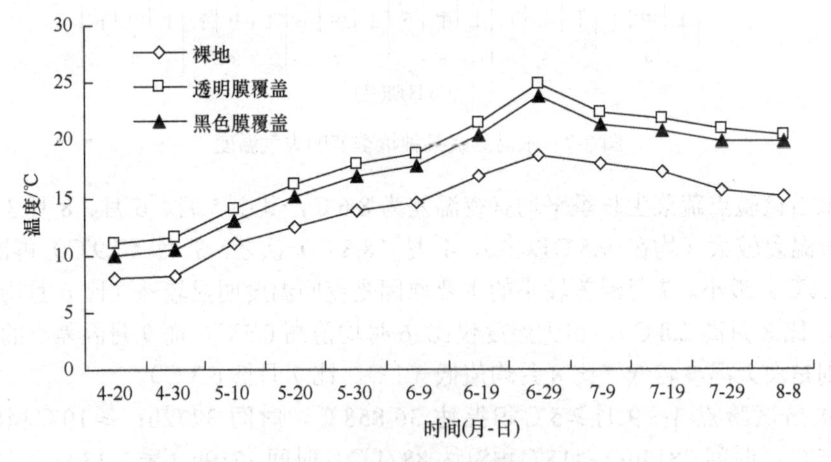

图 2-8 不同地膜覆盖下土壤温度变化

作物生长后期的土壤温度增幅大于生长前期，并且覆盖透明膜的增温效果大于黑色膜。

2. 试验设计

（1）莴笋适宜直播时期研究

莴笋生产中存在着播期过早或过晚现象，影响产量、商品性状和高效上市。作物播种期的确定因地区和品种不同而异，适期播种可以充分利用光热资源，培育壮苗。试验设5个播期，分别为T1：4月27日、T2：5月4日、T3：5月11日、T4：5月18日、T5：5月25日。3次重复，随机区组排列，小区面积19.2m^2，株行距为30cm×30cm。平整土地后开厢起垄，定点打窝，每亩施优质农家肥4000kg，复合肥50kg。生长期间适时中耕除草和防治病虫害。其他管理同常规管理。

（2）莴笋适宜种植密度研究

作物生产是一个群体过程，一般以单一农作物为主，具有自我组织、自动调节的能力，但受制于生境的影响；生境恶化将使群体内个体间竞争加剧，如个体间争夺水分、养料和空气，相互间病虫传染等，同时，整个群体的光合强度、光合产物、呼吸强度和生物产量等都会产生不同程度的变化（赵松岭等，1997）。密度是影响作物产量形成的重要因素。合理密植是良种良法配套的关键措施和构建高产群体的基本条件。探讨高海拔地区莴笋的最佳播种密度，为莴笋的高产优质栽培提供实践指导。试验设4个株行距（株×行）处理，分别为M1：25cm×30cm、M2：30cm×30cm、M3：30cm×35cm、M4：30cm×40cm，3次重复，随机区组排列，小区面积15.7m^2。其他管理同常规管理。

（3）隔沟交替灌溉在莴笋上的应用研究

西北内陆地区是中国面积较大的干旱、半干旱地区，其年平均降水量严重不足。水资源的日益紧缺已经迫切地需要减少农业灌溉用水量，以保证农业的可持续发展。沟灌是一种古老的地面灌溉技术，存在着灌溉水利用率低、浪费严重等问题（康绍忠等，1997）。改变传统的丰水灌溉习惯，根据作物的生长发育特点，采用限水灌溉或调亏灌溉等非充分灌溉技术，把有限的水量在作物生育内进行最优分配，是提高有限灌溉水资源利用率和利用效率的重要举措（孙景生等，2002）。控制性根系分区交替灌溉是在植物某些生育期或全部生育期交替对部分根区进行正常的灌溉，其余根区则受到人为的水分胁迫的灌溉模式，是常规灌溉思路的新突破。诸多研究表明，根系分区交替灌溉可减少作物营养生长冗余，大量节水而不减产或减产幅度较小，而且使作物的品质得以改善（杜社妮等，2005；毕彦勇等，2005）。隔沟交替灌溉是作物根系分区交替灌溉技术在田间的一种实现形式，是目前最具有推广应用前景的节水灌溉技术（康绍忠等，1997）。采用隔沟交替灌溉，从空间上充分考虑植物根系的调节功能，既是对目前常规沟灌技术的重大改进与提高，同时又具有明显的减少棵间土壤蒸发、降低作物蒸腾和充分利用天然降雨的优点，而作物的产量或品质基本不受影响，甚至还略有提高或改善。与传统的沟灌相比，隔沟交替灌溉水分利用效率明显提高，节省水量达 1/3 以上。莴笋生产中主要采用垄植沟灌的栽培方式，适宜应用隔沟交替灌溉的节水技术。本试验在前人研究的基础上，研究不同沟灌模式对莴笋生长、产量和水分利用效率的调控效应，探讨莴笋应用隔沟交替灌溉技术的潜力和可行性，为该技术在高原夏菜作物上的推广和应用提供理论依据。

试验设置常规沟灌（CFI）、隔沟交替灌溉（AFI）、隔沟固定灌溉（FFI）3 种灌水模式，每个处理 3 次重复，各小区随机排列，小区面积为 30m^2，小区四周均以 2 层塑料薄膜相隔，隔离深度为 60cm，以防水分侧渗。灌水时 CFI 处理每条灌水沟均灌水；AFI 处理本次灌 1、3 沟，下次灌 2、4 沟；FFI 处理始终灌 1、3 沟，其余沟不灌水。采用覆膜垄植沟灌，沟深 20cm，沟宽 30cm，垄宽 40cm，覆膜后每垄种 2 行，株距为 35cm。从播种至出苗保证土壤水分充足，确保植株成活和试验处理的一致性。定苗后开始水分处理，CFI 灌水量是保持土壤含水量上下限为田间持水量 90%～70%的灌水量，计划湿润土层深度为 40cm。CFI 灌溉灌水量（m^3/hm^2）计算公式为田间持水量（%）×0.2×土壤容重×土壤计划层深度×666.7m^2，AFI 和 FFI 灌水量为 CFI 的 2/3。各灌水量由灌水软管末端的水表控制，各处理锄草、施肥等田间管理措施保持一致。各处理的灌溉时间和水量如表 2-14 所示。处理前和处理后及试验期间对作物各个重要生育时期和该时期高峰出现的时间进行观察、记录。采收时测定株高、茎粗、单重和产量。在莲座期晴朗无云天气条件下用便携式光合测定系统（CID-310，美国）测定各处理功能叶的瞬时净光合速率、蒸腾速率和气孔导度。每个处理 5 个重复，每次重复测定 5 株，每叶记录 5 组稳定读数。单叶水平的水分利用效率用叶片通过蒸腾消耗一定量的水所同化的 CO_2 量来表示，即 WUE_L= Pn/Tr，式中，WUE_L 为单叶水分利用效率，Pn 和 Tr 分别代表光合速率和蒸腾速率。脯氨酸含量采用磺基水杨酸法测定，可溶性糖含量采用蒽酮比色法测定，WUE_Y 为产量水分利用效率=产量/总灌水量。

表 2-14　不同灌水模式的莴笋全生育期灌水情况

灌水处理	灌水时间（月-日）与灌水定额（m^3/hm^2）						总灌水量（m^3/hm^2）	灌水次数（次）
	5-8	5-28	6-9	6-19	7-6	7-28		
常规沟灌 CFI	270	270	270	270	270	270	1620	6
隔沟交替灌溉 AFI	270	270	180	180	180	180	1260	6
隔沟固定灌溉 FFI	270	270	180	180	180	180	1260	6

（4）莴笋氮磷钾施肥效应研究

化学肥料的过量施用导致农产品品质下降，造成土壤有效营养元素失衡、土壤板结、水肥保持能力下降等诸多环境问题。现通过田间施肥试验，建立莴笋氮磷钾施肥效应函数，以寻求最高产量的施肥量和最佳经济效益的施肥量，确定合理的氮磷钾施用比，旨在为甘肃省河西走廊高海拔冷凉区莴笋种植中科学施肥技术提供参考依据。

试验采用“311-A”拟饱和最优回归设计，设氮、磷、钾 3 个因素，12 个不同水平组合处理（含对照 CK），3 次重复，随机排列，共 36 个小区，小区面积 $20m^2$。试验设计编码值与施肥方案见表 2-15。采用垄植沟灌覆膜栽培，沟深 15cm，垄沟宽 30cm，垄宽 40cm，每垄种 2 行，株距为 35cm。基肥氮、磷、钾分别占 40%、100%和 40%；定苗期第一次追肥，氮占 15%、钾占 15%；根茎膨大初期第二次追肥，氮占 25%、钾占 25%；根茎膨大期第三次追肥，氮占 20%、钾占 20%。其他管理同常规管理。

表 2-15　试验设计的编码值方案和实施量

处理	编码值			施肥量（kg/亩）		
	X_1	X_2	X_3	N	P_2O_4	K_2O
1	0	0	2	10.00	4.00	10.67
2	0	0	−2	10.00	4.00	0.00
3	−1.414	−1.414	1	2.93	1.17	8.00
4	1.414	−1.414	1	17.07	1.17	8.00
5	−1.414	1.414	1	2.93	6.83	8.00
6	1.414	1.414	1	17.07	6.83	8.00
7	2	0	−1	20.00	4.00	2.67
8	−2	0	−1	0.00	4.00	2.67
9	0	2	−1	10.00	8.00	2.67
10	0	−2	−1	10.00	0.00	2.67
11	0	0	0	10.00	4.00	5.33
12	−2	−2	−2	0.00	0.00	0.00

（5）配施生物菌肥及化肥减量对莴笋生长的影响研究

微生物菌肥是一种高效、无污染的活体肥料，施入土壤后可以活化土壤养分，提高作物对土壤养分的利用率，改善土壤结构，增强作物抗逆性，改善作物品质，提高作物产量。研究表明，增施‘农大哥’生物肥可显著提高葡萄、小麦、水稻的产量，增施微生物菌肥可提高番茄的可溶性固形物和红色素含量，降低硝酸盐含量，改善品质。试验通过微生物菌肥的施用来提高莴笋对土壤中氮、磷、钾的利用率，降低其化肥的使用量，从而达到增加产量、提高品质的目的。

试验在当前最佳施肥水平的基础上减少化肥施入量 10%和 20%，设置 5 个施肥处理，W1：当前最佳施肥水平（CK，尿素 40kg/亩+过磷酸钙 30kg/亩+硫酸钾 10kg/亩），W2：化肥施量较 W1 减量 10%，配施 AM 菌肥 1L/亩；W3：化肥施量较 W1 减量 20%，配施 AM 菌肥 1 L/亩；W4：化肥施量较 W1 减量 10%，配施‘农大哥’复合生物肥 5kg/亩；W5：化肥施量较 W1 减量 20%，配施‘农大哥’复合生物肥 5kg/亩。其中，磷肥全部作为基肥施入，复合肥、生物肥 60%作为基肥，40%作为追肥。其他管理同常规管理。‘农大哥’为湖南农大哥科技开发有限公司生产；AM 生物菌肥为甘肃大圣生物技术公司生产。

（6）缓控释氮肥对莴笋生长发育的影响研究

近年来，随着人口增加，耕地减少，肥料在农业生产中的作用越来越重要，虽然肥料的应用有力地促进了农业生产，但随着用量的增加，肥料利用率降低是化肥使用中普遍存在的问题。养分的需求和养分的供应极不平衡，对于作物的不同生育时期不能供给以相应的养分来满足作物的需求，区域养分供应也极不平衡。现阶段我国所使用的肥料绝大部分是速效性化学肥料，这些肥料有一个共同特点就是易溶于水，另外由于速效性化肥在土壤中存留时间短、转化快，极易出现养分供给与作物需求不一致的矛盾，加上不合理的施肥措施，使得肥料利用效率较低。更为重要的是，肥料的损耗及利用率不高不仅造成资源的浪费，降低农业生产的经济效益，而且带来严重的环境问题，有些地区出现地表水富营养化、地下水和蔬菜中硝态氮的含量严重超标、空气中的 N_2O 含量逐年上升，温室效应加剧等问题。作物附近集中过多的肥料，还可能烧苗，造成施肥反而减产的现象。由于上述问题的存在，通常在作物的整个生长过程中，必须进行几次适量的施肥，以满足作物生长期对养分的需求，然而施肥次数过多不仅浪费劳动力，施肥设备还可能对作物造成一定的外部损伤。因此，减少化肥用量，提高养分利用率，尤其是氮素利用率，同时减少环境压力，发展可持续高效农业已成为世界共同关注的问题。

缓控释肥料是以各种调控机制使养分最初释放延缓，延长植物对其有效养分吸收利用的有效期，使其养分按照设定的释放率和释放期缓慢或控制释放的肥料，因其养分释放与作物养分吸收相吻合从而能极大提高肥料利用率，一次性施肥即能满足作物整个生育期的养分需求，从而降低了劳动强度并简化了施肥操作，被认为是目前农业生产水平下提高资源利用效率和养分管理水平的最有效途径之一。国际肥料工业协会（International Fertilizer Industry Association，IFA）按照制作过程将缓释和控释肥分成两大类：一类是尿素和醛类的缩合物，被称为缓释肥料（slow-release fertilizer，SRF），如异丁叉二脲（IBDU）是异丁烯与尿素反应形成的单一低聚物；另一类是包膜肥料，被称为控释肥料（controlled-release fertilizer，CRF）。我国缓控释肥料的应用由于受到价格的限制及推广力度不够，虽然在水稻、甜菜、棉花等作物上有试验研究，但还未大规模地推广和应用。因此，利用控释肥新产品，深入研究蔬菜生产中控释肥的应用技术，可为安全、无污染蔬菜的生产提供技术支撑，对于提高蔬菜产品的质量安全水平、保持良好的产地环境具有十分重要的作用。本研究以硫包衣尿素和脲甲醛两种缓控释氮肥为研究对象，开展两种缓控释氮肥肥效及对莴笋产量品质影响的研究，为缓控释肥料在蔬菜生产中的应用提供理论依据。

试验共设 5 个处理（表 2-16）：①不施尿素（CK）；②普通尿素一次性施入（U1）；③普通尿素分次施入（U2）；④控释尿素 1（SCU）一次性施入；⑤缓释尿素 2（MU）一次性施入。根据供试蔬菜生育期，选择两种释放期为 90 天的缓控释氮肥，脲醛类氮肥 MU（含氮量 38%）和包膜氮肥 SCU（含氮量 34%），两种氮肥生产厂家均为汉枫缓释肥料（江苏）有限责任公司。试验每个处理重复 3 次，随机区组排列，小区面积 80m^2。整个生育期施氮处理的氮肥用量均为 20kg/亩纯 N，除 U2 处理分次施用（基肥 60%，在莲座期和根茎膨大期分别追施 20%），其他处理全部一次性基施。所有处理磷肥、钾肥用量一致，分别为 P_2O_5 10kg/亩，K_2O 14kg/亩，其中磷肥、钾肥全部作基肥，一次性施入。采用垄膜沟灌种植，沟深 20cm，沟宽 30cm，垄宽 40cm，每垄种 2 行，株距为 35cm。于 4 月初育苗，5 月初定植。试验中除肥料施用量不同外，其余田间管理均与当地传统种植方式相同。

表 2-16 各处理施肥情况 （单位：kg/亩）

处理	尿素	SCU	MU	过磷酸钙	硫酸钾	追肥（尿素）（次）
CK				62.53	26.43	
U1	43.50			62.53	26.43	
U2	26.10			62.53	26.43	8.70
SCU		58.85		62.53	26.43	
MU			52.66	62.53	26.43	

3. 试验结果

（1）播种时间对莴笋生育期和经济性状的影响

随着播种时间的推迟，莴笋的出苗时间缩短（表 2-17）。5 月 25 日播期与 4 月 27 日播期相比，出苗到定苗的时间由 23 天缩短为 19 天，全生育期由 96 天缩短为 88 天。所以，播种时间推迟使莴笋全生育期缩短。

表 2-17 不同播种时间下莴笋的生育期

播种时间	出苗期	定苗时间	莲座期	采收期	全生育期（天）
T1（4 月 27 日）	5 月 8 日	6 月 1 日	6 月 11 日	7 月 30 日	96
T2（5 月 4 日）	5 月 17 日	6 月 8 日	6 月 16 日	8 月 5 日	93
T3（5 月 11 日）	5 月 23 日	6 月 13 日	6 月 21 日	8 月 10 日	91
T4（5 月 18 日）	5 月 28 日	6 月 18 日	6 月 26 日	8 月 15 日	89
T5（5 月 25 日）	6 月 3 日	6 月 22 日	6 月 30 日	8 月 21 日	88

由表 2-18 可以看出，T3 莴笋株高最高，T5 茎长最长，T1 茎粗、单重株最大。随着播种时间推迟，莴笋抽薹率逐渐增加，T2 前播种的，抽薹率在 9%以下，其后播种的抽薹率在 12.1%以上，其中 T5 抽薹率达到 21.3%，比 T1 抽薹率高 15.1%。

随着播期推后莴笋产量也随之降低，T1 播期产量最高，分别比 T2、T3、T4、T5 高 4.5%、10.3%、52.0%、53.5%。

表 2-18　不同播种时间下莴笋的经济特性

播种时间	株高（cm）	茎长（cm）	茎粗（cm）	单株重（kg）	抽薹率（%）	产量（kg/亩）
T1（4 月 27 日）	60.5ab	44.1b	7.1a	1.21a	6.2	5446.3
T2（5 月 4 日）	58.5bc	36.7c	7.0a	1.15a	9.0	5210.1
T3（5 月 11 日）	62.6a	43.6b	6.2b	1.09a	12.1	4939.1
T4（5 月 18 日）	55.3d	51.3a	5.9bc	0.79b	15.4	3582.1
T5（5 月 25 日）	57.1cd	53.0a	5.8c	0.78b	21.3	3548.2

注：同列数据后不同小写字母表示各处理间在 5%水平上差异显著（下同）

（2）种植密度对莴笋经济性状的影响

随着种植密度的减小，莴笋的株高、茎粗、茎长、单株重都有所增加，但是株高、茎长各处理间差异不显著。M4（30cm×40cm）和 M1（25cm×30cm）茎粗、单重差异显著，与 M2（30cm×30cm）、M3（30cm×35cm）无显著差异；其中 M4 茎粗 7cm，较 M1 增加 14.8%；单株重达到 1.6kg，较 M1 增加 60%。产量以 M3 为最高，亩产 7531.5kg，比 M1、M2、M4 增加了 9.6%、4.6%、5.0%。商品率 M3、M4 均达到 100%（表 2-19）。

表 2-19　种植密度对莴笋经济性状的影响

处理	每亩株数	株高（cm）	茎粗（cm）	茎长（cm）	商品率（%）	单株重（kg）	产量（kg/亩）
M1	7623	58.6a	6.1b	38.7a	91	1.0b	6868.7
M2	6352	59.8a	6.6ab	40.7a	95	1.3ab	7202.8
M3	5445	60.8a	6.8a	41.4a	100	1.5a	7531.5
M4	4764	59.7a	7.0a	41.3a	100	1.6a	7172.5

（3）不同灌溉模式对莴笋生长及生理生化特性影响

1）不同灌溉模式对莴笋生长的影响：隔沟交替灌溉（AFI）和隔沟固定灌溉（FFI）显著降低了莴笋的株高、单株重和茎长（表 2-20）。隔沟交替灌溉模式下莴笋茎粗、茎重与常规沟灌、隔沟固定灌溉模式下无显著差异。

表 2-20　不同灌溉模式下莴笋的生长指标

处理	株高（cm）	单株重（kg）	茎粗（cm）	茎长（cm）	茎重（kg）
CFI	65.0a	1.46a	6.85a	40.7a	1.20a
AFI	63.4b	1.32b	6.61ab	39.1b	1.18ab
FFI	62.6b	1.24b	6.39b	38.7b	1.11b

2）不同灌溉模式对莴笋叶片光合速率、蒸腾速率以及水分利用效率的影响：由表 2-21 可知，AFI 灌溉模式下莴笋叶片净光合速率、蒸腾速率与 CFI 无显著差

异，气孔导度显著小于 CFI，水分利用效率有所增加，但与 CFI 无显著差异。FFI 灌溉模式显著降低了莴笋叶片净光合速率、水分利用效率。说明，AFI 处理通过降低莴笋叶片气孔导度，防止严重失水，尽可能地实现对水分利用的最优化，这符合 Cowan 提出的植物体水分利用的气孔最优调节理论。

表 2-21　不同灌溉模式下莴笋叶片光合速率、蒸腾速率与瞬时水分利用效率

处理	净光合速率 Pn [$\mu molCO_2$/（$m^2 \cdot s$）]	蒸腾速率 Tr [$mmolH_2O$/（$m^2 \cdot s$）]	气孔导度 Gs [$mmolH_2O$/（$m^2 \cdot s$）]	水分利用效率 WUE_L（$\mu molCO_2/mmolH_2O$）
CFI	7.0a	3.0b	198.9a	2.3ab
AFI	7.2a	2.9b	118.6b	2.5a
FFI	6.4b	3.8a	128.8b	1.7b

3）不同灌溉模式对莴笋叶片脯氨酸和可溶性糖含量的影响：AFI 灌溉模式下莴笋莲座期叶片脯氨酸、可溶性糖含量与 CFI 灌溉模式下差异不显著；在肉质茎膨大期，AFI 灌溉模式下脯氨酸含量显著高于 CFI，可溶性糖含量与 CFI 差异不显著（图 2-9 和图 2-10）。FFI 灌溉模式下莴笋莲座期、肉质茎膨大期叶片中脯氨

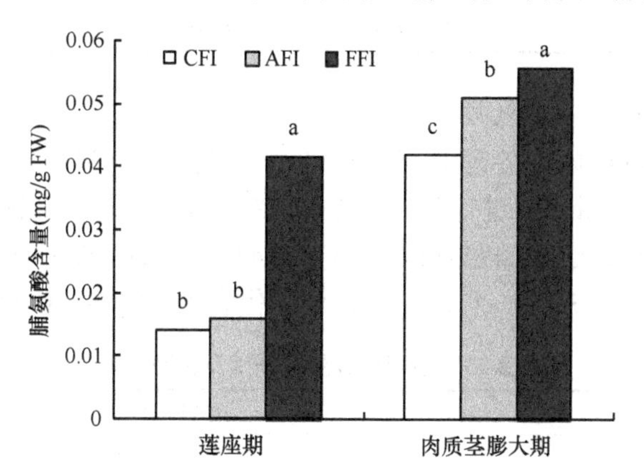

图 2-9　不同灌溉方式对莴笋脯氨酸含量的影响

不同小写字母表示各处理间在 5%水平上差异显著（下同）

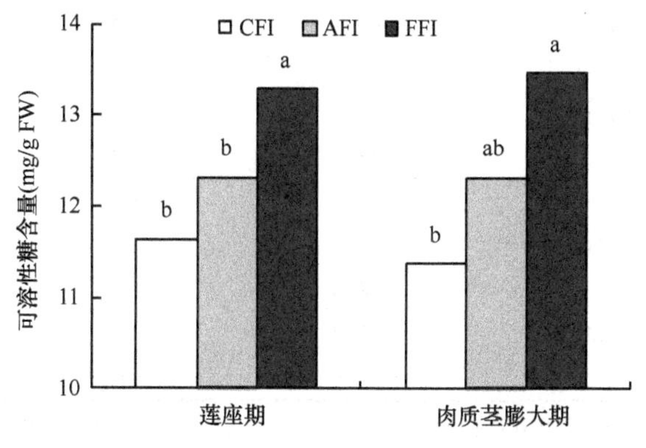

图 2-10　不同灌溉方式对莴笋可溶性糖含量的影响

酸与可溶性糖含量均显著高于 CFI。表明，AFI、FFI 灌溉模式下莴笋受到一定的水分胁迫后，自身产生和积累渗透调节剂如脯氨酸、可溶性糖等，细胞水势得以降低，不仅避免细胞脱水，而且有利于从外界环境中获得水分，增强生理抗旱能力。

4）不同灌溉模式对莴笋经济性状和水分利用效率的影响：由表 2-22 可看出，AFI、FFI 灌溉模式下总灌水量为 CFI 的 77.8%，减少了 300m^3/hm^2，水分利用效率分别比 CFI 提高了 26.9%和 18.5%。AFI 灌溉模式下莴笋产量为 80 227.5kg/hm^2，与 CFI 差异不显著；FFI 灌溉模式下莴笋产量显著低于 CFI，较 CFI 减少 7.8%，产值减少了 5077.5 元/hm^2。说明，AFI 灌溉模式在灌水量减少 22.2%的条件下，可实现莴笋产量不降低。

表 2-22 不同灌溉模式对莴笋经济性状和水分利用效率的影响

处理	总灌水量（m^3/hm^2）	产量（kg/hm^2）	产值（元/hm^2）	水分利用效率 WUE_Y（kg/m^3）
CFI	1 620	81 345.0a	65 076.0	50.2
AFI	1 260	80 227.5ab	64 182.0	63.7
FFI	1 260	74 997.0b	59 998.5	59.5

（4）莴笋氮磷钾施肥效应

1）不同氮磷钾施肥处理对莴笋经济产量的影响：利用回归分析数据处理系统对表 2-23 的产量数据进行分析，建立莴笋经济产量与氮磷钾三要素的编码值效应函数为 $Y=4551.23+90.43X_2+173.05X_3-16.44X_2^2-20.40X_3^2+4.12X_1X_3+8.98X_2X_3$。其中，$Y$ 代表莴笋亩产量，X_1、X_2、X_3 分别代表 N、P_2O_5、K_2O 每亩的施肥量。

表 2-23 不同试验处理产量及施肥利润

处理	产量（kg/亩）	产值（元/亩）	肥料成本（元/亩）	利润（元/亩）
1	4794.63	3835.70	172.56	3663.14
2	4920.36	3936.29	64.82	3871.47
3	5054.27	4043.41	99.82	3943.59
4	5082.89	4066.31	150.23	3916.08
5	5295.00	4236.00	141.09	4094.90
6	5802.52	4642.01	191.50	4450.51
7	5097.20	4077.76	127.41	3950.35
8	5066.53	4053.23	56.10	3997.12
9	4703.65	3762.92	120.92	3642.00
10	4998.05	3998.44	62.59	3935.85
11	5354.79	4283.84	118.69	4165.14
12	4446.57	3557.26	0.00	3557.26

注：莴笋当地平均收购价格为 0.8 元/kg，尿素零售价格为 1.64 元/kg，过磷酸钙零售价格为 0.7 元/kg，硫酸钾零售价格为 3.33 元/kg

经检验，$F=2.777^{**}>F_{0.01}=0.141$，达极显著水平，复相关系数 $R=0.887$，也大于高度相关的下限，说明所获得莴笋施肥效应函数能反映生产实际情况，莴笋经济产量与氮磷钾施肥量之间存在极显著的回归关系。通过边际分析求得莴笋最高产量施肥量为氮肥（N）20.0kg/亩，磷肥（P_2O_5）4.7kg/亩，钾肥（K_2O）7.3kg/亩，其 N∶P∶K=1∶0.24∶0.37，最高莴笋产量为 5698.0kg/亩。

2）不同氮磷钾施肥处理对莴笋施肥利润的影响：计算每个试验处理商品产量的产值并扣除施肥成本后，获得施肥利润见表 2-23。以获得施肥利润作为效应指标，通过数学模拟，建立莴笋施肥利润（Y）与氮磷钾三要素的编码值效应函数为 $Y=3693.98+141.48X_3-10.67X_2^2-17.25X_3^2+2.21X_1X_2+14.93X_2X_3$。经检验，$F=3.1414^{**}>F_{0.01}=0.098$，达极显著水平，复相关系数 $R=0.851$，说明莴笋施肥利润与氮磷钾肥料施用量编码值之间回归关系极显著并存在高度相关关系。通过边际分析求得莴笋最佳经济施肥量为氮肥（N）20.0kg/亩，磷肥（P_2O_5）7.09kg/亩，钾肥（K_2O）7.17kg/亩，最佳利润为 4358.3 元/亩。

3）不同氮磷钾缺素处理对产量的影响：不同缺素处理对产量的影响不同，产量由低到高的顺序为处理 12＜处理 2＜处理 10＜处理 8，即氮磷钾素全部空缺的处理 12 的产量最低，其次为缺钾，再次为缺磷，最后为缺氮。这说明，钾肥对产量有重要的作用（表 2-23）。

（5）配施生物菌肥及化肥减量对莴笋产量和品质的影响

由表 2-24 可以看出，化肥减量 10%配施 AM 菌肥（W2）或‘农大哥’复合生物肥（W4）处理可显著增加莴笋茎粗、茎长和单株重，可明显降低莴笋硝酸盐和粗纤维含量。W2 和 W4 处理下莴笋单株重分别比对照增加了 6.2%和 10.3%，硝酸盐含量分别降低了 0.5%和 14.0%，粗纤维含量分别降低了 7.1%和 14.3%。W2 和 W4 处理下莴笋产量和产值明显高于对照，产量分别比对照增加了 4063.5kg/hm^2 和 6772.5kg/hm^2，产值分别增加了 3250.5 元/hm^2 和 5418 元/hm^2。化肥减量 20%配施 AM 菌肥（W3）或‘农大哥’复合生物肥（W5）处理下莴笋产量和产值均低于对照。

表 2-24 配施生物菌肥及化肥减量对莴笋产量和品质的影响

处理	株高（cm）	茎粗（cm）	茎长（cm）	单株重（kg）	硝酸盐（mg/kg）	粗纤维（g/kg）	产量（kg/hm^2）	产值（元/hm^2）
W1（CK）	60.4b	5.4b	37.7b	0.97ab	272.3	2.8	65 694.0ab	52 555.5
W2	62.1ab	6.2a	40.7a	1.03a	270.9	2.6	69 757.5a	55 806.0
W3	62.8a	5.2b	27.3d	0.9b	201.8	2.3	61 630.5b	49 305.0
W4	62.6a	6.4a	40.0a	1.07a	234.1	2.4	72 466.5a	57 973.5
W5	61.8ab	6.3a	32.5c	0.93b	225.3	2.4	62 985.0b	50 388.0

注：产值按当地市场价 0.8 元/kg 计

（6）两种缓控释氮肥对莴笋产量品质的影响

1）缓控释氮肥对莴笋生长和产量的影响：施用缓控释肥料可以促进莴笋的生长，改善其生长环境，显著地提高产量。从表2-25可以看出，与对照相比，除了尿素一次施入（U1）处理在施入后造成烧苗减产，其余各施肥处理较CK均可促进莴笋的生长，提高莴笋的产量；相比于尿素一次施入（U1）处理，两种缓控释肥SCU和MU处理下的莴笋生产发育及产量均有明显的提高，开展度增加了15.47%和3.87%、株高增加了11.53%和8.55%、茎粗增加了3.32%和0.18%、茎长增加了14.95%和6.54%，单株重增加了13.77%和5.61%、产量增加了42.23%和32.07%；与尿素分次施用（U2）相比，除茎粗外SCU处理下莴笋生长指标及产量高于U2处理，但差异并不显著，开展度增加了7.18%、株高增加了2.56%、茎长增加了13.80%，单重增加了0.36%，产量增加了4.55%；而MU处理除茎长外，其余指标均小于U2处理，且产量下降了2.92%。从上述生长及产量构成因素来看，缓控释肥料SCU对莴笋生长及产量的促进作用明显优于MU，而且相比传统施肥方式，可提高产量，减少施肥作业次数，降低劳动成本。

表2-25　两种缓控释肥对莴笋生长及产量的影响

处理	开展度（cm）	株高（cm）	茎粗（cm）	茎长（cm）	单株重（kg）	亩产量（kg）
SCU	65.70a	56.10a	5.60a	35.14a	1.380a	6900.00a
MU	59.10bc	54.60a	5.43a	32.57ab	1.281ab	6407.14a
U2	61.30b	54.70a	5.73a	30.88b	1.375a	6600.00a
U1	56.90c	50.30b	5.42a	30.57b	1.213bc	4851.43b
CK	59.70bc	54.40a	5.35a	30.14ab	1.103c	5514.29b

2）缓控释肥对莴笋品质的影响：从表2-26可以看出，施氮处理较CK均可提高植株叶片叶绿素含量；缓控释肥处理SCU和MU较U1处理能够不同程度地提高莴笋的叶绿素含量，分别提高了12.28%和2.63%；与尿素分次施用（U2）相比，SCU处理叶绿素提高了2.40%，差异并不明显。维生素C和糖分是衡量蔬菜产品营养品质的主要指标。施氮处理下莴笋维生素C和可溶性糖含量相比于CK均有所提高；缓控释肥处理SCU和MU较U1处理能够不同程度地提高莴笋的维生素C和可溶性糖含量，维生素C含量分别提高了 36.59%和31.71%，可溶性糖含量分别提高了7.69%和15.38%；与尿素分次施用（U2）相比，SCU处理维生素C含量提高了7.69%，MU处理维生素C含量提高了3.85%，而可溶性糖含量相对稳定，缓释肥处理与U2之间无显著差异。人体摄入的硝酸盐70%～80%来自于蔬菜，硝酸盐含量高低也是评价蔬菜品质的重要指标之一。在同一氮素水平下，施用缓控释氮肥能够明显降低莴笋硝酸盐含量，相较于尿素分次施用（U2），SCU处理硝酸盐含量降低了16.93%，MU处理硝酸盐含量降低了9.24%。按照蔬菜硝酸盐含量标准（蔬菜中硝酸盐含量低于432mg/kg，允许生食），各处理的硝酸盐

含量均在可鲜食的范围内。

表 2-26　两种缓控释肥对莴笋品质的影响

处理	叶绿素含量（mg/g FW）	维生素 C（mg/100g）	可溶性糖（mg/100g）	硝酸盐（mg/kg）
SCU	1.28	5.6	1.4	158.13
MU	1.17	5.4	1.5	172.78
U2	1.25	5.2	1.5	190.36
U1	1.14	4.1	1.3	160.57
CK	1.01	3.5	1.1	88.54

4. 结论

1）播期推迟，莴笋生育期有所缩短，抽薹率增加，产量也随着生育期缩短有所下降。因此，莴笋的播期确定原则为在幼苗不受冻害的前提下宜早不宜迟，河西走廊高海拔冷凉气候区莴笋适宜播期为 4 月下旬至 5 月上旬。

2）从产品品质、商品率及产量看，莴笋播种密度以 30cm×35cm 为最佳，其产量高，商品性好，商品率高。

3）隔沟交替灌溉是控制性分根交替灌溉技术在田间的一种实现形式，该技术从作物的生理特性出发，通过水分在作物根区空间的优化分配和根源脱落酸（ABA）对叶片气孔开度的调控作用达到提高作物水分利用效率和改善品质的目的（康绍忠等，1997）。试验结果表明，隔沟交替灌溉模式（AFI）下莴笋茎粗、茎重、产量与常规沟灌模式（CFI）下无显著差异，总灌水量为 CFI 的 77.8%，水分利用效率比 CFI 提高了 26.9%；脯氨酸和可溶性糖含量较 CFI 明显提高；叶片净光合速率、蒸腾速率与 CFI 无显著差异，气孔导度显著小于 CFI，单叶瞬时水分利用效率明显提高。隔沟固定灌溉（FFI）显著降低了莴笋的株高、单株重、茎重和产量，显著提高了脯氨酸和可溶性糖含量，叶片净光合速率、气孔导度、单叶瞬时水分利用效率显著低于 CFI。隔沟交替灌溉可以诱发莴笋叶片的水分保护机制，在不降低光合速率的条件下，提高叶片水平和产量水平的水分利用效率，实现了灌水量减少 22.2%，经济产量不降低。在高海拔冷凉干旱区莴笋上应用隔沟交替灌溉技术具有较大的节水潜力，该技术可以在西北旱区主要蔬菜作物上推广应用。

4）试验拟合莴笋经济产量与氮磷钾肥料施用量效应方程结果表明，当施 N=20.0kg/亩、P_2O_5=4.7kg/亩、K_2O=7.3kg/亩（N∶P∶K=1∶0.24∶0.37），即亩施尿素 43.5kg、过磷酸钙 39.2kg、硫酸钾 22.1kg 时，莴笋经济产量最高达 5698.0kg/亩。试验拟合莴笋施肥利润与氮磷钾肥料施用量效应方程结果表明，当施 N=20.0kg/亩、P_2O_5=7.09kg/亩、K_2O=7.17kg/亩（N∶P∶K=1∶0.35∶0.36），即亩施尿素 43.5kg、过磷酸钙 59.1kg、硫酸钾 21.7kg 时，最佳施肥利润为 4358.3 元/亩。缺素对产量的影响，缺钾产量最低，其次为缺磷，最后为缺氮，钾对产量影响最大。

5）在当地最佳施肥水平化肥减量10%每亩配施1 L AM生物菌肥或5kg‘农大哥’生物肥可明显提高莴笋茎粗、茎长、单株重、产量，降低莴笋硝酸盐和粗纤维含量；化肥减量20%配施AM菌肥或‘农大哥’复合生物肥莴笋产量和产值均明显低于对照。试验结果表明，在合理配施生物菌肥的条件下，莴笋栽培中化肥施量降低10%以内在生产实践中是可行的。

6）试验所用缓控释氮肥作基肥一次性施入，可满足莴笋生长养分需求，相比普通尿素一次性施入具有明显的增产效果；其中硫包衣尿素SCU的施用相较于传统方式普通尿素分次施入不仅可以使莴笋增产4.55%，提高叶绿素2.40%、提高维生素C含量7.69%，硝酸盐含量降低了16.93%，而且相比传统施肥方式，可减少施肥作业次数，降低劳动成本。

二、胡萝卜安全高效栽培技术研究

（一）胡萝卜的特征特性

胡萝卜（*Daucus carota* L. var. *sativa* Hoffm.），属伞形科胡萝卜属野胡萝卜种胡萝卜变种中能形成肥大肉质根的二年生草本植物，别名红萝卜、黄萝卜、丁香萝卜、黄根等。胡萝卜起源于近东和中亚地区。现代品种的原始祖先不是黄橙色而是淡紫色甚至近黑色，阿富汗为紫色胡萝卜最早演化中心，栽培历史在2000年以上。现代品种的黄色根是来源于缺少花青素的变异品种，10世纪从伊朗传入欧洲大陆，驯化发展成短圆锥橘黄色欧洲生态型，15世纪英国已有栽培。中世纪欧洲人开始将胡萝卜用作食品，成为人们饮食中不可缺少的食物。17世纪初叶，胡萝卜传入日本和北美洲。汉武帝时（公元前87～前40年）张骞通西域打通了丝绸之路，紫色胡萝卜首先传入我国。公元12、13世纪的宋、元年间，胡萝卜再次沿着丝绸之路传入中国，其后在北方逐渐选育形成了黄、红两种颜色的中国长根生态型胡萝卜。起初胡萝卜只是作为药用植物而被收入南宋时期重新修订的药典中，继而在元初，司农司又把它列入官修的农书《农桑辑要》中，作为蔬菜正式加以介绍。元朝时期因受中亚地区饮食文化的影响，对胡萝卜有了较为深入的认识（张德纯，2012）。胡萝卜在我国已有600多年的栽培历史，南北各地均有栽培，特别是我国北方气候冷凉的地区，栽培更为普遍，是春季和冬季的主要蔬菜之一，享有“小人参”、“金笋”的美誉（陈瑞娟等，2013）。

1. 植物学特性

胡萝卜肉质根分为根头、根颈和真根三部分，其中真根占肉质根的绝大部分。肉质根的颜色多为橘红、橘黄（含大量胡萝卜素所致），少量为浅紫、红褐、黄或白色。胡萝卜的吸收根有4列，纵向对称排列。胡萝卜为深根性蔬菜，主根较深，成株深者可达1.8m以上，横向扩展为0.6m左右，较耐旱。营养生长时期为短缩茎，生殖生长时期抽出花茎。根出叶，叶柄长，叶浓绿色，为二回羽状复叶，全裂，15～22片，叶面密生茸毛，具有耐旱特性。复伞形花序，虫媒花。果实为双悬果，成熟时分裂为2个独立的半果实，即为生产上的种子。种子扁椭圆形，黄褐色，皮革质，含有挥发油，不易吸水，有特殊香气。种子小，出土能力差，胚常发育不正常，发芽率低，一般为70%左右，千粒重1.1～1.5g。

2. 生育周期

胡萝卜从播种到种子成熟需经2年。第一年为营养生长期，形成肉质直根。经冬季贮藏越冬，通过春化阶段，翌年春季定植，在长日照条件下通过光照阶段抽薹、开花、结实，完成生殖生长阶段。

（1）营养生长期

该期分为发芽期、幼苗期、叶生长盛期和肉质根膨大期4个时期。

1）发芽期：从播种至子叶展开，需10～15天。由于其果皮透性差，不利于吸水，所以发芽慢、出苗率低。因此，创造良好的发芽条件是苗全苗壮的关键。

2）幼苗期：从子叶展开至5～6片真叶，需20～30天。此期叶片光合能力和根系吸收能力较弱，生长速度较慢，对环境条件比较敏感，应保证有足够的营养面积和肥沃湿润的土壤条件。

3）叶生长盛期：又称为莲座期，约需20天。此期叶面积扩大较快，肉质根开始缓慢生长，生长中心仍在地上部，要促进叶片快速生长，但不能使其徒长，后期适当蹲苗，保持地上部与地下部的生长平衡是该期的关键。

4）肉质根膨大期：从肉质根开始膨大到收获，需50～60天。肉质根的生长量逐步超过茎叶生长量，新叶继续发生，下部老叶开始枯死，叶片维持一定数目。此期应注意长期维持较大叶面积，以最大限度地积累光合产物，促进肉质根充分膨大。

（2）生殖生长期

胡萝卜经冬季贮藏后通过春化阶段，翌年春季长日照条件下抽薹、开花、结实，完成其生殖生长。胡萝卜属绿体春化型，植株长到10片叶以后，在1～3℃条件下60～80天才能通过春化。但南方少数品种也可在种子萌动和较高的温度条件下通过春化。

3. 对环境条件的要求

1）温度：胡萝卜为半耐寒性蔬菜，其耐寒性和耐热性都比萝卜稍强。生产上较秋冬萝卜播种早而收获迟。种子发芽起始温度为4～5℃，最适温为20～25℃。幼苗能耐短期–5～–3℃低温和较长时间的27℃以上高温。叶生长适温为23～25℃，肉质根膨大期适温是13～20℃，低于3℃停止生长。开花结实的适温为25℃左右。胡萝卜为绿体春化型植物，幼苗需达到一定大小时（一般在10片叶以后），在 1～6℃低温条件下，经 60～100 天才能通过春化。

2）水分：根系发达，能利用土壤深层水分，叶片抗旱，属于耐旱性较强的蔬菜。

3）光照：要求中等光照强度，属长日照植物，在长日照下通过光照阶段。

4）土壤营养：胡萝卜在土层深厚、富含腐殖质、排水良好的砂壤土中生长最好。适宜 pH 为 5～8。土层薄、结构紧实、缺少有机质、易积水受涝的地块，常导致肉质根分杈、开裂，降低品质，不宜选用。对三要素的吸收量，钾最多，氮次之，磷最少。

（二）甘肃省胡萝卜生产现状

我国胡萝卜种植面积约占世界总面积的 40%，种植面积和总产量均居世界第一，主要分布在华北、华中、西北、东北的部分省份。甘肃省是我国重要的胡萝卜产区，2013 年，全省胡萝卜种植面积达到 2.355 万 hm^2，产量达 69.5 万 t，较 2001 年面积增加了 57%；较 2007 年面积增加了 30%，产量增加了 33%。甘肃省种植区域主要在陇东、渭河流域、河西地区及中部地区，其中，平凉市种植面积约 0.667 万 hm^2，集中在崆峒区、灵台县、泾川县，分别占全市面积的 43.5%、21.5%、16.1%；庆阳市 0.20 万 hm^2，主要在西峰区、庆城县，分别占全市面积的 35.9%、19.1%；天水市 0.40 万 hm^2，主要在秦州区、武山县、甘谷县，分别占全市面积的 43.4%、19.3%、16.2%；兰州市 0.167 万 hm^2，主要在永登县，占全市面积的 41.4%；定西市 0.333 万 hm^2，主要在临洮县，占全市面积的 95%；金昌市 0.167 万 hm^2，主要在永昌县，占全市面积的 92%。

（三）栽培技术研究

1. 试验区概况

试验区概况同本章第三节第一部分。

2. 试验设计

（1）胡萝卜生长发育动态观测

出苗后每隔 15 天，随机取样 15 株，3 次重复，测定叶数、根长、鲜重、干重。从根茎处将植株地上、地下部分开，用电子天平（*d*=0.001g）分别称重，在 105℃下杀青 30min，再在 75～80℃烘干至恒重。利用 HOBO 微型气象站监测光合有效辐射、大气温湿度。

（2）露地胡萝卜栽培适宜密度研究

试验设 5 个株行距（株距×行距）处理，M1：5cm×10cm；M2：8cm×10cm；M3：10cm×10cm；M4：10cm×15cm；M5：15cm×15cm。小区面积 17.6m^2，3 次重复，随机区组排列。播种前整地作畦施入基肥腐熟有机肥 4500kg/亩，尿素

10kg/亩，磷二铵 20kg/亩。采用高垄栽培，垄宽 50cm、高 25cm，垄沟宽 30cm，播前耙平垄顶，按试验设计进行条播，播后耙平垄面，适当镇压。出苗后 2～3 片真叶间苗，4～5 片真叶时结合中耕定苗。其他管理同常规胡萝卜的管理。

（3）露地胡萝卜栽培适宜播期研究

试验设 5 个播期，T1：4 月 6 日；T2：4 月 13 日；T3：4 月 20 日；T4：4 月 27 日；T5：5 月 4 日。小区面积 19.2m²，3 次重复，随机区组排列。管理同上。

（4）露地栽培胡萝卜灌溉制度研究

分别在叶片生长期（S1）、膨大期（S2）、成熟期（S3）各设 3 个土壤水分处理，分别为土壤相对含水量 65%～75%（W1）、55%～65%（W2）、45%～55%（W3），共 9 个处理组合（S1W1+S2W1+S3W1、S1W1+S2W2+S3W3、S1W1+S2W3+S3W2、S1W2+S2W1+S3W3、S1W2+S2W2+S3W2、S1W2+S2W3+S3W1、S1W3+S2W1+S3W2、S1W3+S2W2+S3W1、S1W3+S2W3+S3W3），每处理设 3 次重复，随机排列。小区面积为 20m²，小区四周均以 2 层塑料薄膜相隔，隔离深度为 60cm，以防水分侧渗。高垄栽培，垄宽 50cm、高 20cm，垄沟宽 30cm，株距 10cm。从播种至出苗开始试验这段时间，保证土壤水分充足，确保植株成活和试验处理的一致性。计划湿润土层深度为 40cm，土壤实际含水量用土钻法测定，每次灌溉使土壤含水量达到上限指标。

（5）胡萝卜氮磷钾平衡施肥效应研究

试验采用“311-A”拟饱和最优回归设计，设氮、磷、钾 3 个因素、12 个不同水平组合处理（含对照 CK 处理），3 次重复，随机排列，共 36 个小区，小区面积 18m²。高垄栽培，垄宽 50cm、高 20cm，垄沟宽 30cm，株距 10cm。其试验设计编码值与施肥方案见表 2-27。基肥氮、磷、钾分别占 60%、100%和 60%；根

表 2-27 试验设计的编码值方案和施量

处理	编码值			施肥量 Z（kg/hm²）		
	X_1	X_2	X_3	N	P_2O_4	K_2O
1	0	0	2	150.0	80.0	240
2	0	0	−2	150.0	80.0	0
3	−1.414	−1.414	1	44.0	23.4	180
4	1.414	−1.414	1	256.1	23.4	180
5	−1.414	1.414	1	44.0	136.6	180
6	1.414	1.414	1	256.1	136.6	180
7	2	0	−1	300.0	80.0	60
8	−2	0	−1	0.0	80.0	60
9	0	2	−1	150.0	160.0	60
10	0	−2	−1	150.0	0.0	60
11	0	0	0	150.0	80.0	120
12	−2	−2	−2	0.0	0.0	0

茎膨大初期第一次追肥，氮占20%、钾占20%；根茎膨大期第二次追肥，氮占20%、钾占20%。供试肥料为尿素（含N 46%），过磷酸钙（含P_2O_5 12%），硫酸钾（含K_2O 33%）

（6）配施生物菌肥及化肥减量对胡萝卜生长的影响研究

试验在当前最佳施肥水平的基础上减少化肥施入量10%和20%，设置5个施肥处理，H1：当前最佳施肥水平［CK，‘土博士’复合肥（N∶P∶K=20∶10∶10）35kg/亩+过磷酸钙20kg/亩］，H2：化肥施量较T1减量10%，配施AM菌肥1L/亩；H3：化肥施量较T1减量20%，配施AM菌肥1L/亩；H4：化肥施量较T1减量10%，配施‘农大哥’复合生物肥5kg/亩；H5：化肥施量较T1减量20%，配施‘农大哥’复合生物肥5kg/亩。其中磷肥全部作为基肥施入，复合肥、生物肥60%作为基肥，40%作为追肥。小区面积31.5m^2，3次重复，随机区组排列。其他管理同常规管理。

（7）不同地膜覆盖对胡萝卜生长的影响研究

土壤温度对植物根系生长、代谢有直接的影响，而根系的生长和代谢又对植物地上部的生长起着控制作用。地表覆盖是改善植物根系环境的重要措施之一，通常可以提高地表温度，改善根系环境，从而增强植物对环境变化的适应能力。本试验研究了透明膜和黑色膜覆盖对胡萝卜营养生长的影响，旨在为胡萝卜高产栽培提供理论依据和选择适宜的覆盖材料提供参考。

试验设3个处理：对照（不覆盖）、透明膜覆盖和黑色膜覆盖，每处理3次重复，使用0.002～0.003cm厚的聚乙烯地膜，宽幅为90cm。4月20日播种，采用起垄栽培，垄面宽50cm、高25cm，垄沟宽30cm，株行距为10cm×15cm。播种后，立即用HOBOware Pro.v.2.3.0气象站测定垄上膜内20cm土层的土壤温度，数据采集为每小时1次。播种后65天开始、每隔15天测定1次胡萝卜的生长状况，共4次。每次随机取样20株，测定指标包括胡萝卜地上部分叶长和叶片数、地下部分根长度和粗度、地上部分和地下部分鲜重和干重（105℃杀青1h，70℃烘干称重）。

（8）地膜栽培胡萝卜适宜播期与密度研究

胡萝卜在高原地区种植中，农户普遍采用裸地撒播方式栽培，用种量多、间苗工作强度大，上市集中，价格较低，效益不高。本试验研究了地膜覆盖栽培胡萝卜的播种时期、播种密度，为胡萝卜地膜覆盖栽培提供技术依据。

试验设播种时期（T）和播种密度（M）2个试验因子，T设T1（4月10日）、T2（4月17日）、T3（4月24日）3个水平，M设M1（10cm×10cm）、M2（10cm×15cm）、M3（15cm×15cm）3个水平，共9个处理，分别为T1M1、T1M2、T1M3、T2M1、T2M2、T2M3、T3M1、T3M2、T3M3。随机区组排列，3次重复，小区面积20m^2。其他管理同常规胡萝卜的管理。

（9）覆盖方式对胡萝卜生长发育的影响试验

覆盖栽培技术是我国北方地区目前广泛推广应用的栽培方式，其主要作用在于改善植物生长的环境条件，尤其是土壤温度等小气候条件，从而提高作物产量。由于目前胡萝卜种植模式单一，上市期集中，产品供应期短，销售风险大，效益提升缓慢。该试验采取不同覆盖方式栽培胡萝卜，研究其对胡萝卜生长发育的影响，探索利用不同覆盖方式延长胡萝卜供应期技术，同时为高海拔冷凉区其他高原夏菜延期供应提供借鉴。

试验设置塑料小拱棚+地膜覆盖、地膜覆盖及露地常规不覆盖栽培3种模式，地温稳定在12℃以上时适期播种，品种及管理技术一致。塑料小拱棚高1.2m，宽3.5m。播种前整地作畦施入尿素30kg/亩，过磷酸钙50kg/亩，硫酸钾20kg/亩。分别在胡萝卜叶片生长盛期结合灌水追施尿素10kg/亩，肉质根膨大期追施硫酸钾10kg/亩。采用高垄栽培，垄宽50cm、高20cm，垄沟宽30cm，播前覆盖地膜。出苗后2～3片真叶间苗，4～5片真叶时结合中耕定苗，株行距10cm×10cm。记载胡萝卜生育期（发芽期、幼苗期、叶生长盛期、肉质根膨大期）和产量指标（根重、根长、根径、产量），依据销售价格核算效益。

3. 试验结果

（1）胡萝卜生长发育动态

胡萝卜种植采用直播，4月下旬（气温10℃以上、地温7～8℃）播种，出苗期25～30天。65天后（6月下旬）定苗，80天后（7月中旬，平均气温18℃，地温17.5℃）地上部茎叶和肉质根同时进入快速生长期，95天后（8月上旬，地温15℃）茎叶生长变缓，肉质根继续快速生长，120天（8月下旬）左右开始采收。整个生长期平均气温14.5℃，大气湿度55.7%，平均土壤温度14.7℃，累计日照时间1050h，光照强度495.8μmol/（m^2·s）；≥0℃积温1600℃，≥5℃积温1050℃，≥10℃积温520℃。肉质根干物质积累主要集中在定植后80～110天（7月中旬～8月中旬），期间土壤温度15～17℃，大气温度约17℃，白天气温20～22℃，夜间气温11～14℃，昼夜温差8～10℃，大气湿度66.0%，平均日照时间8～9h，光照强度457μmol/（m^2·s）；≥5℃积温400℃，≥10℃积温245℃（表2-28）。

表2-28 胡萝卜生长发育动态与气象条件

生长天数	叶数（片）	根长（cm）	茎叶鲜重（g）	茎叶干重（g）	根鲜重（g）	根干重（g）	气温（℃）	湿度（%）	PAR	≥5℃积温（℃）	≥10℃积温（℃）
30天	/	/	/	/	/	/	10.6	42.8	507.8	4 544.8	2 265.6
65天	4.7	8.8	3.79	0.5	3.2	0.27	14.6	53.0	538.5	12 630.9	6 747.9
80天	6.2	13	14.6	1.77	19.8	1.76	17.4	56.2	525.9	17 089.1	9 502.1
95天	8.5	15.7	51.9	7.09	88.9	8.88	17.3	69.9	456.8	21 520.2	12 154.8
110天	10.2	18.6	91.2	9.47	204	17.22	16.5	71.9	388.3	25 939.2	14 691.3

（2）种植密度对胡萝卜生长发育的影响

1）种植密度对胡萝卜植物学特性的影响：从植株性状看，植株高度与种植密度成正比，叶数、叶鲜重与种植密度成反比。密度越大，株高越高，叶数越少，叶鲜重越小。由于胡萝卜生长的顶端优势较强，易造成胡萝卜基叶徒长、植株纤细（表 2-29）。密度越大，根长、根径越小；反之，则越大，说明胡萝卜生长，特别是根基的膨大，需要茎叶进行光合作用，提供一定的营养，茎叶的逐级增大，根基随之增大，才能为胡萝卜的膨大和增粗提供相应的营养元素。从平均根重来看，随种植密度增大，根重逐步减小，M4、M5 平均根重均达到 300g 以上。

表 2-29　不同种植密度下胡萝卜的植物学特性

处理	叶数（片）	株高（cm）	叶鲜重（g）	根长（cm）	根径（cm）	根重（g）
M1	7.4b	63.6a	25.3c	14.6c	4.0c	180.0e
M2	7.5b	64.5a	39.8b	15.0c	4.4bc	212.3d
M3	8.3ab	63.2a	43.6b	16.2b	4.7ab	259.5c
M4	8.4ab	61.5a	45.6ab	16.6b	5.0a	303.1b
M5	9.2a	55.0b	51.7a	18.1a	5.2a	366.5a

2）种植密度对胡萝卜产量的影响：各处理产量以 M4（10cm×15cm）为最高，小区产量 136.7kg，折单产 5180.8kg/亩，产值 2072.4 元；M5（15cm×15cm）产量次之，小区产量 129.0kg，折单产 4889.3kg/亩，产值 1955.7 元（表 2-30）。商品率以 M5 最高，达到 80%，但由于密度较小，产量、产值小于 M4。

表 2-30　不同种植密度下胡萝卜的产量与产值

处理	每亩株数	商品率(%)	小区产量（kg）	亩产（kg）	产值（元/亩）
M1	66 700	36.3	114.9c	4 353.3c	1 741.3
M2	41 688	53.0	123.8b	4 691.3b	1 876.5
M3	33 350	55.0	125.6b	4 760.6b	1 904.2
M4	25 013	68.3	136.7a	5 180.8a	2 072.4
M5	16 675	80.0	129.0b	4 889.3b	1 955.7

注：产值按当地市场价 0.4 元/kg 计

（3）播种时间对胡萝卜生长发育的影响

1）播种时间对胡萝卜生育期的影响：随着播种时间的推迟，胡萝卜的出苗时间、定苗时间、膨大初期、膨大末期、采收时间均有所缩短，播种时间推迟使胡萝卜生育期缩短（表 2-31）。

表 2-31　不同播种时间下胡萝卜的生育期

播种时间	出苗期	定苗期	膨大初期	膨大末期	采收期	生育期（天）
4 月 6 日	4 月 26 日	6 月 11 日	6 月 11 日	8 月 10 日	8 月 21 日	137
4 月 13 日	5 月 2 日	6 月 15 日	6 月 15 日	8 月 15 日	8 月 27 日	136
4 月 20 日	5 月 12 日	6 月 22 日	6 月 22 日	8 月 20 日	9 月 2 日	135
4 月 27 日	5 月 17 日	6 月 27 日	6 月 27 日	8 月 25 日	9 月 6 日	132
5 月 4 日	5 月 22 日	7 月 4 日	7 月 4 日	8 月 27 日	9 月 10 日	128

2）播种时间对胡萝卜生长的影响：播种时间推迟，胡萝卜叶数减少，株高、叶重、根长、根径、单根重、裂口率逐渐降低（表 2-32）。以 4 月 6 日播种单根重最大，其他播期单根重分别下降了 21.0%、26.3%、35.8%、33.7%。播期对根/芯柱影响不大。所以，播种时间推迟使胡萝卜商品性降低。

表 2-32　不同播种时间对胡萝卜生长的影响

播种时间	叶数（片）	株高（cm）	叶重（g）	根长（cm）	根径（cm）	根/芯柱	单根重（g）	裂口率（%）	抽薹率（%）
4 月 6 日	9.7a	68.0a	57.0a	17.9a	5.1a	2.3b	254.0a	10.8	0
4 月 13 日	7.2bc	61.9b	44.4b	17.1b	4.3b	2.4ab	200.7c	10	0
4 月 20 日	7.2bc	59.7bc	34.9c	16.3c	4.3b	2.3b	187.2d	7.5	0
4 月 27 日	8.0b	56.3cd	33.7c	16.4c	4.2bc	2.3b	162.9e	7.5	0
5 月 4 日	6.4c	55.3d	20.7e	15.8d	4.0c	2.5a	168.3e	5	0

不同播期处理下胡萝卜均无抽薹。据日本学者的研究‘黑田五寸’类型品种苗期遇到 10℃以下低温累积 360h 以上，就有抽薹的危险，温度越低，持续低温时间越长，抽薹率越高。根据气象观测资料分析（表 2-33），不同播期处理胡萝卜苗期日平均温度均在 13℃以上，仅 4 月 6 日播种处理苗期低于 10℃低温累积达 361h，但低温天数短，仅为 5 天；其他处理苗期遭遇低温时间均比较短。苗期相对较高的温度是胡萝卜无抽薹的主要原因。

表 2-33　不同播种时间下胡萝卜苗期温度

播种时间	播种温度（℃）	出苗温度（℃）	<10℃天数（天）	<10℃小时数（h）	定苗期温度（1～5 叶期）（℃）	<10℃天数（天）	<10℃小时数（h）
4 月 6 日	9.9	7.9	12	297	13.8	5	361
4 月 13 日	6.6	11.4	7	234	13.9	5	332
4 月 20 日	1.4	10.1	9	262	15.0	0	249
4 月 27 日	12.8	12.3	5	191	15.4	0	233
5 月 4 日	12.1	11.8	4	190	16.1	0	218

3）播种时间对胡萝卜产量的影响：随着播种时间的推迟，胡萝卜产量、产值均显著降低（表 2-34）。4 月 6 日播种的胡萝卜产量最高，达到 5760kg/亩，亩产值为 2304 元；其他播期亩产量比其下降了 21.0%、26.3%、35.8%、33.7%。

表 2-34　不同播种时间下胡萝卜的产量与产值

播种时间	小区产量（kg）	亩产（kg）	产值（元/亩）
4 月 6 日	165.8a	5760.2a	2304.085
4 月 13 日	131.0c	4551.7c	1820.691
4 月 20 日	122.2d	4245.8d	1698.33
4 月 27 日	106.3e	3696.1e	1478.48
5 月 4 日	109.8e	3817.1e	1526.841

注：产值按当地市场价 0.4 元/kg 计

（4）不同灌水处理对胡萝卜生长与产量的影响

1）不同灌水处理的时间与灌水量：不同处理的灌水时间和灌水量见表 2-35。S1W1+S2W1+S3W1 处理所需的灌水量最大，为 164.5m^3/亩，S1W3+S2W3+S3W3 处理所需的灌水量最小，为 124.5m^3/亩。

表 2-35　不同灌水处理的时间与灌水量　（单位：m^3/亩）

灌水处理 \ 月-日	4月15日	5月5日	5月26日	6月16日	7月5日	7月28日	8月18日	合计
S1W1+S2W1+S3W1	23.5	23.5	23.5	23.5	23.5	23.5	23.5	164.5
S1W1+S2W2+S3W3	23.5	23.5	23.5	19.5	19.5	19.5	15.5	144.5
S1W1+S2W3+S3W2	23.5	23.5	23.5	15.5	15.5	15.5	19.5	136.5
S1W2+S2W1+S3W3	23.5	23.5	19.5	23.5	23.5	23.5	15.5	152.5
S1W2+S2W2+S3W2	23.5	23.5	19.5	19.5	19.5	19.5	19.5	144.5
S1W2+S2W3+S3W1	23.5	23.5	19.5	15.5	15.5	15.5	23.5	136.5
S1W3+S2W1+S3W2	23.5	23.5	15.5	23.5	23.5	23.5	19.5	152.5
S1W3+S2W2+S3W1	23.5	23.5	15.5	19.5	19.5	19.5	23.5	144.5
S1W3+S2W3+S3W3	23.5	23.5	15.5	15.5	15.5	15.5	15.5	124.5

2）不同灌水处理对胡萝卜植物学性状的影响：由表 2-36 可知，S1W3+S2W1+S3W2、S1W1+S2W1+S3W1 和 S1W3+S2W2+S3W1 处理胡萝卜地上部鲜重要大于其他处理，3 个处理间无显著差异。S1W1+S2W1+S3W1 和 S1W3+S2W1+S3W2 处理株高显著高于其他处理。S1W1+S2W1+S3W1 和 S1W3+S2W1+S3W2，处理根长显著大于 S1W1+S2W3+S3W2、S1W2+S2W3+S3W1 和 S1W3+S2W3+S3W3，与其他处理间无显著差异。S1W3+S2W1+S3W2 处理胡萝卜单根重最大，显著高于 S1W1+S2W2+S3W3、S1W1+S2W3+S3W2 和 S1W3+S2W3+S3W3 处理，但与其他处理间无显著差异。

表 2-36　不同灌水处理对胡萝卜各植物学性状指标影响

处理	地上部鲜重（g）	株高（cm）	根长（cm）	根粗（cm）	根重（g）
S1W1+S2W1+S3W1	33.2ab	62.9a	17.7a	4.39a	178.0ab
S1W1+S2W2+S3W3	22.6de	51.4c	16.9ab	4.02b	155.7bc
S1W1+S2W3+S3W2	25.7bcde	48.2c	16.4bc	3.95b	136.7c
S1W2+S2W1+S3W3	30.4bcd	48.8c	17.1ab	4.11ab	165.2ab
S1W2+S2W2+S3W2	26.0bcde	50.3c	16.9ab	4.10ab	170.8ab
S1W2+S2W3+S3W1	24.4cde	51.5c	16.4bc	4.12ab	160.8ab
S1W3+S2W1+S3W2	38.8a	60.2a	17.9a	4.33a	179.6a
S1W3+S2W2+S3W1	32.4abc	56.9b	17.4ab	4.32a	176.0ab
S1W3+S2W3+S3W3	21.6e	43.4d	15.6c	3.65c	105.0d

3）不同灌水处理对胡萝卜产量的影响：由表 2-37 可知，S1W3+S2W1+S3W2、

S1W1+S2W1+S3W1 和 S1W3+ S2W2+S3W1 处理的小区产量、亩产量、产值和水分利用效率都是较高的。其中 S1W1+ S2W1+S3W1 处理的总耗水量最大，为 164.5m³，产量为 4155.4kg/亩，水分利用效率为 25.3kg/m³，水分利用效率相对较低。S1W3+S2W2+S3W1 处理水分利用效率最高，为 27.6kg/m³，但产量相对较低，S1W3+S2W1+S3W2 处理产量为 4192.8kg/亩，水分利用效率为 27.5kg/m³。综合考虑，S1W3+S2W1+S3W2 处理较为适宜。

表 2-37　不同灌水处理对胡萝卜产量的影响

处理	总耗水量（m³）	小区产量（kg）	产量（kg/亩）	产值（元/亩）	水分利用效率（kg/m³）
S1W1+S2W1+S3W1	164.5	179.4	4155.4	2493.2	25.3
S1W1+S2W2+S3W3	144.5	145.7	3374.5	2024.7	23.4
S1W1+S2W3+S3W2	136.5	118.1	2734.7	1640.8	20.0
S1W2+S2W1+S3W3	152.5	164.7	3815.2	2289.1	25.0
S1W2+S2W2+S3W2	144.5	166.5	3856.6	2314	26.7
S1W2+S2W3+S3W1	136.5	150.5	3485.7	2091.4	25.5
S1W3+S2W1+S3W2	152.5	181.0	4192.8	2515.7	27.5
S1W3+S2W2+S3W1	144.5	172.2	3987.3	2392.4	27.6
S1W3+S2W3+S3W3	124.5	90.7	2101.1	1260.6	16.9

（5）胡萝卜对不同氮磷钾施肥效应

1）胡萝卜产量效应函数分析：胡萝卜产量、施肥利润汇总整理列于表 2-38，对产量数据进行数学模拟，建立胡萝卜产量与氮磷钾三要素的编码值效应

表 2-38　不同试验处理产量及施肥利润

处理	产量（kg/亩）	产值（元/亩）	肥料成本（元/亩）	利润（元/亩）	单重（kg）
1	5566.1	3339.6	236.2	3103.5	244.3
2	4465.9	2679.5	74.5	2605.0	196.0
3	4108.3	2465.0	143.0	2321.9	180.3
4	4059.0	2435.4	193.5	2241.9	178.1
5	4572.2	2743.3	198.1	2545.2	200.7
6	6549.1	3929.4	248.5	3681.0	287.4
7	4634.1	2780.5	150.6	2629.9	203.4
8	4385.2	2631.1	79.3	2551.8	192.5
9	5870.9	3522.6	153.8	3368.7	257.7
10	4483.4	2690.0	76.1	2614.0	196.8
11	6453.4	3872.0	155.3	3716.7	283.2
12	3837.6	2302.6	0.0	2302.6	168.4

注：胡萝卜当地平均收购价格为 0.8 元/kg，尿素零售价格为 1.64 元/kg，过磷酸钙零售价格为 0.7 元/kg，硫酸钾零售价格为 3.33 元/kg

函数为 Y=3711.63+140.88X_1+140.21X_2 + 188.43X_3–14.30X_1^2–26.818X_2^2–19.02X_3^2+21.35X_1X_2+ 8.55X_1X_3+11.15X_2X_3。

经检验，F=4.6367**＞$F_{0.01}$=0.19，达极显著水平，复相关系数 R=0.977，也大于高度相关的下限，说明所获得胡萝卜施肥效应函数能反映生产实际情况，胡萝卜商品产量与氮磷钾施肥量之间存在极显著的回归关系。

通过边际分析求得胡萝卜最高产量施肥量为氮肥（N）16.4kg/亩，磷肥（P_2O_5）10.7kg/亩，钾肥（K_2O）11.8kg/亩，其 N∶P∶K= 1∶0.65∶0.72，最高胡萝卜产量为 6990.2kg/亩。

2）胡萝卜施肥效益效应函数分析：计算每个试验处理商品产量的产值并扣除施肥成本后，获得施肥利润见表 2-39。以获得施肥利润作为效应指标，通过数学模拟，建立胡萝卜施肥利润（Y）与氮磷钾三要素的编码值效应函数为 Y=2226.98+80.96X_1+76.83X_2+102.96X_3–8.58X_1^2–16.08X_2^2–11.41X_3^2+12.81X_1X_2+5.13X_1X_3+6.68X_2X_3。

表 2-39　不同配施生物菌肥及化肥减量对胡萝卜主要性状及产量的影响

处理	株高（cm）	叶片数（片）	叶鲜重（g）	根长（cm）	根径（cm）	单根重（g）	产量（kg/hm^2）	较 CK 增加（%）	产值*（元/hm^2）	较 CK 增加（元/hm^2）
H1（CK）	64.3a	6.9b	24.7b	14.5c	4.1b	165.6d	82 819.5d		33 127.5	
H2	61.9a	7.7a	33.3a	16.8a	4.4a	234.9a	117 502.5a	41.88	47 001.0	13 873.5
H3	63.4a	7.1ab	27.8b	15.7b	4.2b	200.2bc	100 161.0bc	20.94	40 063.5	6 936.0
H4	64.7a	7.5a	34.7a	16.1ab	4.4a	208.0ab	104 026.5ab	25.61	41 610.0	8 482.5
H5	64.7a	6.9b	27.1b	15.7b	4.0b	177.6cd	88 830.0cd	7.26	35 532.0	2 404.5

* 胡萝卜按当地市场价 0.4 元/kg 计

同理对函数进行检验 F= 3.981**＞$F_{0.01}$= 0.2169，复相关系数 R= 0.973，说明胡萝卜利润与氮磷钾肥料施用量编码值之间回归关系极显著并存在高度相关关系。通过边际分析求得胡萝卜最佳经济施肥量为氮肥（N）16.0kg/亩，磷肥（P_2O_5）10.7kg/亩，钾肥（K_2O）11.2kg/亩，最佳利润为 3942.3 元/亩。

3）胡萝卜单根重效应函数分析：对表 2-39 单根重数据进行数学模拟，建立胡萝卜单根重与氮磷钾三要素的编码值效应函数为 Y=162.88+6.19X_1+6.16X_2+8.27X_3–0.63X_1^2–1.18X_2^2–0.83X_3^2+0.94X_1X_2+0.37X_1X_3+0.49X_2X_3。

同理对函数进行检验 F= 4.6292**＞$F_{0.01}$= 0.1902，复相关系数 R= 0.977，说明胡萝卜单根重与氮磷钾肥料施用量编码值之间回归关系极显著并存在高度相关关系。通过边际分析求得胡萝卜最大单根重施肥量为氮肥（N）16.4kg/亩，磷肥（P_2O_5）10.7kg/亩，钾肥（K_2O）11.8kg/亩，最大单根重为 306.8g。

（6）化肥减量配施生物菌肥对胡萝卜的影响

1）对胡萝卜主要性状及产量的影响：从表 2-39 可以看出，各处理胡萝卜株高差异不显著；H2 和 H4 处理叶片数显著大于 CK 和 H5；H2 和 H4 叶鲜重、根径显著大于CK、H3、H5处理；处理H2与处理H3单根重差异不显著，显著高于处理H5、CK。产量以处理H2最高，为117 502.5kg/hm²，较CK增产41.88%，处理H4次之，为104 026.5kg/hm²，较CK增产25.61%；处理H5最低，为88 830.0kg/hm²，较CK增产7.26%。产值以处理H2最高，为47 001.0元/hm²，较CK增加13 873.5元/hm²；处理H4次之，为41 610.0元/hm²，较CK增加8482.5元/hm²；处理H5最低，为35 532.0元/hm²，较CK增加2404.5元/hm²。产量差异的分析表明，处理H2与处理H4之间差异不显著，显著高于其他处理。

2）对胡萝卜品质的影响：从表2-40可以看出，不同处理除处理H3可溶性糖低于CK外，其余处理的可溶性糖、维生素C、β胡萝卜素含量均高于CK。其中，可溶性糖含量以处理H2最高，为6.32%，较CK提高0.32个百分点；H4处理次之，为6.28%，较CK提高0.28个百分点；处理H3最低，为5.92%，较CK降低0.08个百分点。维生素C含量以处理H5最高，为6.89mg/100g，较CK提高2.51mg/100g；处理H3次之，为6.28mg/100g，较CK提高1.90mg/100g；处理H2、H4最低，均为5.52mg/100g，较CK提高1.14mg/100g。β胡萝卜素含量以处理H2最高，为12.60mg/100g，较CK提高1.90mg/100g；处理H4次之，为12.53mg/100g，较CK提高1.83mg/100g；处理H3最低，为11.40mg/100g，较CK提高0.70mg/100g。可见化学肥料用量减少10%～20%配施生物菌肥可显著增加胡萝卜的维生素C、β胡萝卜素含量；可溶性糖含量除处理H3低于CK外，其余处理均显著高于CK。

表2-40 不同配施生物菌肥及化肥减量对胡萝卜品质的影响

处理	可溶性糖（%）	维生素C（mg/100g）	β胡萝卜素（mg/100g）
H1（CK）	6.00c	4.38d	10.70b
H2	6.32a	5.52c	12.60a
H3	5.92d	6.28b	11.40ab
H4	6.28ab	5.52c	12.53a
H5	6.23b	6.89a	11.66ab

（7）不同地膜覆盖对胡萝生长与产量的影响

1）不同地膜覆盖下土壤温度的变化：由图2-11可以看出，地膜覆盖后日平均土壤温度明显高于对照，透明膜和黑色膜覆盖后土壤日平均温度分别比对照高出4.31℃和3.28℃。各处理在00:00～06:00土壤温度最低，16:00左右达到最高值。地膜覆盖后土壤温度变化平缓，波动较小，透明膜和黑色膜覆盖后最高和最低温度差分别为8.58℃和4.43℃。白天透明膜覆盖的土壤日平均温度为20.43℃，比黑色膜覆盖处理高2.70℃；夜里透明膜覆盖的土壤日平均温度为16.48℃，比黑色膜覆盖处理高0.65℃。从胡萝卜整个营养生长阶段来看（图2-12），播种后10～60天，对照的平均土壤温度为11.33℃，透明膜和黑色膜覆盖的土壤温度分别比对照高出3.58℃和2.54℃；此后的营养生长时期，对照的土壤温度为16.89℃，透明膜和黑色膜覆盖分别比对照高出5.10℃和4.12℃，透明膜覆盖的增温效果好于黑色膜。

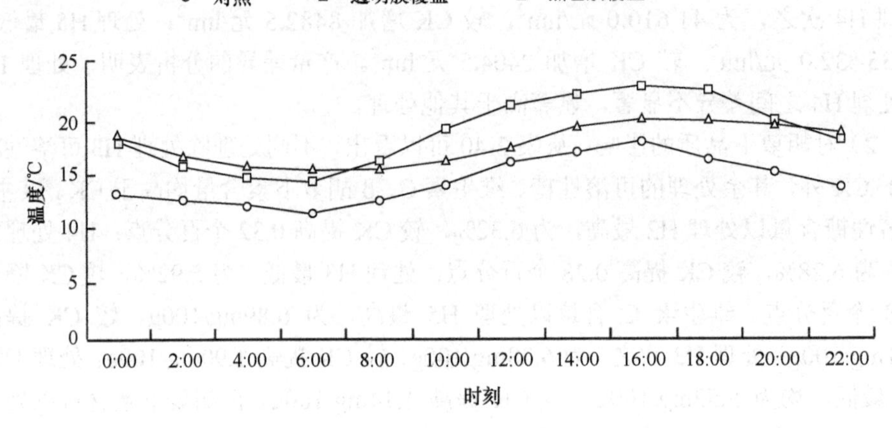

图2-11 不同地膜覆盖下土壤温度日变化

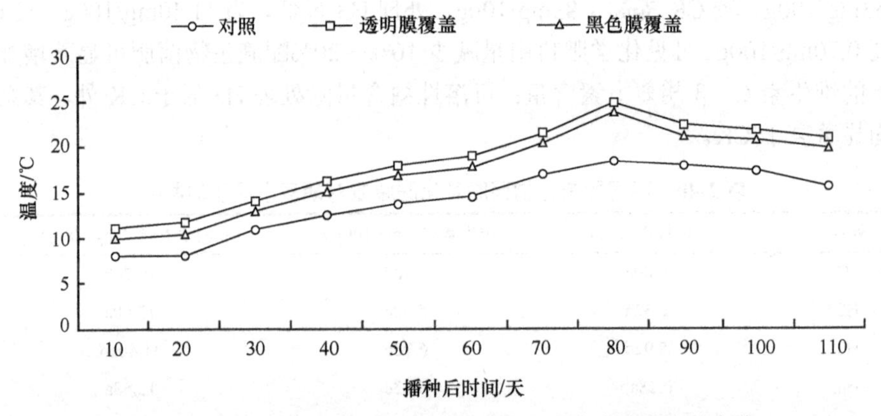

图2-12 不同地膜覆盖下胡萝卜营养生长期内土壤温度的变化

2）不同地膜覆盖下胡萝卜的生育期和土壤积温：由表2-41可以看出，地膜覆盖可缩短胡萝卜的生育期。覆盖透明膜和黑色膜的营养生长期天数分别比对照缩短32天和19天，显著小于对照。覆盖透明膜和黑色膜的土壤积温分别比对

表2-41 不同地膜覆盖下的土壤积温（≥0℃）与胡萝卜的生育期

处理	发芽期		幼苗期		叶生长期		肉质根肥大期		合计	
	生育期/天	土壤积温/℃	生育期/天	土壤积温/℃	生育期/天	土壤积温/℃	生育期/天	土壤积温/℃	生育期/天	土壤积温/℃
透明覆盖膜	13c	157.3a	44c	853.91c	22b	434.73c	15c	313.83b	94c	1759.77c
黑色覆盖膜	15b	161.04a	49b	864.36b	24b	442.72b	19b	345.44a	107b	1813.56b
对照	18a	164.53a	55a	888.71a	29a	499.89a	24a	303.79c	126a	1856.92a

照减少 97.15℃和 43.36℃，三者之间差异显著。在胡萝卜生长前期（发芽期和幼苗期），透明膜覆盖的生长时间较黑色膜缩短 7 天，土壤积温较黑色膜覆盖减少 14.19℃。在胡萝卜的生长后期（叶生长期和肉质根肥大期），透明膜覆盖的生长时间比黑色膜缩短 6 天，土壤积温较黑色膜覆盖减少 39.60℃。

3）不同地膜覆盖对胡萝卜地上部分叶长、叶片数和鲜重的影响：由表 2-42 可知，播种后 65～95 天，透明膜和黑色膜覆盖的叶长、叶片数和鲜重均明显高于对照，播种后 110 天时，处理之间无显著差异。播种后 65 天、80 天、95 天时，透明膜覆盖叶长分别比对照高出 43.58%、20.77%和 7.96%，黑色膜覆盖分别比对照高出 35.20%、18.03%和 8.52%；透明膜覆盖的地上部单株鲜重分别比对照高出 153.56%、164.70%和 66.47%，黑色膜覆盖分别比对照高出 73.88%、98.97%和 35.07%。说明地膜覆盖明显促进了胡萝卜地上部的生长，透明膜覆盖的效果要好于黑色膜覆盖。

表 2-42　不同地膜覆盖对胡萝卜地上部生长的影响

处理	叶长（cm）				叶片数（片）				地上部单株鲜重（g/株）			
	65 天	80 天	95 天	110 天	65 天	80 天	95 天	110 天	65 天	80 天	95 天	110 天
对照	17.9b	36.6b	54.0b	61.1a	4.7b	6.2b	8.5b	10.2a	3.79b	14.56c	51.95b	91.23a
透明覆盖膜	25.7a	44.2a	58.3a	64.0a	5.5a	7.7a	9.9a	10.6a	9.61a	38.54a	86.48a	120.24a
黑色覆盖膜	24.2a	43.2a	58.6a	65.0a	5.1a	6.5b	9.1ab	9.9a	6.59a	28.97b	70.17a	100.03a

4）不同地膜覆盖对胡萝卜肉质根长度、粗度和鲜重的影响：地膜覆盖显著促进了胡萝卜肉质根长度、粗度和鲜重的生长（表 2-43）。播种后 65～95 天，透明膜覆盖下胡萝卜肉质根长度比对照增长了 38.64%、26.92%和 19.11%，黑色膜覆盖分别比对照增长了 32.95%、23.85%和 11.46%。播种后 110 天时，透明膜覆盖的根粗度分别比对照和黑色膜覆盖增大了 13.52%和 8.97%，且与对照和黑色膜覆盖处理差异显著。播种后 65～110 天，透明膜覆盖的地下部单株鲜重比对照增加了 209.18%、204.54%、73.44%和 39.98%，黑色膜覆盖分别比对照增加了 141.14%、122.51%、32.44%和 12.65%。

表 2-43　不同地膜覆盖对胡萝卜地下部生长的影响

处理	根长（cm）				根粗（cm）				地下部单株鲜重（g/株）			
	65 天	80 天	95 天	110 天	65 天	80 天	95 天	110 天	65 天	80 天	95 天	110 天
对照	8.8b	13.0b	15.7b	18.6a	0.98b	1.97c	3.51b	5.03b	3.16b	19.81c	88.89c	204.02c
透明覆盖膜	12.2a	16.5a	18.7a	19.8a	1.41a	2.68a	4.15a	5.71a	9.77a	60.33a	154.17a	285.58a
黑色覆盖膜	11.7a	16.1a	17.5a	18.7a	1.17b	2.31b	3.64b	5.24b	7.62a	44.08b	117.73b	229.82b

5）不同地膜覆盖对胡萝卜干物质积累和根冠比的影响：由表 2-44 可以看出，地膜覆盖明显增加了胡萝卜地上部和地下部干重。播种后 65～110 天，透明膜覆

盖的地上部干重比对照增加了154.0%、177.40%、17.35%和32.52%，地下部干重比对照增加了203.70%、165.34%、35.47%和29.73%；黑色膜覆盖地上部干重分别比对照增加了96.00%、95.48%、17.49%和6.86%；地下部干重分别比对照增加了114.81%、109.09%、21.28%和12.43%。在播种后65天和95天时，透明膜覆盖下胡萝卜根冠比显著大于对照和黑色膜覆盖，分别比对照和黑色膜覆盖高出0.10和0.20。播种后110天时，各处理之间根冠比没有显著差异。

表2-44　不同地膜覆盖对胡萝卜干重及根冠比的影响

处理	地上部单株干重（g/株）				地下部单株干重（g/株）				根冠比			
	65天	80天	95天	110天	65天	80天	95天	110天	65天	80天	95天	110天
对照	0.50b	1.77c	7.09b	9.47b	0.27c	1.76c	8.88b	17.22b	0.55b	1.00a	1.25b	1.82a
透明覆盖膜	1.27a	4.91a	8.32a	12.55a	0.82a	4.67a	12.03a	22.34a	0.65a	0.95a	1.45a	1.78a
黑色覆盖膜	0.98a	3.46b	8.33a	10.12ab	0.58b	3.68b	10.77a	19.36ab	0.59b	1.06a	1.29b	1.91a

（8）地膜栽培胡萝卜下的适宜播期与密度

1）播期与密度对胡萝卜生育期的影响：不同密度对胡萝卜生育期无影响，从不同播期来看，播期推迟胡萝卜出苗时间缩短，但对整个生育期长短无影响（表2-45）。

表2-45　不同处理对胡萝卜生育期的影响

处理	播种期	出苗期	定苗期	膨大初期	膨大末期	采收期
T1M1	4月10日	4月26日	5月20日	6月16日	7月10日	7月26日
T1M2	4月10日	4月26日	5月20日	6月16日	7月10日	7月26日
T1M3	4月10日	4月26日	5月20日	6月16日	7月10日	7月26日
T2M1	4月17日	5月1日	5月24日	6月19日	7月19日	8月2日
T2M2	4月17日	5月1日	5月24日	6月19日	7月19日	8月2日
T2M3	4月17日	5月1日	5月24日	6月19日	7月19日	8月2日
T3M1	4月24日	5月7日	6月1日	6月27日	7月26日	8月9日
T3M2	4月24日	5月7日	6月1日	6月27日	7月26日	8月9日
T3M3	4月24日	5月7日	6月1日	6月27日	7月26日	8月9日

2）播期与密度对胡萝卜植物学性状的影响：由表2-46可知，播期不同对胡萝卜抽薹率影响不大，但各植物学性状指标随密度增加而增加。4月10日播种的胡萝卜不同的种植密度对株高、叶数、根粗影响差异不显著；叶重、根长M1处理与M2、M3处理差异显著，M2、M3处理差异不显著；根重各处理间差异显著。4月17日播种的胡萝卜株高差异不显著；根长、根粗M1处理与M2、M3处理差异显著，M2、M3处理间差异不显著；叶数、根重M1处理与M3处理差异显著，与M2差异不显著；叶重M3处理与M1、M2处理差异显著。4月24日播种的胡萝卜株高、叶数、叶重、根粗不同密度条件下差异不显著；根长、根重

M1 处理显著低于 M3，但与 M2 差异不显著。

表 2-46　不同处理对胡萝卜植物学性状的影响

播种时间	密度	株高(cm)	叶数(片)	叶重(g)	根长(cm)	根粗(cm)	根重(g)	抽薹率(‰)
4 月 10 日	M1	62.2a	10.2a	72.4b	18.1b	4.29a	167.1c	5
4 月 10 日	M2	62.1a	10.7a	81.0a	19.8a	4.39a	191.8b	2.5
4 月 10 日	M3	58.1a	11.2a	83.4a	20.3a	4.52a	207.9a	3
4 月 17 日	M1	67.2a	10.0b	80.7b	18.4b	4.14b	182.2b	3
4 月 17 日	M2	65.5a	10.6ab	89.0b	20.2a	4.48a	203.8ab	2
4 月 17 日	M3	65.9a	11.2a	101.1a	20.3a	4.46a	216.5a	2
4 月 24 日	M1	67.1a	9.1a	77.5a	17.4b	3.93a	143.b	0
4 月 24 日	M2	69.4a	9.2a	83.1a	18.2ab	3.99a	144.9b	0
4 月 24 日	M3	69.4a	9.6a	85.8a	18.3a	4.13a	173.5a	0

3）播期与密度对胡萝卜产量的影响：通过表 2-47 可看出，T2M2 亩产量最高，达到 4587.8kg，T2M1、T1M2 次之，均达到 4200kg 以上；由于 T1 播期处理在 7 月 26 日采收，此时市场价格达到 1.6 元/kg，因此产值最高的是 T1M2，达到 6754.7 元。

表 2-47　不同处理对胡萝卜产量的影响

播种时间	密度	亩株数（株/亩）	小区产量（kg）	亩产（kg/亩）	产值（元）	成品率（%）
4 月 10 日	M1	33 350	167.1	3900.1	6241.5	70
4 月 10 日	M2	25 012	127.9	4221.7	6754.7	88
4 月 10 日	M3	16 675	103.9	3189.4	5103.0	92
4 月 17 日	M1	33 350	182.2	4253.5	5104.2	70
4 月 17 日	M2	25 012	135.9	4587.8	5505.4	90
4 月 17 日	M3	16 675	108.3	3321.4	3985.7	90
4 月 24 日	M1	33 350	143.8	3595.9	3595.9	70
4 月 24 日	M2	25 012	96.6	3261.9	3261.9	87
4 月 24 日	M3	16 675	86.8	2661.7	2661.7	90

（9）覆盖方式对胡萝卜生长发育的影响

1）覆盖方式对胡萝卜生育期的影响：由表 2-48 可知，增加覆盖对胡萝卜生育期有明显影响。2009 年露地常规不覆膜胡萝卜 4 月 24 日播种，9 月 5 日采收，全生育期 132 天；地膜覆盖胡萝卜 4 月 17 日播种，7 月 26 日采收，全生育期 102 天，较露地常规不覆膜胡萝卜缩短 30 天，提早上市 25 天；小拱棚+地膜覆盖胡萝卜 3 月 27 日播种，7 月 1 日采收，全生育期 95 天，较常规露地不覆膜胡萝卜缩短 37 天，提早上市 65 天。2010 年露地常规不覆膜胡萝卜 4 月 25 日播种，9 月 5 日采收，全生育期 131 天；地膜覆盖胡萝卜 4 月 15 日播种，7 月 26 日采收，全生育期 104 天，较露地常规不覆膜胡萝卜缩短 27 天，提早上市 25 天；小拱棚+地膜覆盖胡萝卜 3 月 25 日播种，7 月 1 日采收，全生育期 93 天，较常规露地不覆膜胡萝卜缩短 38 天，提早上市 65 天。

表 2-48 不同覆盖方式对胡萝卜生育期的影响

覆盖方式		播种期	出苗期	定苗期	膨大初期	采收期
小拱棚+地膜覆盖	2009 年	3 月 27 日	4 月 19 日	5 月 6 日	5 月 28 日	7 月 1 日
	2010 年	3 月 25 日	4 月 16 日	5 月 6 日	5 月 26 日	7 月 1 日
地膜覆盖	2009 年	4 月 17 日	4 月 30 日	5 月 23 日	6 月 18 日	7 月 26 日
	2010 年	4 月 15 日	4 月 29 日	5 月 23 日	6 月 19 日	7 月 26 日
常规不覆膜	2009 年	4 月 24 日	5 月 17 日	6 月 24 日	7 月 22 日	9 月 5 日
	2010 年	4 月 25 日	5 月 18 日	6 月 24 日	7 月 24 日	9 月 5 日

2）覆盖方式对胡萝卜商品性状及产量、效益的影响：通过对 2 年的测试数据分析（表 2-49），3 种种植方式胡萝卜根长、根粗、单根重略有差异，但是差异不显著，可见覆盖方式对胡萝卜商品性状几乎没有影响。从产量指标来看，2009 年地膜覆盖胡萝卜产量最高，为 5250kg/亩，其次为露地常规不覆膜胡萝卜，产量达到 5200kg/亩，小拱棚+地膜覆盖方式胡萝卜产量最低，达到 4980kg/亩，但是三者差异不显著；2010 年小拱棚+地膜覆盖、地膜覆盖、露地常规不覆膜胡萝卜产量分别为 4997kg/亩、5118kg/亩和 5186kg/亩，差异不显著。从效益情况来看，露地常规不覆膜胡萝卜销售价格只有 0.6 元/kg，2009 年产值仅 3120 元/亩，2010 年产值为 3112 元/亩；地膜覆盖胡萝卜销售价格为 1.2 元/kg，2009 年产值达 6300 元/亩，较露地栽培亩增加产值 3180 元，2010 年产值达 6141 元/亩，较露地栽培亩增加产值 3029 元；小拱棚+地膜覆盖胡萝卜市场价格 2.0 元/kg，2009 年产值达 9960 元/亩，较露地栽培亩增加产值 6840 元，2010 年产值达 9993 元/亩，较露地栽培亩增加产值 6881 元。

表 2-49 不同覆盖方式对胡萝卜商品性状及产量、效益的影响

覆盖方式		根长（cm）	根粗（cm）	单根重(g)	产量（kg/亩）	产值（元/亩）
小拱棚+地膜覆盖	2009 年	18.8a	4.1a	210.8a	4980a	9960
	2010 年	19.2a	4.1a	211.5a	4997a	9993
地膜覆盖	2009 年	20.2a	4.3a	226.5a	5250a	6300
	2010 年	20.5a	4.3a	220.8a	5118a	6141
常规不覆膜	2009 年	20.0a	4.3a	226.0a	5200a	3120
	2010 年	20.3a	4.2a	225.4a	5186a	3112

注：产值按当地市场价计，2 年价格相同，7 月 1 日 2.0 元/kg，7 月 26 日 1.2 元/kg，9 月 5 日 0.6 元/kg

4. 结论

1）通过试验比较，从胡萝卜的生长势、外观品质、肉质根的产量等综合因素考虑，河西走廊高海拔冷凉气候区胡萝卜最佳种植密度为 10cm×15cm；播种期以出苗期气温在 10℃以上为佳。

2）露地胡萝卜灌水制度为，生育期内总共灌水 7 次，总灌水量为 152.5m^3，播种至幼苗 2～3 叶期，灌水 2 次，每次灌水量为 23.5m^3，保持土壤相对含水量 65%～75%；幼苗生长期（4～5 叶期）灌水 1 次，每次灌水量为 15.5m^3，保持土壤相对含水量为 45%～55%；根茎膨大期灌水 3 次，灌水量为 23.5m^3，保持土壤相对含水量为 65%～75%；成熟期灌水 1 次，灌水量为 19.5m^3，保持土壤相对含水量为 55%～65%。

3）胡萝卜施肥量为氮肥（N）16.4kg/亩，磷肥（P_2O_5）10.7kg/亩，钾肥（K_2O）11.8kg/亩，其 N∶P∶K= 1∶0.65∶0.72，最高胡萝卜产量为 6990.2kg/亩。其最佳利润为 3942.3 元/亩，最大单重为 306.8g。

4）化学肥料减少 10%～20%，增施‘农大哥’复合生物肥或 AM 生物菌肥，可促进胡萝卜生长，改善品质，提高产量；AM 生物菌肥在胡萝卜上的使用效果略好于‘农大哥’复合生物肥；在合理配施生物菌肥的条件下，胡萝卜化肥施用量可降低在 20%内在露地生产中是可行的。

5）透明膜覆盖后胡萝卜的根粗和地下部单株鲜重显著高于对照和黑色膜覆盖，因此生产中建议使用透明膜覆盖。

6）沿祁连山冷凉气候区覆盖地膜种植胡萝卜可在 4 月上中旬播种，适宜的密度为 25 012 株/亩（株行距 10cm×15cm）。

7）采取覆盖方式栽培胡萝卜，可使产品上市期提前，效益显著增加。常规不覆膜栽培胡萝卜上市期在 9 月初，市场销售单价为 0.6 元/kg，亩产值仅 3000 余元；利用小拱棚+地膜覆盖方式种植胡萝卜可在 7 月初上市，较常规不覆膜栽培提早上市 65 天，市场价格 2.0 元/kg，亩产值近 10 000 元，是常规不覆膜栽培的 3 倍；地膜覆盖栽培胡萝卜上市期较常规不覆膜栽培提早 25 天，在 7 月下旬成熟，市场销售单价为 1.2 元/kg，亩产值是露地常规不覆膜栽培的 2 倍。利用不同覆盖方式，可有效延长胡萝卜供应期，降低销售风险，增加种植效益。

三、西芹安全高效栽培技术研究

（一）西芹的特征特性

西芹［*Apium graveolens* L. var. *dulce*（Mill.）］，又称为西洋芹菜，属伞形花科蔬菜。原产于地中海沿岸和瑞典、埃及、俄罗斯的高加索等地的沼泽地区，是从国外引进的区别于中国芹菜的大型芹菜品种。主要特点是叶柄实心，肥厚爽脆，味淡，纤维少，可生食。株高60～80cm，叶柄肥厚而宽扁，宽达2.4～3.3cm，耐热性不如本芹。它既不是根菜，也不属于黏滑食物。西芹含有丰富的营养，每100g含水分94g，碳水化合物2g，蛋白质2.2g及微量矿物质和维生素等，还含有芹菜油，具芳香气味，有降低血压、健脑和清肠利便的作用（刘凤坤，2011）。在我国南北方地区均可周年生产，尤其适于北方日光温室秋冬茬生产。

1. 植物学特性

直根系浅根性蔬菜，根群主要分布在10～20cm的土层，横向分布25～30cm，根系不发达。营养生长阶段为短缩茎，生长点完成花芽分化后，茎端抽生花茎并发生分枝。叶为二回奇数羽状复叶，轮生在短缩茎上，由小复叶和叶柄组成。每片小复叶又由2～3对小叶及一个顶端小叶组成，小叶3裂。叶柄发达，挺立，多有棱线，其横切面多为肾形，叶柄基部变为鞘状。全株叶柄质量占总株质量的70%～80%。叶柄中有许多维管束，包围在维管束外面的是厚壁细胞，在叶柄内表皮下分布着许多厚角细胞组织。这些厚角、厚壁组织，具有比维管束更强的支持力和拉力，是叶柄中的主要纤维组织。芹菜为复伞形花序，花朵小、白色，为异花授粉植物，虫媒花。果实为双悬果，棕褐色，有纵沟，每个双悬果由2个分果组成，分果内含1粒种子。生产上用的种子实际上是果实，果实有挥发油，具香味，透水性差，发芽慢，千粒重约为0.47g。种子一般有4～5个月的休眠期，当年播种的种子一般只有10%左右的发芽率，所以生产上都采用上年采收的种子。种子寿命7～8年，使用年限2～3年（董珍，2010）。

2. 生育周期

西芹的生长发育过程，可分为营养生长和生殖生长两个时期。完成整个生长发育，必须在幼苗期间通过低温春化阶段和短日照的光照阶段。

1）种子发芽期：15～20天时间（浸种催芽过程）。

2）幼苗期：由第一真叶露心到4～5片真叶长成需经过60～70天时间，此期生长缓慢，幼苗期结束达到定植标准。

3）外叶生长期：在幼苗定植后经30～40天，又生出2～3片新叶，此期新生叶由于营养面积大呈倾斜状态生长。

4）立心期：外叶迅速生长后，由于叶面积增加，群体密度加大，叶片由倾斜生长逐渐转为直立生长，称为立心期。

5）心叶生长期：从立心期开始，心叶迅速生长，直到商品成熟。这时是其产品器官的心叶和地下部的根系进入旺盛生长的时期。心叶生长期内在叶柄和主根内贮藏了大量的营养物质，表现为内部心叶的肥大充实，重量增加。此期为50～60天。

6）生殖生长期：西芹生长进入幼苗期以后，植株体内具有足够的营养条件。

在遇到阶段发育所需要的低温长日照条件以后，在茎端生长点内，便可开始花芽分化，自此时起便进入了生殖生长期，以后便可抽薹、开花、结实。

3. 对环境条件的要求

1）温度：西芹属半耐寒性蔬菜，喜冷凉、湿润的气候条件。种子发芽的最低温度为4℃，适宜发芽的温度为15～20℃，温度超过25℃发芽受阻，30℃以上几乎不发芽。营养生长温度白天以20～25℃为宜，夜间以10～18℃为宜，地温以15～23℃为宜。西芹要求在低温条件下通过春化阶段，长日照条件下通过光照阶段，在2～5℃时10～20天可通过春化阶段，但幼苗必须长到具有3～4片叶时感受低温，才能完成春化阶段。

2）光照：西芹的种子发芽时有喜光的特性，特别是在有光、低温的条件下，更有利于种子发芽。对于西芹生长发育来说，一般在生长前期需要比较充足的光照，有利于植株的健壮生长。在生长后期，以短日照和较弱的光照对西芹生长十分有利，可形成植株高大、品质好、外形美观的商品菜。长日照可以促进生殖生长，使植株抽薹。

3）水分：西芹喜湿润的空气和土壤条件，因为西芹根皮层组织中输导系统发达，可以从地上部向根部送氧，所以土壤中水分较充足，就会生长旺盛，同化量增加。地下部发达，地上部生长也好，一般以田间持水量80%为宜。西芹的心叶生长期，叶片生长迅速，是需水的临界期，要充分满足对水的需求，才能达到优质高产。

4）土壤：西芹适宜于在富含有机质、保水、保肥力强的壤土或黏壤土上种植。西芹适宜土壤pH为6～7.6。在生长过程中需要充足的氮、磷、钾肥，尤以氮肥的多少对产量影响极大。钾肥充足可使叶柄延长生长，筋少而有光泽，提高商品价值。缺磷妨碍叶柄伸长，初期不可缺磷，后期磷过多使叶柄纤维增多。西芹缺硼，叶柄易发生横裂，缺钙时易发生干心病。

（二）栽培技术研究

1. 试验区概况

试验区概况同本章第三节第一部分。

2. 试验设计

（1）西芹生长发育动态观测

供试西芹品种为‘文图拉’。出苗后每隔15天，随机取样15株，3次重复，测定叶数、株高、地上部鲜重、干重。从根茎处将植株地上、地下部分开，用电子天平（d=0.001g）分别称重，在105℃下杀青30min，再在75～80℃烘干至恒重。利用HOBO微型气象站监测光合有效辐射、大气温湿度。

（2）西芹适宜栽培密度研究

试验共设6个处理，如表2-50所示。小区随机区组排列，3次重复，小区面积15m²。采用垄植沟灌，每垄种2行。其他管理同常规管理。

表2-50 不同种植密度处理

处理	垄幅（cm）	垄面宽（cm）	沟宽（cm）	株距（cm）	亩株数
M1	50	30	20	20	13 340
M2	50	30	20	25	10 672
M3	60	40	20	25	8 893
M4	60	40	20	30	7 411
M5	70	50	20	30	6 352
M6	70	50	20	35	5 444

（3）西芹灌溉制度研究

试验设灌水间隔的天数（A）和灌水量（B）2个试验因子，A设灌水间隔15天（A1）、灌水间隔20天（A2）与灌水间隔25天（A3）3个水平；B设灌水量12m³/亩（B1）与灌水量18m³/亩（B2）2个水平；6种灌水处理分别为A1B1、A1B2、A2B1、A2B2、A3B1、A3B2（表2-51）。每个处理3次重复，小区面积10m²。每畦定植2行，行株距为30cm×25cm，亩栽5736株。

表2-51 不同灌水处理的灌水量和次数

灌水处理	灌水时间与灌水量（m³/亩）									合计（m³/亩）	次数
月-日	6-10	6-18	7-3	7-18	8-2	8-17	9-1	9-16	10-1		
A1B1	18	12	12	12	12	12	12	12	12	114	9
A1B2	18	18	18	18	18	18	18	18	18	162	9
月-日	6-10	6-18	7-8	7-28	8-17	9-6	9-26				
A2B1	18	12	12	12	12	12	12			90	7
A2B2	18	18	18	18	18	18	18			126	7
月-日	6-10	6-18	7-13	8-7	9-1	9-26					
A3B1	18	12	12	12	12	12				78	6
A3B2	18	18	18	18	18	18				108	6

（4）节水灌溉试验

隔沟交替灌溉是控制性分根交替灌溉技术在田间的一种实现形式，该技术从作物的生理特性出发，通过水分在作物根区空间的优化分配和根源脱落酸对叶片气孔开度的调控作用达到提高作物水分利用效率和改善品质的目的。本试验研究了隔沟交替灌溉对西芹生长、产量和水分利用效率的调控效应，探讨西芹应用隔沟交替灌溉技术的潜力和可行性。

试验设置常规沟灌（CFI）和隔沟交替灌溉（AFI）2种灌溉方式，设4个处理：CFI、AFI1（80% CFI 灌水量）、AFI 2（70% CFI 灌水量）、AFI 3（60% CFI 灌水量）。每个处理 3 次重复，各小区随机排列，小区面积为 24m²。采用垄植沟灌，沟深 20cm，沟宽 30cm，垄宽 40cm，每垄种 2 行，株距为 35cm。定苗后开始水分处理，CFI 灌水量是保持土壤含水量下限为田间持水量 70%的灌水量，计划湿润土层深度为 40cm。各灌水量由灌水软管末端的水表控制，各处理锄草、施肥等田间管理措施保持一致。各处理的灌溉时间和水量如表 2-52 所示。

表 2-52　不同灌水处理的灌水情况

灌水处理	灌水时间（月-日）与灌水定额（m³/亩）							总灌水量（m³）	灌水次数
	5-28	6-10	6-25	7-15	8-4	8-18	9-5		
CFI	22	22	22	22	22	22	22	154	7
AFI1	22	22	17.6	17.6	17.6	17.6	17.6	132	7
AFI2	22	22	15.4	15.4	15.4	15.4	15.4	121	7
AFI3	22	22	13.2	13.2	13.2	13.2	13.2	110	7

（5）增施叶面肥对西芹产量影响试验

西芹除了需要较多的氮、磷、钾及有机肥外，对微量元素也要求较高，如土壤缺硼容易出现空心。本试验在平衡施肥的基础上，增施叶面微肥，以达到大量元素和微量元素的平衡供应，提高作物的品质和产量，增加经济效益。试验叶面肥为‘高美施’、氨基酸锌硼钾、‘康迪 2008’，以不施用叶面肥为对照，3 次重复，每个小区面积 25.2m²。叶面肥于定植后每隔 15 天施用一次，共 4 次，各处理栽培管理措施相同。

（6）配施矿物质有机肥及化肥减量试验

矿物质有机肥是有机肥与高效矿物质添加剂组合而成的肥料，兼有补充土壤中的常量及中微量元素，提高土壤有机质，改善土壤物理性状；控制土壤中营养元素缓慢释放，提高肥料利用率；有效吸附土壤中有毒、有害物质，如重金属、放射性元素等，提高农产品安全性等功效，对于提高产品质量、减缓单一施用化肥对生态环境的影响具有有益作用，是一种新概念和新技术产品。因此矿物质有机肥的推广施用对发展可持续农业以及绿色无公害农产品有着重要的意义。本试验研究化肥减量增施矿物质有机肥对西芹产量的影响，以期为当地西芹的栽培提供一个施肥的理论参考和指导。

供试西芹品种为‘文图拉’，矿物质有机肥为“攀宝牌”有机肥。试验设 5 个处理，T1：当地当前最佳施肥水平（CK，尿素 40kg/亩+过磷酸钙 80kg/亩+硫酸钾 30kg/亩）；T2：氮、磷、钾肥施量同 T1，配施矿物质有机肥 150kg/亩；T3：氮、磷、钾肥施量较 T1 减量 10%，配施矿物质有机肥 150kg/亩；T4：氮、磷、钾肥施量较 T1 减量 20%，配施矿物质有机肥 150kg/亩；T5：氮、磷、钾肥施量较 T1 减量 30%，配施矿物质有机肥 150kg/亩；小区面积 33.6m²，3 次重复，随机区组排列。采用育苗移栽，其他管理同常规管理。

（7）配施生物菌肥及化肥减量试验

在当前最佳施肥水平的基础上减少化肥施入量10%和20%，设置5个施肥处理，X1：当前最佳施肥水平（CK，尿素 40kg/亩+过磷酸钙 80kg/亩+硫酸钾 30kg/亩），X2：化肥施量较 T1 减量 10%，配施 AM 菌肥 1L/亩；X3：化肥施量较 T1 减量 20%，配施 AM 菌肥 1L/亩；X4：化肥施量较 T1 减量 10%，配施‘农大哥’复合生物肥 5kg/亩；X5：化肥施量较 T1 减量 20%，配施‘农大哥’复合生物肥 5kg/亩。其中，磷肥全部作为基肥施入，尿素、硫酸钾和生物菌肥 60%作为基肥，40%作为追肥。小区面积 $20m^2$，3 次重复，随机区组排列。其他管理同常规管理。

（8）西芹硝酸盐含量控制试验

硝酸盐对人体的危害早已受到人们的普遍关注。研究证明，硝酸盐在人体内经微生物作用可被还原成有毒的亚硝酸盐，它可与人体血红蛋白反应，使之失去载氧功能，造成高铁血红蛋白症，长期摄入亚硝酸盐会造成智力迟钝。据报道，亚硝酸盐还可间接与次级胺结合形成强致癌物质亚硝胺，进而诱导消化系统癌变，如胃癌和肝癌。蔬菜特别是叶菜类蔬菜易于富集硝酸盐，同时蔬菜是人们每天的必需食物，这必然引起人们对蔬菜中硝酸盐含量的关注。西芹是甘肃省高原夏菜的重要种类，本试验通过几种硝酸盐调控剂对西芹硝酸盐含量的影响研究，提出西芹硝酸盐含量控制技术，进而指导实际生产，提高产品品质，减少硝酸盐对人体的危害。

硝酸盐调控剂为双氰胺（DCD）、钼酸铵、硫酸锰、硫酸锌、赤霉素（GA）；西芹品种为‘文图拉’。

1）几种调控剂对西芹硝酸盐含量的影响：试验以硝化抑制剂双氰胺，微肥钼酸铵、硫酸锰、硫酸锌和生长调节剂赤霉素为处理，以空白为对照。小区面积 $16.8m^2$，随机排列，3 次重复。双氰胺在基肥和追肥时按照化学氮肥用量的 10%根施，钼酸铵 400mg/kg、0.1%硫酸锰、0.1%硫酸锌、赤霉素 50mg/kg 于采收前 10 天叶面喷施。

2）调控剂组合对西芹硝酸盐含量的影响：按照根施结合叶面喷施的原则，设置双氰胺+钼酸铵（以下简写为 D+MO）、双氰胺+硫酸锰（以下简写为 D+Mn）、双氰胺+硫酸锌（以下简写为 D+Zn）、双氰胺+赤霉素（以下简写为 D+GA）4 个处理，以单施双氰胺为 CK1，以空白为 CK2。双氰胺在施基肥、追肥时按照化学氮肥用量的 10%根施，其他调控剂于采收前 10 天叶面喷施，使用浓度见处理 1）。小区面积 $16.8m^2$，随机排列，3 次重复。

3）调控剂使用浓度对西芹硝酸盐含量的影响：钼酸铵浓度处理分别为 Mo-1：200mg/L，Mo-2：400mg/L，Mo-3：600mg/L；硫酸锌浓度处理分别为 Zn-1：0.05%，Zn-2：0.1%，Zn-3：0.15%；硫酸锰浓度处理分别为 Mn-1：0.05%，Mn-2：0.1%，

Mn-3：0.15%；赤霉素浓度处理分别为GA-1：25mg/kg，GA-2：50mg/kg，GA-3：100mg/kg。各处理于采收前10天叶面喷施，小区面积16.8m^2，随机排列，3次重复。

4）调控剂组合使用时期对西芹硝酸盐含量的影响：试验采用D+ Mn、D+MO、D+Zn、D+GA 4个组合，双氰胺在施基肥、追肥时按照化学氮肥用量的10%根施，硫酸锰、硫酸锌、钼酸铵、赤霉素按照不同使用时期设置3个处理，处理1为采收前15天施用，处理2为采收前10天施用，处理3为采收前5天施用。钼酸铵浓度为600mg/L，硫酸锰浓度为0.05%，硫酸锌浓度为0.15%，赤霉素浓度为50mg/kg。小区面积16.8m^2，随机排列，3次重复。

西芹于3月16日塑料拱棚育苗，5月23日定植，高垄栽培，垄高15cm，垄宽40cm，沟宽30cm，株距25cm，栽植密度7600株/亩。基肥为亩施尿素40kg、过磷酸钙80kg、硫酸钾30kg。追肥于2008年7月10日、8月15日分2次进行，每亩追施尿素10kg、硫酸钾10kg。9月20日采收。

3. 试验结果

（1）西芹生长发育动态

西芹种植采用育苗移栽，3月上中旬（日均气温0℃左右）开始育苗，5月中旬（气温12～13℃，地温14～15℃）苗龄70天左右定植。定植后缓苗30～35天，6月中下旬（日均温度15℃）恢复生长，50～55天后（7月上中旬，日最低温度大于10℃）进入茎叶快速生长期，85天后（8月中下旬，日均低温10℃左右）生长变缓，95天左右（9月初）成熟。定植以后平均气温15.9℃，大气湿度62.7%，累计日照时间930h，光照强度481.6μmol/（m^2·s)；≥0℃积温1900℃，≥5℃积温1250℃，≥10℃积温达720℃。西芹物质积累主要集中在定植后55～85天（7月中旬～8月下旬），此期间日均温度17℃，白天气温20～22℃，夜间温度11～14℃，昼夜温差8～10℃；土壤温度15.5℃，平均大气湿度70.6%，光照强度420μmol/（m^2·s)，≥0℃积温730℃，≥5℃积温520℃，≥10℃积温320℃（表2-53）。

表2-53 西芹生长发育动态与气象条件

生长天数	株高(cm)	叶数(片)	鲜重(g)	干重(g)	气温(℃)	湿度(%)	PAR	≥5℃积温(℃)	≥10℃积温(℃)
35天	17.2	6			15.2	53.2	535.4	8 618.1	4 903.2
45天	22.6	7	39.7	4.7	17.4	58.6	538.6	11 591.9	6 748.9
55天	36.7	10	176.7	11.8	16.9	69.9	449.4	14 458.2	8 431.8
65天	47.1	11	497.8	36.8	17.7	72.0	422.8	17 515.2	10 293.9
75天	65.8	14	999.6	70.6	16.4	70.0	388.0	20 246.3	11 862.4
85天	71.0	14	1641.3	116	14.6	69.3	489.6	22 553.5	13 129.0
95天	79.2	15	2000.0	135.3	14.9	68.9	412.0	24 972.0	14 457.0

（2）种植密度对西芹经济性状的影响

由表 2-54 可知，种植密度对西芹株高无显著影响。西芹单重与密度成反比，随着种植密度的增加，西芹单重明显降低。产量与种植密度间无显著线性关系，产量随密度的增大先升高后降低，其中以处理 M4（7411 株/亩）产量最高、效益最好。处理 M3 与 M4 产量间无显著差异，但 M4 单重显著高于 M3。

表 2-54　不同种植密度下西芹的经济性状

种植密度（株/亩）	M1（13 340）	M2（10 672）	M3（8 893）	M4（7 411）	M5（6 352）	M6（5 444）
株高（cm）	77.3a	78.4a	78.8a	78.2a	75.9a	77.9a
单重（kg）	1.29d	1.39d	1.54c	1.71b	1.79ab	1.91a
产量（kg/亩）	8 003.0d	9 672.9bc	10 584.1a	10 645.3a	10 308.6ab	9 407.8c
产值（元/亩）	4 801.8	5 803.7	6 350.5	6 387.2	6 185.2	5 644.7

注：同行数据后不同小写字母表示各处理间在 5%水平上差异显著（下同）

（3）不同灌水处理对西芹生长与产量的影响

生育期内，处理 A1B1 灌水 9 次，总量为 114m³/亩；A1B2 灌水 9 次，总量为 162m³/亩；A2B1 灌水 7 次，总量为 90m³/亩；A2B2 灌水 7 次，总量为 126m³/亩；A3B1 灌水 6 次，总量为 78m³/亩；A3B2 灌水 6 次，总量为 108m³/亩（表 2-55）。不同灌水处理对西芹叶数无显著影响。株高、单重随灌水总量减少而降低；A1B1、A1B2、A2B2 处理间西芹株高、单重无显著差异，A1B2 处理株高、单重显著高于 A2B1、A3B1、A3B2 处理。随灌水量减少，西芹长势减弱。西芹产量随灌水量减少而减少，A1B2 处理显著高于其他处理。水分生产率与灌水量成反比，随灌水量减少而增加。西芹自身的含水量很高，一般在 95%以上，对水分要求严格，必须在水分管理上严格要求，既要达到节水的目的，又要满足芹菜自身的生长需要。根据试验数据结合当地实践，永昌地区的芹菜栽培生产中，灌溉时间以 15 天/次为宜，单次灌溉量以 18m³，总灌溉量 160m³ 左右。

表 2-55　不同灌水处理对西芹生长的影响

处理	亩灌水量（m³）	叶数（片）	株高（cm）	单重（kg）	产量（kg/亩）	水分生产率（kg/m³）
A1B1	114	13.2a	78.0ab	1.30ab	7483.7b	65.6
A1B2	162	12.9a	80.5a	1.39a	8020.6a	49.5
A2B1	90	12.4a	76.3b	1.19bc	6829.8bc	75.9
A2B2	126	13.1a	77.9ab	1.31ab	7538.8b	59.8
A3B1	78	13.2a	77.1b	1.09c	6287.2c	80.6
A3B2	108	13.1a	76.8b	1.15bc	6621.0bc	61.3

（4）不同灌溉方式对西芹经济性状和水分利用效率的影响

隔沟交替灌溉 AFI1 处理下西芹株高、单重、产量与常规灌溉 CFI 间无显著差异，但水分利用效率比 CFI 提高了 16%。隔沟交替灌溉 AFI2、AFI3 处理下西芹单重、产量均显著低于 CFI 和 AFI1，水分利用效率明显高于 CFI。所以，隔沟交替灌溉均增大了西芹水分利用效率。以 AFI1 灌溉为佳，即运用隔沟交替灌溉，灌溉量为常规灌溉 CFI 的 85.7%，产量仅比 CFI 减少了 57.4kg/亩，但水分利用效率提高了 16.1%，实现节水 22m^3/亩（表 2-56）。

表 2-56 不同灌溉处理下西芹经济性状和水分利用效率

处理	灌水量(m^3)	株高（cm）	单重（kg）	产量（kg/亩）	产值（元/亩）	水分利用效率（kg/m^3）
CFI	154	79.9ab	1.68a	9969.2a	5981.5	64.7
AFI1	132	82.5a	1.67a	9911.8a	5947.1	75.1
AFI2	121	79.8ab	1.56b	9243.8b	5546.3	76.4
AFI3	110	77.5b	1.32c	7820.9c	4692.5	71.1

（5）叶面肥对西芹生长和产量的影响

增施 3 种叶面肥对西芹的株高无显著影响（表 2-57）。增施氨基酸锌硼钾后，西芹单重显著大于对照，增施‘高美施’和‘康迪 2008’后西芹单重均高于对照，但与对照间无显著差异；增施氨基酸锌硼钾可明显提高西芹产量，亩产达 9309.6kg，较对照增产 917.2kg/亩，增幅 10.9%，增加产值 550.3 元/亩。增施‘高美施’和‘康迪 2008’也可明显提高西芹产量，分别比对照增产了 3.8%和 8.9%，产值分别增加了 193.8 元和 452.1 元。

表 2-57 叶面肥对西芹生长和产量的影响

处理	株高(cm)	单重(kg)	产量（kg/亩）	较 CK 增加（kg/亩）	产值(元/亩)	较 CK 增加（元/亩）
‘高美施’	78.5a	1.44ab	8715.5	323.1	5229.3	193.8
氨基酸锌硼钾	79.9a	1.54a	9309.6	917.2	5585.8	550.3
‘康迪 2008’	79.9a	1.52ab	9146.0	753.6	5487.6	452.1
CK	78.2a	1.39b	8392.4		5035.5	

注：产值按当地市场价 0.6 元/kg 计

（6）减施化肥配施矿物质有机肥对西芹生长与产量的影响

各施肥处理对西芹的株高无显著影响（表 2-58）。当地最佳施肥水平和化学肥料减少 10%的基础上配施矿物质有机肥（T2 和 T3）可显著增加西芹单重和产量，

表 2-58 不同施肥处理对西芹经济性状的影响

处理	株高(cm)	单重（kg）	硝酸盐(mg/kg)	粗纤维(g/kg)	产量（kg）	产值（元）	投入（元）	利润（元）
T1（CK）	81.7a	1.58c	203.0	6.40	9 289.2c	5 573.5	221.5	5 352.0
T2	83.0a	1.82a	197.1	6.12	10 677.3a	6 406.4	371.5	6 034.9
T3	83.9a	1.69b	175.5	5.95	9 948.6b	5 969.2	199.4	5 769.8
T4	83.4a	1.64bc	162.4	5.70	9 610.5bc	5 766.3	177.2	5 589.1
T5	83.7a	1.43d	153.5	5.72	8 389.9d	5 034.0	155.1	4 878.9

产量分别比对照增加了 14.9%和 7.1%；当地最佳施肥水平减少 20%的基础上配施有机肥（T4），西芹单重和产量与对照无显著差异；在化学肥料减少 30%的基础上配施有机肥（T5）处理显著降低了西芹的单重和产量，产量较对照降低了 9.7%。随化学肥料施用量的减少，西芹硝酸盐和粗纤维含量逐渐降低，T2、T3 处理西芹硝酸盐和粗纤维含量分别比对照减低了 2.9%和 4.4%、13.5%和 7.0%。T2、T3、T4 施肥处理下西芹产值和利润均明显大于对照，利润分别比对照增加了 682.9 元、417.8 元、237.1 元。T5 处理下产值和利润明显小于对照，分别比对照减少了 539.5 元和 473.1 元。

（7）配施生物菌肥及化肥减量对西芹主要性状及产量的影响

从表 2-59 可知，西芹处理 X2 株高显著高于 CK，较 CK 增加 2.2cm；处理 X4 和 X2 单株重高于 CK，分别较 CK 增加 0.16kg 和 0.14kg；处理 X3、X5 株高、单株重低于 CK，且与 CK 差异不显著。硝酸盐、粗纤维含量处理 X2、X3、X4、X5 均低于 CK。折合产量以处理 X4 最高，为 123 394.5kg/hm^2，较 CK 增产 13.97%；处理 X2 次之，为 121 620.0kg/hm^2，较 CK 增产 12.33%；处理 X5 最低，为 97 833.0kg/hm^2，较 CK 减产 9.64%。产值以处理 X4 最高，为 74 036.7 元/hm^2，较 CK 增加 9077.4 元/hm^2；处理 X2 次之，为 72 972.0 元/hm^2，较 CK 增加 8012.7 元/hm^2；处理 X5 最低，为 58 699.8 元/hm^2，较 CK 减少 6259.5 元/hm^2。产量差异的分析表明，处理 X4 与处理 X2、CK 的差异不显著，与处理 X3 和 X5 的差异显著。

表 2-59　不同配施生物菌肥及化肥减量对西芹主要性状及产量的影响

处理	株高（cm）	单株重（kg）	硝酸盐（mg/kg）	粗纤维（g/kg）	产量（kg/hm^2）	较 CK 增加（%）	产值（元/hm^2）	较 CK 增加（元/hm^2）
X1（CK）	71.9bc	1.14ab	231.6	6.40	108 265.5ab		64 959.3	
X2	74.1a	1.28a	153.5	5.75	121 620.0a	12.33	72 972.0	8 012.7
X3	71.6bc	1.13ab	165.5	5.70	107 259.0b	–0.99	64 355.4	603.9
X4	73.8ab	1.30a	167.1	5.93	123 394.5a	13.97	74 036.7	9 077.4
X5	70.2c	1.03b	162.4	6.09	97 833.0c	–9.64	58 699.8	–6 259.5

注：产值按当地市场价 0.6 元/kg 计

（8）几种硝酸盐调控剂使用对西芹硝酸盐含量的影响

1）几种调控剂对西芹硝酸盐含量的影响：由表 2-60 可知，5 个处理对西芹硝酸盐含量的积累都有明显的抑制作用，降低幅度在 13.26%～41.03%，其中以双氰胺处理的西芹硝酸盐含量最低，比对照降低 41.03%，其他依次为硫酸锰、钼酸铵、硫酸锌，赤霉素处理降低幅度最小，但仍然达到 13.26%。方差分析结果表明，各处理与对照之间差异极显著。

2）调控剂组合对西芹硝酸盐含量的影响：从表 2-61 可以看出，几种调控剂的组合对西芹硝酸盐含量的控制效果均优于单施双氰胺和对照，其中以双氰胺+硫酸锰的组合效果最好，比单施双氰胺降低了 23.75%，相比空白对照降低了

表 2-60　几种调控剂对西芹硝酸盐含量的影响

处理	NO_3^-浓度（mg/kg）	比 CK 降低（%）
双氰胺	468.05D	41.03
钼酸铵	565.25C	28.79
硫酸锰	489.78D	38.30
硫酸锌	645.76B	18.65
赤霉素	688.5B	13.26
CK	793.76A	—

注：同列数据后不同大写字母表示各处理间在 1%水平上差异显著（下同）

表 2-61　几种调控剂组合对西芹硝酸盐含量的影响

处理	NO_3^-浓度（mg/kg）	比 CK1 降低（%）	比 CK2 降低（%）
D+ MO	420.3BC	10.20	47.05
D+Mn	356.88C	23.75	55.04
D+Zn	444.82BC	4.96	43.96
D+GA	434.3BC	7.21	45.29
CK1（DCD）	468.05B	—	—
CK2	793.76A	—	—

55.04%，达到 356.88mg/kg，低于 WHO/FAO 允许的限量标准 432mg/kg。双氰胺+钼酸铵、双氰胺+硫酸锌、双氰胺+赤霉素处理西芹硝酸盐含量分别为 420.3mg/kg、444.82mg/kg、434.3mg/kg，与单施双氰胺相比降幅分别为 10.20%、4.96%、7.21%，与空白对照相比降幅分别为 47.05%、43.96%、45.29%。

3）调控剂使用浓度对西芹硝酸盐含量的影响：由表 2-62 可见，钼酸铵、硫酸锰、硫酸锌不同使用浓度对西芹硝酸盐含量有不同的影响，各处理中，钼酸铵最佳使用浓度为 600mg/L，硫酸锰最佳使用浓度为 0.05%，硫酸锌最佳使用浓度为 0.15%；方差分析结果表明，钼酸铵 3 个处理在 1%水平差异不显著，在 5%水平 Mo-1、Mo-2 与 Mo-3 之间差异显著；硫酸锰 3 个浓度在 5%水平差异显著，Mn-1 与 Mn-3 之间差异极显著。硫酸锌在 1%水平下 Zn-3 与 Zn-1 差异极显著，与 Zn-2 差异不显著；在 5%水平下，Zn-1 与 Zn-2 和 Zn-3 差异显著，但 Zn-2 与 Zn-3

表 2-62　调控剂使用浓度对西芹硝酸盐含量的影响

处理	NO_3^-浓度（mg/kg）	处理	NO_3^-浓度（mg/kg）
Mo-1	580.64aA	Zn-1	849.96aA
Mo-2	565.25aA	Zn-2	645.76bAB
Mo-3	457.89bA	Zn-3	606.70bB
Mn-1	389.41aA	GA-1	603.83aA
Mn-2	489.78bAB	GA-2	688.5 0aA
Mn-3	625.11cC	GA-3	664.47aA

间无显著性差异。赤霉素各处理浓度对西芹硝酸盐含量的影响差异不显著。

4）调控剂使用时期对西芹硝酸盐含量的影响：由表 2-63 可见，调控剂使用时期不同，西芹硝酸盐含量也表现各异，各处理最佳使用时期为西芹采收前 10 天；双氰胺+硫酸锰 10 天处理与其他处理之间差异极显著。

表 2-63 调控剂使用时期对西芹硝酸盐含量的影响

调控剂	NO_3^-浓度（mg/kg）		
	5 天	10 天	15 天
D+Mo	436.99A	420.3A	449.27A
D+Mn	485.09A	356.88B	497.54A
D+Zn	491.2A	444.82A	520.74A
D+GA	488.498A	429.3A	438.11A

5）各处理对西芹形态指标和产量的影响：使用硝酸盐调控剂后，各处理与对照在叶片数、株高、单株重、小区产量上没有差异，统计结果表明，使用钼酸铵和双氰胺+钼酸铵后产量略有降低，但是降幅分别为 0.08%和 0.24%，其他处理产量较对照略有提高。其中，赤霉素处理最高，比对照增产 6.93%，双氰胺+硫酸锌处理比对照增产 0.24%（表 2-64）。说明使用硝酸盐调控剂后不会影响西芹的产量。

表 2-64 各处理对西芹形态指标和产量的影响

处理	叶数（片）	株高（cm）	单株重（kg）	小区产量（kg）	产量（kg/亩）	较 CK 增减（±%）
双氰胺	12.7a	79.8a	1.46a	260.3a	10 334.5	6.16
钼酸铵	12.0a	80.7a	1.38a	245.0a	9 727.1	–0.08
硫酸锰	12.5a	81.0a	1.48a	262.0a	10 402.0	6.85
硫酸锌	12.4a	79.3a	1.45a	258.9a	10 278.9	5.59
赤霉素	12.5a	82.3a	1.48a	262.2a	10 410.0	6.93
D+MO	11.8a	79.8a	1.38a	245.2a	9 711.2	–0.24
D+Mn	12.8a	82.4a	1.47a	261.78a	10 393.3	6.76
D+Zn	12.0a	79.1a	1.38a	245.8a	9 758.8	0.24
D+GA	12.6a	81.6a	1.47a	260.6a	10 346.4	6.28
CK	11.9a	79.3a	1.38a	243.1a	9 735.0	—

4. 结论

1）西芹采用垄植沟灌，垄幅宽 60cm、垄面宽 40cm、垄沟宽 20cm、每垄种 2 行、株距 30cm、定苗密度 7411 株/亩为西芹最佳种植密度和方式，西芹品质好、产量最高，单株重达 1.71kg，产量达 10 645.3kg/亩。

2）永昌地区的芹菜栽培生产中，灌溉时间以 15 天/次为宜，单次灌溉量以

$18m^3$，总灌溉量需 $160m^3$ 左右。

3）隔沟交替灌溉（灌水量为 $132m^3$）对西芹的生长和产量无显著影响，水分利用效率为 $75.1kg/m^3$，较对照提高 16.1%，在高海拔冷凉干旱区西芹生产上应用隔沟交替灌溉技术具有较大的节水增产潜力。

4）增施氨基酸锌硼钾可显著增加西芹单重，提高产量，亩产达 9309.6kg，较对照增产 917.2kg/亩，增幅 10.9%，增加产值 550.3 元/亩。增施‘高美施’和‘康迪 2008’也可明显提高西芹单重和产量，分别比对照增产了 3.8%和 8.9%，产值分别增加了 193.8 元和 452.1 元。

5）当地最佳施肥水平（尿素 40kg/亩+过磷酸钙 80kg/亩+硫酸钾 30kg/亩）用量减少 10%～20%的基础上，配施矿物质有机肥 150kg/亩，可显著增加西芹单重，明显减低硝酸盐含量、显著提高亩产，增加效益。

6）化肥减量 10%配施 AM 生物菌肥和‘农大哥’生物肥可显著提高西芹株高、单株重、产量，明显降低西芹硝酸盐和粗纤维含量；化肥减量 20%配施生物菌肥处理下西芹产量、产值均低于对照。

7）在西芹生产中，采收前使用双氰胺、硫酸锰、钼酸铵、硫酸锌、赤霉素等硝酸盐调控剂，均可降低蔬菜的硝酸盐含量，其中以双氰胺、硫酸锰效果佳；双氰胺与硫酸锰、钼酸铵、硫酸锌、赤霉素的组合对西芹硝酸盐积累的抑制效果优于单施双氰胺，可使西芹硝酸盐含量接近 WHO/FAO 规定的限量标准。钼酸铵最佳使用浓度为 600mg/L，硫酸锰最佳使用浓度为 0.05%，硫酸锌最佳使用浓度为 0.15%，赤霉素使用浓度可控制在 25～100ppm[①]。从使用时期来看，采收前 10 天为最佳使用时期。综上所述，西芹生产中可在施基肥和追肥时按照化学氮肥用量的 10%根施双氰胺，同时在采收前 10 天叶面喷施 0.05%硫酸锰，或 600mg/L 钼酸铵，或 0.15%硫酸锌，或 50mg/kg 赤霉素来控制硝酸盐含量。

四、花椰菜安全高效栽培技术研究

（一）花椰菜的特征特性

花椰菜（*Brassica oleracea* L. var. *botrytis* L.）为十字花科芸薹属甘蓝种中以花球为产品的一个变种，一、二年生草本植物。又名花菜、椰花菜、花甘蓝、洋花菜、球花甘蓝，有白、绿两种，绿色的称为西兰花、青花菜。花椰菜由野生甘蓝演化而来，演化中心在地中海东部沿岸。1490 年热拉亚人将花椰菜从那凡德（Levant）、塞浦路斯引入意大利，在那不勒斯湾周围地区繁殖种子，17 世纪传到德国、法国和英国。1822 年由英国传至印度，19 世纪中叶传入中国南方。清朝末年，朝廷在北京兴建了一个新型的农事试验场。从 19 世纪末叶到 20 世纪初期，

① 1 ppm=10^{-6}。

通过当时的驻外使节征集到许多境外的新型蔬菜种子。其中包括从意大利、德国和荷兰等欧洲国家引进的花椰菜，当时称其为“大花菜”。清光绪三十二年（1906年）在荷兰海牙曾举办过一届“万国农务赛会”，当时的清朝驻荷使节钱恂曾派人从中选购了4种“大花菜”种子，其后连同其他种子一起寄回北京。钱恂在其报送的公文中曾介绍说：“查叶菜自第一至第四为‘花菜’。上海颇有种者，在荷兰此菜有名、当胜他种。”从此段公文中可以了解到此前上海亦已引种过这些“大花菜”。结合1959年出版的《上海蔬菜品种志》所记载“花椰菜在本市栽培已有70余年”等相关内容推算，我国上海自欧美引入花椰菜的时间不应迟于19世纪的七八十年代。吴耕民先生1936年出版的《蔬菜园艺学》中载有花椰菜章节，并明确指出：“我国尚未普及，而知之者亦不多。”由此可见花椰菜在中国普遍栽培历史至多只有60余年（张德纯，2016）。花椰菜含有蛋白质、脂肪、碳水化合物、食物纤维、维生素A、维生素B、维生素C、维生素E、维生素P、维生素U和钙、磷、铁等矿物质。花椰菜已被各国营养学家列入人们的抗癌食谱，花椰菜含有抗氧化防癌症的微量元素，长期食用可以减少乳腺癌、直肠癌及胃癌等的发病率。花椰菜是含有类黄酮最多的食物之一，类黄酮除了可以防止感染，还是最好的血管清理剂，能够阻止胆固醇氧化，防止血小板凝结成块，可减少心脏病与中风的危险。丰富的维生素C含量，使花椰菜可增强肝脏解毒能力，并能提高机体的免疫力，可防止感冒和坏血病的发生（曹士军，2013）。

我国花椰菜种植面积已达47.8万hm^2，占全世界总面积的2.8%。花椰菜作为我国主要露地蔬菜栽培种类之一，尤其是近年来高山蔬菜和高原蔬菜迅速发展，种植面积快速增长（陶兴林等，2015）。

1. 植物学特性

一年生草本，高60～90cm。茎直立，粗壮，有分枝。基生叶及下部叶长圆形至椭圆形，长2～3.5cm，灰绿色，顶端圆形，开展，不卷心，全缘或具细牙齿，有时叶片下延，具数个小裂片，并呈翅状；叶柄长2～3cm；茎中上部叶较小且无柄，长圆形至披针形，抱茎。茎顶端有1个由总花梗、花梗和未发育的花芽密集成的乳白色肉质头状体；总状花序顶生及腋生；花淡黄色，后变成白色。长角果圆柱形，长3～4cm，有1中脉，喙下部粗上部细，长10～12mm。主根基部粗大，根系发达，主要根群分布在30cm耕作层内。营养生长期茎稍短缩，茎上腋芽不萌发，阶段发育完成后抽生花茎。叶片狭长；披针形或长卵形，营养生长期具有叶柄，并具裂叶，叶面无毛，表面有蜡粉。一般单株由20多片叶构成叶丛。花球由肥嫩的主轴和50～60个肉质花梗组成。在温光条件适宜时花球逐渐松散，花枝顶端继续分化形成正常花蕾，各级花梗伸长，进而抽薹开花。复总状花序，完全花，花冠黄色，异花授粉。果实为长角果，每角果含种子10余粒。种子圆球形，紫褐色，千粒重2.5～4.0g。

2. 生育周期

花椰菜的生育周期包括发芽期、幼苗期、莲座期、花球形成期与抽薹开花结果期。发芽期从种子萌动至子叶展开，真叶显露，7天左右，发芽适温25℃左右，30℃以上高温仍能发芽。幼苗期从真叶显露至第一叶序5个叶片展开，生长适温20～25℃，需20～30天。莲座期从第一叶序展开到莲座叶全部展开，生长适温15～20℃，历时20～80天。花球形成期从花球始现至花球成熟，需20～30天，适温17～18℃，24～25℃花球形成受阻。

3. 生物学特性

1）温度：花椰菜属半耐寒性蔬菜，既不耐热，又不耐霜冻。25℃时种子发芽最快，营养生长的适温为8～24℃，花球生长的适温为15～18℃。花椰菜从种子萌动后即可接受5～20℃低温而通过春化阶段，但以温度在10～17℃，幼苗较大时通过最快。在2～5℃的低温条件下，或20～30℃的高温条件下不易通过春化阶段。

2）光照：在营养生长期较长的日照时间和较强的光照强度有利于生长旺盛，提高产量。花球形成期花球不宜接受强光照射，否则花球易变色而降低品质。

3）水分：花椰菜性喜湿润，耐旱、耐涝能力都较弱，对水分要求较严格。在整个生长过程中，需要充足的水分，特别是在叶簇旺盛生长和花球形成时期，需要大量水分。若水分不足，生长受抑制，水分过多时，影响根系生长。

4）土壤与营养：对土壤的适应性较强，但以富含有机质、保水的砂壤土最好。土壤酸碱度的适宜范围为pH 5.5～6.6。花椰菜为喜肥耐肥性作物，前期叶丛形成需氮较多，花球形成期对氮、磷、钾的需求量都很大。同时，花椰菜对硼、镁等元素有特殊要求。缺硼时常引起花茎中心开裂，花球变为锈褐色，味苦。缺镁时，叶片变黄。一般收获1000kg商品花球，需吸收N 7.7～10.8kg、P_2O_5 2.1～3.2kg、K_2O 9.2～12.0kg，其比例为1∶0.3∶1.1。

（二）栽培技术研究

1. 试验区概况

试验区概况同本章第三节第一部分。

2. 试验设计

（1）花椰菜生长发育动态观测

出苗后每隔15天，随机取样15株，3次重复，测定叶数、株高、地上部鲜重、干重。从根茎处将植株地上、地下部分开，用电子天平（*d*=0.001g）分别称重，在105℃下杀青30min，再在75～80℃烘干至恒重。利用HOBO微型气象站监测光合有效辐射、大气温湿度。

（2）花椰菜栽培适宜密度研究

试验共设6个处理，A：垄幅宽70cm，垄面宽40cm，垄沟宽30cm，每垄种2行，株距30cm，定苗密度6352株/亩；B：垄幅宽70cm，垄面宽40cm，垄沟宽30cm，每垄种2行，株距40cm，定苗密度4764株/亩；C：垄幅宽70cm，垄面宽40cm，垄沟宽30cm，每垄种2行，株距50cm，定苗密度3811株/亩；D：垄幅宽80cm，垄面宽50cm，垄沟宽30cm，每垄种2行，株距30cm，定苗密度5558株/亩；E：垄幅宽80cm，垄面宽50cm，垄沟宽30cm，每垄种2行，株距40cm，定苗密度4168株/亩；F：垄幅宽80cm，垄面宽50cm，垄沟宽30cm，每垄种2行，株距50cm，定苗密度3335株/亩。3次重复，随机区组排列，小区面积15m^2。平整土地后开厢起垄，每亩施优质农家肥4000kg、尿素46kg、过磷酸钙90kg、硫酸钾20kg。其他管理同常规管理。

（3）花椰菜垄膜沟灌灌溉制度研究

试验设4个处理，各处理设置见表2-65，随机排列，小区面积24m^2，重复3次。采用育苗移栽，3月27日播种育苗，5月11日定植，每亩施优质农家肥料4000kg，优质复合肥100kg，在花球形成前结合灌水，每亩施优质复合肥15kg、尿素10kg，追施2次。其他管理同常规管理。

表2-65 不同灌水处理的灌水量和次数

处理	灌水时期及灌水量（m^3/亩）						合计（m^3/亩）	灌水次数
	定植期	茎叶生长期			花球形成期			
	5月11日	5月25日	6月10日	6月18日	7月10日	7月16日		
T1	20	20	20	20	20	20	120	6
T2	20	20	20	20	20		100	5
T3	20	20	20		20		80	4
T4	20		20		20		60	3

（4）交替灌溉方式对花椰菜生长和产量的影响研究

试验设置常规沟灌（CFI）和隔沟交替灌溉（AFI）2种灌溉方式，设4个处理：CFI、 AFI1（80% CFI灌水量）、AFI 2（70% CFI灌水量）、AFI 3（60% CFI灌水量）。每个处理3次重复，各小区随机排列，小区面积为24m^2。定苗后开始水分处理，CFI灌水量是定植期、茎叶生长期和花球形成期保持土壤含水量下限为田间持水量60%、70%和70%的灌水量，计划湿润土层深度为40cm。各灌水量由灌水软管末端的水表控制，各处理锄草、施肥等田间管理措施保持一致。各处理的灌溉时间和水量如表2-66所示。

（5）配施生物菌肥及化肥减量研究

试验在当前最佳施肥水平的基础上减少化肥施入量10%和20%，设置5个施

表 2-66　不同灌水处理的灌水量

灌水处理	灌水时间与灌水定额（m^3/亩）						总灌水量（m^3/亩）	灌水次数
	5月16日	5月26日	6月10日	6月24日	7月8日	7月15日		
CFI	20	20	20	20	20	20	120	6
AFI1	20	16	16	16	16	16	100	6
AFI2	20	14	14	14	14	14	90	6
AFI3	20	12	12	12	12	12	80	6

肥处理，C1：当前最佳施肥水平［CK，‘土博士’复合肥（N∶P∶K=20∶10∶10）50kg/亩+过磷酸钙 42kg/亩］，C2：化肥施量较 C1 减量 10%，配施 AM 菌肥 1L/亩；C3：化肥施量较 C1 减量 20%，配施 AM 菌肥 1L/亩；C4：化肥施量较 C1 减量 10%，配施‘农大哥’复合生物肥 5kg/亩；C5：化肥施量较 C1 减量 20%，配施‘农大哥’复合生物肥 5kg/亩。其中，磷肥全部作为基肥施入，复合肥和生物菌肥 60%作为基肥，40%作为追肥。小区面积 31.5m^2，3 次重复，随机区组排列。其他管理同常规管理。

（6）缓控释肥在花椰菜上的应用研究

共设 6 个处理，H1：不施肥料（CK）、H2：普通化肥一次施入（尿素 43.5kg/亩、过磷酸钙 83.3kg/亩、硫酸钾 20kg/亩）、H3：普通化肥分次施入（60%基肥、40%追肥）、H4：100%缓释复合肥一次施入（100kg/亩）、H5：85%缓释复合肥一次施入（85kg/亩）、H6：70%缓释复合肥一次施入（70kg/亩）。小区面积 106m^2，随机区组排列。缓释复合肥为‘施可丰’（20-10-10），花椰菜品种为‘雪妃’。其余田间管理均与当地传统种植方式相同。

3. 试验结果

（1）花椰菜生长发育动态

花椰菜采用育苗移栽，3 月下旬（平均气温大于 0℃）开始育苗，5 月中旬（气温 12～13℃，地温 14～15℃）定植，苗龄 45 天左右。定植 35 天后（6 月下旬，平均气温 16～17℃）进入莲座期，茎叶开始快速生长，55 天后（7 月中旬，平均气温 18℃，日照时间 8.5～9h）进入花球形成期，75 天（8 月上旬）左右叶球基本长成。成熟时单株鲜重达到 2200～2500g，花球重 900～950g，约占单株重的 40%。定植以后平均气温 15.6℃，土壤温度 15.8℃，大气湿度 56.2%，累计日照时间 700h，光照强度 520.4μmol/（m^2·s），≥0℃积温 1670℃，≥5℃积温 1070℃，≥10℃积温 520℃。干物质积累主要集中在定植后 55～75 天（7 月中旬～8 月上旬），此期间平均气温 16.9℃，白天 20～21℃，夜间 11～13℃，昼夜温差 8～9℃，土壤温度约 16℃，大气湿度 63%，平均日照时间 8～9h，光照强度 492μmol/（m^2·s)；≥5℃积温 270℃，≥10℃积温 170℃（表 2-67）。

表 2-67 花椰菜生长发育动态与气象条件

生长天数	叶数（片）	茎叶鲜重（g）	茎叶干重（g）	气温（℃）	湿度（%）	PAR［μmol/（m^2·s）］	≥5℃积温（℃）及时长（h）		≥10℃积温（℃）及时长（h）	
45 天	6.4	32.5	4.2							
80 天	11.2	182.7	26.1	14.5	51.0	539.1	8 248.9	819	4 602.0	618
100 天	16.0	1 177.0	118.5	16.8	56.5	531.4	13 349.1	1 251	7 680.0	963
112 天	18.3	2 348.9	239.1	17.1	70.2	453.1	17 122.1	1 563	9 909.6	1260

（2）种植密度对花椰菜生长和产量的影响

1）种植密度对花椰菜生育期的影响：6 种密度莲座期和花球形成期基本一致。采收期随着种植密度的加大，采收时间推迟。处理 C（3811 株/亩）和 F（3335 株/亩）采收时间最早，定植至采收需 71 天；处理 A（6352 株/亩）和 D（5558 株/亩）采收时间最晚，定植至采收需 66 天（表 2-68）。

表 2-68 不同种植密度下花椰菜的生育期

处理	亩株数	播种期	出苗期	定植期	莲座期	花球形成期	采收期
A	6352	3 月 28 日	4 月 2 日	5 月 14 日	6 月 14 日	7 月 7 日	7 月 24 日
B	4764	3 月 28 日	4 月 2 日	5 月 14 日	6 月 14 日	7 月 7 日	7 月 23 日
C	3811	3 月 28 日	4 月 2 日	5 月 14 日	6 月 14 日	7 月 4 日	7 月 20 日
D	5558	3 月 28 日	4 月 2 日	5 月 14 日	6 月 14 日	7 月 6 日	7 月 24 日
E	4168	3 月 28 日	4 月 2 日	5 月 14 日	6 月 14 日	7 月 4 日	7 月 22 日
F	3335	3 月 28 日	4 月 2 日	5 月 14 日	6 月 14 日	7 月 4 日	7 月 20 日

2）种植密度对花椰菜植物学性状的影响：不同密度处理间株高、叶数均无显著差异。随着种植密度的增大，花椰菜的球纵横径明显减小，单重也相应地减小。其中 A、B、D 密度下单重均在 0.8kg 左右，C、E、F 密度下单重均在 0.9kg 以上，E 最大达到 0.98kg。处理 E 的商品率、亩产和产值都是最高的；处理 B 亩产值也较高，但商品率较低；处理 A 的商品率、亩产和亩产值都是最低的（表 2-69）。

表 2-69 不同种植密度下花椰菜的植物学特性

处理	亩株数	叶数（片）	株高（cm）	株幅（cm）	株重（g）	球横径（cm）	球纵径（cm）	球形指数	单重（kg）	商品率（%）	产量（kg/亩）	产值（元/亩）
A	6352	16.2a	76.1a	62.3b	2.10c	15.3ab	10.7b	0.70	0.80	55.0	2665.1	4264.1
B	4764	16.6a	79.9a	70.5a	2.17bc	15.6a	10.9ab	0.70	0.81	65.0	3125.7	5001.1
C	3811	17.6a	78.6a	75.5a	2.49abc	15.6a	11.3a	0.72	0.90	85.0	2938.0	4700.8
D	5558	17.2a	77.5a	70.2a	2.18bc	14.9b	10.9ab	0.73	0.82	85.3	2809.5	4495.1
E	4168	17.4a	77.4a	74.7a	2.52ab	15.5a	10.9ab	0.71	0.98	90.0	3282.3	5251.6
F	3335	17.6a	76.7a	77.4a	2.72a	15.4a	11.2a	0.73	0.97	90.0	2770.7	4433.1

注：产值按当地市场价 1.6 元/kg 计

（3）不同灌水量对西芹生长与产量的影响

随灌水量的减少花椰菜生长势降低，各处理间株高降低差异显著。T1（灌水量 120m^3/亩）、T2（灌水量 100m^3/亩）的叶纵横径、球纵横径、单重差异不显著，与 T3（灌水量 80m^3/亩）、T4（灌水量 60m^3/亩）差异显著。花椰菜产量随灌水量减少而减少，T1、T2 显著高于 T3、T4，灌水总量降到 100m^3/亩以下时产量显著降低。灌水量 100m^3/亩处理水分生产率最高，达到 26.9kg/m^3（表 2-70）。所以，花椰菜适宜的灌水量应在 100～120m^3/亩。

表 2-70　不同灌水处理对花椰菜生长的影响

处理	灌水量（m^3/亩）	株高（cm）	叶纵径（cm）	叶横径（cm）	球横径（cm）	球纵径（cm）	单重（kg）	产量（kg/亩）	水分生产率（kg/m^3）
T1	120	80.6a	77.0a	35.0a	15.4a	10.0a	0.97a	2726.0a	22.7
T2	100	75.1b	75.9a	33.7a	15.3a	9.9a	0.96a	2686.7a	26.9
T3	80	67.9c	67.3b	28.8b	14.4b	9.2b	0.74b	2069.4b	25.9
T4	60	64.8d	64.0c	26.6c	13.1c	8.5c	0.56c	1566.7c	26.1

（4）交替灌溉方式对花椰菜生长和产量的影响

各灌水处理对花椰菜叶数、花球纵径无显著影响。交替灌溉 AFI1、AFI2 处理下花椰菜叶数、花球纵径、花球横径、花球单重、产量与常规灌溉（CFI）间无显著差异。交替灌溉 AFI3 处理下花椰菜植株鲜重、花球横径、花球单重、产量显著低于常规灌溉（CFI）。交替灌溉方式可明显提高花椰菜水分生产率。尤其以交替灌溉 AFI2 处理（灌水量 90m^3/亩）产量与常规灌溉基本一致，水分利用效率提高了 32.1%，实现节水 30m^3/亩（表 2-71）。

表 2-71　不同灌溉处理对花椰菜的生长和产量的情况

处理	灌水量（m^3/亩）	叶数（片）	植株鲜重（kg）	花球纵径（cm）	花球横径（cm）	花球单重（kg）	产量（kg/亩）	产值（元/亩）	水分生产率（kg/m^3）
CFI	120	21.5a	2.53a	11.35a	14.8a	0.97a	2904.7a	4357.0	24.2
AFI1	100	21.6a	2.69a	11.28a	15.1a	0.94a	2811.8a	4217.7	28.1
AFI2	90	21.7a	2.71a	11.35a	14.6a	0.96a	2879.6a	4319.3	32.0
AFI3	80	21.1a	2.32b	11.20a	14.3b	0.87b	2147.0b	3220.5	26.8

（5）配施生物菌肥及化肥减量对花椰菜主要性状及产量的影响

从表 2-72 可以看出，在当地常规施肥水平下，化肥减量 10%～20%配施生物菌肥后花椰菜株高、叶数均低于 CK，差异均不显著；处理 C4、C5 株幅显著低于 CK；处理 C2 和 C4 花球横径均显著高于 CK，处理 C3、C5 与 CK 差异不显著；各处理花球纵径均与 CK 无显著差异；花球单重除处理 C3 低于 CK 外，其余均高于 CK，C5、C2、C4 分别较 CK 增加 0.01kg、0.10kg、0.15kg，且处理 C3、处理 C5 与 CK 差异不显著，处理 C2、C4 与 CK 差异显著；折合产量以处理 C4 最高，为 46 108.5kg/hm²，较 CK 增产 19.37%；C2 处理次之，为 43 983.0kg/hm²，较 CK 增产 13.87%；处理 C3 最低，为 37 897.5kg/hm²，较 CK 减产 1.89%。产值以处理 C4 最高，为 55 330.5 元/hm²，较 CK 增加 8979.0 元/hm²；处理 C2 次之，为 52 779.0 元/hm²，较 CK 增加 6427.5 元/hm²；处理 C3 最低，为 45 477.0 元/hm²，较 CK 减少 874.5 元/hm²。产量差异的分析表明，处理 C4 与处理 C2 之间差异不显著，与其余处理之间的差异显著。

表 2-72　配施生物菌肥及化肥减量对花椰菜主要性状及产量的影响

处理	株高（cm）	株幅（cm）	叶数（片）	花球横径（cm）	花球纵径（cm）	花球单重（kg）	产量（kg/hm²）	产值（元/hm²）
C1（CK）	80.7a	69.1a	23.1a	14.5b	9.6ab	0.79b	38 626.5b	46 351.5
C2	77.7a	71.4a	22.9a	15.3a	9.8ab	0.89a	43 983.0a	52 779.0
C3	77.1a	68.4a	22.3a	14.7ab	9.5b	0.77b	37 897.5b	45 477.0
C4	77.9a	61.4b	23.4a	15.2a	10.1a	0.94a	46 108.5a	55 330.5
C5	74.5a	60.7b	22.8a	15.0ab	9.5b	0.80b	39 118.5b	46 942.2

注：产量按当地市场价 1.2 元/kg 计

（6）缓控释肥对花椰菜产量和品质的影响

1）缓控释肥对花椰菜经济性状的影响：由表 2-73 可知，除花球直径外，施肥处理下花球纵径、花球单重及花球紧实度均显著大于不施肥处理（H1）。分次施入（H3）和缓释肥处理下花球直径、花球纵径、花球单重及花球紧实度均大于普通化肥一次性施入（H2），其中分次施入（H3）和缓释肥处理下花球直径及花球单重与 H2 差异显著，分别增加了 10.31%～22.22%和 37.10%～62.90%。对比普通化肥分次施入（H3）和缓释肥处理，其中花球直径和花球单重以 H5 最大，分别比 H3、H4 和 H6 大 10.74%、10.74%、5.77%和 13.48%、18.82%、4.12%；H6 处理下花球纵径显著大于 H3、H4、H5；H3 花球紧实度大于缓释肥处理，但处理间差异并不显著。施肥可以明显促进花椰菜产量增加。各施肥处理间以 H5 产量最高，其次为 H4、H3 和 H6，H2 最低，分别比 H2 提高了 62.55%、56.94%、53.41%和 42.27%。对比普通化肥分次施入（H3）和缓释肥处理，H4、H5 处理下产量高

表 2-73　不同施肥处理对花椰菜经济性状的影响

处理	花球直径（cm）	花球纵径（cm）	花球单重（kg）	花球紧实度（g/cm²）	产量（kg/亩）	比 H1 增产率	比 H2 增产率	比 H3 增产率
H1	13.0c	8.1d	0.42c	3.15b	1446.6c	—	—	—
H2	13.5c	10.8c	0.62b	4.33a	2145.7b	48.33	—	—
H3	14.9b	11.7b	0.89a	5.10a	3291.8a	127.55	53.41	—
H4	14.9b	11.0bc	0.85a	4.88a	3367.4a	132.78	56.94	2.30
H5	16.5a	11.5bc	1.01a	4.72a	3487.8a	141.10	62.55	5.95
H6	15.6ab	12.6a	0.97a	5.09a	3052.7a	111.03	42.27	−7.26

于H3，分别比H3增产2.30%和5.95%，而H6处理产量小于H3，比H3减产7.26%，但H3、H4、H5和H6各处理间差异并不显著。

2）缓控释肥对花椰菜品质的影响：施肥处理可以明显提高花椰菜花球可溶性糖和维生素C含量，增加硝酸盐含量，相比H1可溶性糖含量提高了3.40%～5.96%、维生素C含量提高了0.71%～28.13%、硝酸盐含量增加了97.92%～601.44%。相比H2肥料一次施入处理，H3肥料分次施入和H4、H5缓释肥处理可提高可溶性糖含量0.82%～2.47%；H3和各缓释肥处理可提高维生素C含量8.62%～27.23%；缓释肥处理可降低硝酸盐含量 14.90%～65.42%。对比普通化肥分次施入（H3）和各缓释肥处理，H4、H5和H6处理下可溶性糖含量分别较H3降低了0.80%、1.61%和4.42%，H4和H5处理下维生素C含量分别较H3提高了6.18%和9.89%，H4、H5和H6处理下硝酸盐含量分别较H3降低了30.57%、36.93%和71.78%。各缓释肥处理下花椰菜花球可溶性糖、维生素C含量和硝酸盐含量均随着缓释肥用量下降而下降（表2-74）。

表2-74 不同施肥处理对花椰菜品质的影响

处理	可溶性糖（g/kg）	维生素C（mg/kg）	硝酸盐（mg/kg）
H1	23.5	210.8	6.25
H2	24.3	212.3	35.77
H3	24.9	245.8	43.84
H4	24.7	261.0	30.44
H5	24.5	270.1	27.65
H6	23.8	230.6	12.37

4. 结论

1）花椰菜种植密度以垄幅宽80cm，垄面宽50cm，垄沟30cm，每垄种2行，株距40cm，定苗密度4168株/亩为最佳种植密度。

2）常规条件下花椰菜灌水总量以100～120m^3/亩为宜，定植1水、叶簇生长各3水、花球形成期1水，每次20m^3/亩。

3）应用隔沟交替灌溉技术，灌水量为90m^3/亩，对花椰菜的生长和产量无显著影响，水分利用效率为32.0kg/m^3，较常规灌溉增加32.1%。

4）化肥减量20%内配施AM生物菌肥或‘农大哥’生物肥花椰菜花球单重、产量、产值与当前施肥水平下无显著差异。在合理配施生物菌肥的条件下，花椰菜栽培中化肥施用量可降低在20%内在露地生产中是可行的。

5）施用缓释肥可以明显促进花椰菜植株生长、提高花椰菜花球经济性状，增加产量，改善品质。85%缓释复合肥处理下花椰菜产量较常规分次施肥增产5.95%、硝酸盐含量降低36.93%。

五、娃娃菜安全高效栽培技术研究

（一）娃娃菜的特征特性

娃娃菜［*Brassica campestris* L. ssp. *pekinensis*（Lour）Olsson］是一种袖珍型小株白菜，属十字花科芸薹属白菜亚种，为半耐寒性蔬菜（张保军等，2016；周箬涵，2015）。一般商品球高 20cm，直径 8～9cm，净菜重 150～300g。娃娃菜帮薄而甜嫩，营养丰富，味道甘甜，其价格比普通白菜略高，营养价值和大白菜差不多，富含维生素和硒，叶绿素含量较高，具有丰富的营养价值。娃娃菜还含有丰富的纤维素及微量元素，有助于预防结肠癌。因其小巧可食而备受市场欢迎。

娃娃菜外叶绿色，叶球合抱，球叶有浅黄色、金黄色、白色和橘红色等品种。株型较小，适于密植，包球速度快，品质佳，定植后 45～65 天可采收。喜冷凉的生长环境条件，气候温和的季节种植品质佳。其发芽适温为 25℃左右，幼苗期能耐一定的高温，叶片和叶球生长适宜温度 15～25℃，5℃以下则易受冻害，低于 10℃则生长缓慢，包球松散或无法包球，高于 25℃则易染病毒病。播种和定植时气温必须高于 13℃，否则容易抽薹（湛长菊，2008）。

（二）栽培技术研究

1. 试验设计

（1）缓控释肥在娃娃菜上的应用研究

缓控释肥是目前农业生产水平下提高资源利用效率和养分管理水平的有效途径之一。探明缓控释肥对娃娃菜产量品质、肥料利用率、硝酸盐积累的影响，为缓释肥料在娃娃菜生产中的应用提供理论依据。

试验共设 6 个处理，W1：不施肥料（CK）；W2：普通化肥一次施入（尿素 34.7kg/亩、过磷酸钙 66.7kg/亩、硫酸钾 16kg/亩）；W3：普通化肥分次施入（过磷酸钙 100%基肥，尿素与硫酸钾 60%基肥、40%追肥）；W4：缓释复合肥一次施入（80kg/亩）；W5：85%缓释复合肥一次施入（68kg/亩）；W6：70%缓释复合肥一次施入（56kg/亩）。小区面积 93.1m^2，随机区组排列。处理 W3 在莲座期和结球期 2 次追肥每次追施 6.94kg 尿素、3.2kg 硫酸钾。其余田间管理均与当地传统种植方式相同。缓释复合肥为‘施可丰’（20-10-10），娃娃菜品种为‘介实金杯’。

（2）娃娃菜与西芹间作种植模式研究

间作是我国传统农业遗产的重要组成部分，是通过技术和劳力密集投入，在有限土地上获得更多农产品，并实现高产高效的种植模式。合理的间作不仅可以改善农田生态系统生产力，提高作物对养分的截获，提高农田水分含量或水分利用效率，而且与传统的单一种植方式相比，间作有明显的产量优势。甘肃省高海拔冷凉区由于受气候凉爽、光热资源限制，一般只能生产一茬蔬菜，这就很大程度限制了土地和光能利用率，致使高原夏菜面积和产量增长缓慢。本研究以高原夏菜娃娃菜和西芹为对象，基于两种蔬菜生长周期的不同，研究了不同间作模式及相应的单作模式下的个体差异和产量，对比分析不同间作模式和单作模式下的经济产值，以求总结出适宜当地栽培生产环境的最优间作模式。

试验以娃娃菜为主作物，西芹为副作物，共设 1 垄娃娃菜间作 1 垄西芹、2 垄娃娃菜间作 1 垄西芹、1 垄娃娃菜间作 2 垄西芹、娃娃菜单作、西芹单作 5 个间作种植模式，分别以 T1、T2、T3、T4 和 T5 表示，每个处理 3 次重复，共计 15 个处理，小区面积 38m^2，共需 570m^2。播种前将尿素 40kg/亩、过磷酸钙 80kg/亩、硫酸钾 10kg/亩作为基肥一次性施入土壤并整地作畦，沟深 20cm，沟宽 30cm，垄宽 40cm，并覆黑膜。娃娃菜于 5 月 6 日直播，每垄种 2 行，株距为 25cm。西芹于 5 月 26 日定植，每垄种 2 行，株距为 20cm。其他管理同当地常规管理。

（3）娃娃菜与向日葵套种技术研究

甘肃省高海拔冷凉区由于受气候凉爽、光热资源限制，一般只能生产一茬蔬菜，这就很大程度限制了土地和光能利用率。套种是将高秆与矮秆、喜光温与耐阴作物、深根与浅根作物搭配种植，将喜凉、喜温作物分别种植于不同季节；利用不同作物间的营养互补、结构互补效应和相生相克作用等，建立科学的物种结构，从而使不同作物在一定时间与空间内组合在一起，科学合理地进行组合搭配，进一步提高单位面积产量和经济效益。本试验以娃娃菜和向日葵为研究对象，利用农作物生长的“空间差”和“时间差”，进行娃娃菜与向日葵套种技术研究，以期为充分合理地利用土地和光能，提高有效单位面积产量。试验分 2 年开展，2013 年开展了向日葵套种密度试验，2014 年开展了向日葵套种时间试验。

向日葵套种密度试验：设置 5 个处理，分别为 T1：隔 1 垄娃娃菜套种 1 行向日葵、T2：隔 2 垄娃娃菜套种 1 行向日葵、T3：隔 3 垄娃娃菜套种 1 行向日葵、T4：娃娃菜单作、T5：向日葵单作，每个处理 3 次重复，小区面积 67m^2，试验面积 1005m^2。娃娃菜品种为‘介实金杯’，向日葵品种为‘LD5009’。播种前整地作畦覆膜，沟深 20cm，沟宽 30cm，垄宽 40cm，尿素 15kg/亩、过磷酸钙 25kg/亩用作基肥一次性施入，蹲苗结束后结合浇水追施尿素 18kg/亩、硫酸钾 10kg/亩。进入团棵期，结合浇水追施尿素 18kg/亩。整个生育期施肥总量为尿素 51kg/亩、过磷酸钙 25kg/亩、硫酸钾 10kg/亩。娃娃菜与向日葵于 5 月 6 日同期直播，娃娃菜每垄 2 行，株距 25cm，将向日葵种植于娃娃菜垄面上，每垄 1 行，株距 1m。其他管理同常规管理。

向日葵套种时间试验：向日葵种植于娃娃菜垄面上，隔 3 垄娃娃菜套种 1 行向日葵，娃娃菜于 5 月 15 日直播，向日葵设置 3 个播期，共设 4 个处理，H1：向日葵 5 月 15 日播种、H2：向日葵 5 月 25 日播种、H3：向日葵 6 月 3 日播种、H4：娃娃菜单作，每个处理 3 次重复，小区面积 100m^2，总面积 1200m^2。播种前整地作畦，沟深 20cm，沟宽 30cm，垄宽 40cm，施尿素 15kg/亩、复合肥（14-16-15）

20kg/亩、硫酸钾 5kg/亩。向日葵品种为‘LD5009’，每垄种 1 行，株距为 55cm。娃娃菜以‘介实金杯’为材料，每垄种 2 行，株距为 25cm，在蹲苗结束后结合浇水追施尿素 15kg/亩，团棵期追施尿素 15kg/亩、硫酸钾 5kg/亩。向日葵现蕾至开花期追施尿素 18kg/亩、硫酸钾 5kg/亩。其他管理同常规管理。

2. 试验结果

（1）缓控释肥对娃娃菜生长与品质的影响

由表 2-75 可看出，施肥处理可有效促进植株生长，相比不施肥处理（W1），株高增大了 5.65%～19.20%；相比普通化肥一次性施入（W2），分次施入（W3）和缓释肥处理（W4、W5、W6）下娃娃菜株高均有所增加，相比 W2 增加了 1.85%～12.83%，其中 W4 处理下娃娃菜株高与 W2 处理差异显著；对比普通化肥分次施入（W3），W4 处理下娃娃菜株高增大了 6.82%，且差异显著，而缓释肥处理 W5、W6 的株高相比 W3 减小了 3.57%和 3.25%，但差异并不显著。分次施入（W3）和缓释肥处理（W4、W5、W6）下娃娃菜单株重显著大于 W1 和 W2，相比不施肥处理（W1），单株重增大了 70.09%～87.18%，相比 W2 增加了 49.62%～64.66%；对比普通化肥分次施入（W3），W5 处理下娃娃菜单株重增大了 2.82%，而缓释肥处理 W4、W6 的单株重相比 W3 减小了 4.70%和 6.57%，但 4 个处理之间差异并不显著。

表 2-75　缓控释肥对娃娃菜产量的影响

处理	株高（cm）	单株重（kg）	产量（kg/亩）	比 W1 增产（%）	比 W2 增产（%）	比 W3 增产（%）
W1	27.6c	1.17b	4202.2e	0.00	—	—
W2	29.16bc	1.33b	5057.2d	20.35	0.00	—
W3	30.8b	2.13a	7613.0ab	81.17	50.54	0.00
W4	32.9a	2.03a	7548.9b	79.64	49.27	–0.84
W5	29.7b	2.19a	7850.1a	86.81	55.23	3.11
W6	29.8b	1.99a	7150.5c	70.16	41.39	–6.08

施肥可以明显促进娃娃菜产量增加，各施肥处理娃娃菜产量均显著大于 W1，相比 W1 提高了 20.35%～86.81%。缓释肥处理比普通肥料一次性施入处理（W2）娃娃菜增产 41.39%～55.23%，差异都达到了显著水平。与普通肥料分次施用 W3 相比，缓释肥处理 W5 提高了 3.11%，但差异不显著；W4 减小了 0.84%，差异也不显著；W6 减小了 6.08%，与 W3 差异显著。

通过表 2-76 可知，相比 W1，施肥处理可提高可溶性糖含量 5.19%～19.81%；相比一次施用 W2，缓释肥处理可提高可溶性糖含量 1.35%～13.90%；相比分次施用 W3，W4 和 W5 处理可提高可溶性糖含量 9.01%和 3.43%。相比 W1，施肥处理可提高维生素 C 含量 4.97%～43.16%；相比一次施用 W2，缓释肥处理可提高维生素 C 含量 18.09%～36.38%；相比分次施用 W3，W4 处理可提高维生素 C

含量 8.54%。缓释肥处理可以有效降低硝酸盐含量，相比 W3 分别下降了 4.19%、8.30%和 13.14%，且随着缓释肥用量的减少而降低。

表 2-76　缓控释肥对娃娃菜品质的影响

处理	可溶性糖（g/kg）	维生素 C（mg/kg）	硝酸盐（mg/kg）
W1	21.2	90.6	6.31
W2	22.3	95.1	117.29
W3	23.3	119.5	174.75
W4	25.4	129.7	167.43
W5	24.1	114.5	160.24
W6	22.6	112.3	151.78

（2）娃娃菜与西芹间作种植模式研究

1）不同间作模式对娃娃菜和西芹株高与直径的影响：从图 2-13 可以看出，间作模式下娃娃菜的植株高度均小于娃娃菜单作处理（T4）。间作模式下，T3 处理下娃娃菜的株高分别高于 T1 和 T2 处理 2.17%和 0.35%，但差异并不显著；T3 处理西芹株高比 T1 和 T2 处理显著增加了 14.5%和 8.6%，但与 T5 处理（西芹单作）差异不显著。间作模式下娃娃菜的植株直径均小于娃娃菜单作处理（T4），较 T4 减少了 2.67%～6.52%；3 个间作模式，T1 处理下娃娃菜的植株直径分别高于 T2 和 T3 处理 3.77%和 4.14%。3 个间作处理西芹植株直径均高于西芹单作 T5 处理，较 T5 增加了 9.91%～26.73%；T2 处理下西芹的植株直径分别高于 T1、T3 处理 3.77%和 4.14%。

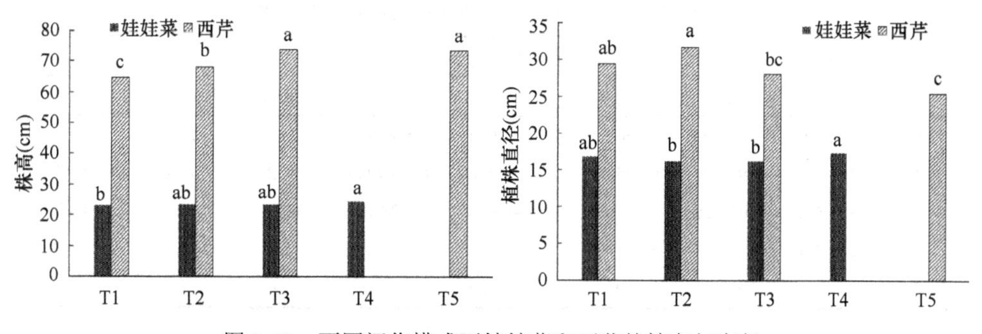

图 2-13　不同间作模式下娃娃菜和西芹的株高与直径

2）不同间作模式下对娃娃菜和西芹个体质量的影响：从图 2-14 可以看出，间作模式下娃娃菜单重均小于娃娃菜单作处理(T4)，较 T4 减少了 2.12%～6.06%，但 4 个处理间差异不显著；对比 3 个间作模式，T1 处理下娃娃菜单重分别高于 T2 和 T3 处理，但差异并不显著。间作模式下 T2 处理西芹单重显著高于其他处理，分别比 T1、T3 和 T5 高 38.64%、23.65%和 31.43%。

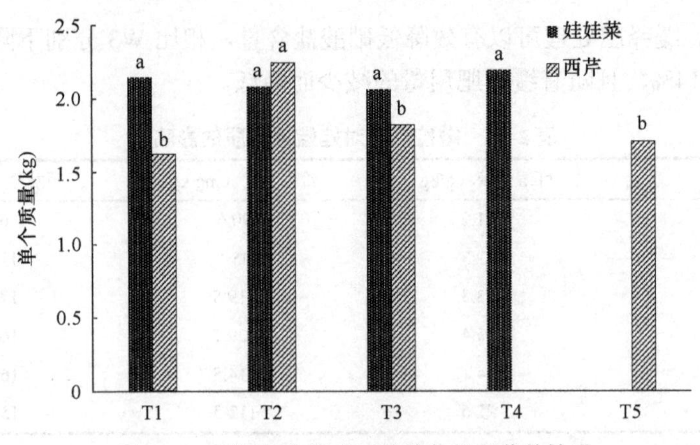

图 2-14 不同间作模式下娃娃菜和西芹单株重

3）不同间作模式下对娃娃菜和西芹产量的影响：从表 2-77 可以看出，间作模式下由于娃娃菜和西芹的种植比例小于单作，所以产量均低于单作。T1、T2 和 T3 娃娃菜产量较单作减少了 27.78%～73.96%，西芹产量较单作减少了 14.50%～67.40%。但 T2 和 T3 合计产量（娃娃菜与西芹产量之和）分别较娃娃菜单作增加了 10.15%和 18.46%，较西芹单作增加了 1.90%和 9.59%，而且 T2 和 T3 两种间作模式的土地当量比均大于 1，说明这两种模式具有提高土地利用率的作用。虽然 T3 模式产量略高于 T2，这只是因为西芹种植比例的增加所造成的，并不是由于间作模式效应所造成的西芹单重的增加影响的。而 T1 合计产量低于娃娃菜或西芹单作，且土地当量比小于 1，说明没有间作优势。

表 2-77 不同间作模式下对娃娃菜和西芹产量的影响

处理	小区产量（kg）		亩产量（kg）			土地当量比		
	娃娃菜	西芹	娃娃菜	西芹	总产	LER1	LER2	LER
T1	270.40b	178.10c	4 596.80b	3 027.64c	7 624.44b	0.54	0.33	0.86
T2	365.00b	191.69c	6 205.00b	3 258.77c	9 463.77ab	0.72	0.35	1.07
T3	131.60c	467.12b	2 237.20c	7 940.96b	10 178.16a	0.26	0.86	1.12
T4	505.40a	0	8 591.80a	0	8 591.80ab	1	—	1
T5	0	591.36a	0	9 287.13a	9 287.13ab	—	1	1

4）不同间作模式下经济效益分析：从表 2-78 可知娃娃菜和西芹单间作各处理的经济效益及经济效率，以当地近 3 年娃娃菜和西芹收获时的平均价格（娃娃菜 1.2 元/kg，西芹 1.0 元/kg）计算，T2、T3 间作模式较娃娃菜单作经济效益提高了 3.83%和 3.06%，经济效率提高了 3.81%和 3.04%；较西芹单作经济效益提高了 15.26%和 14.41%，经济效率提高了 15.30%和 14.44%；而 T1 模式较娃娃菜或西芹单作经济效益降低了 17.13%和 8.00%。综合来看，T2 间作模式下经济效益及经济效率高于其他处理。

表 2-78 不同间作模式下娃娃菜和西芹经济效益

处理	经济效益（元/亩）			经济效率（元/m²）
	娃娃菜	西芹	总计	
T1	5 516.16	3 027.64	8 543.80	12.81
T2	7 446.00	3 258.77	10 704.77	16.05
T3	2 684.64	7 940.96	10 625.60	15.93
T4	10 310.16	0	10 310.16	15.46
T5	0	9 287.13	9 287.13	13.92

（3）娃娃菜与向日葵套种技术研究

1）向日葵套种密度试验：娃娃菜套种向日葵后对娃娃菜的生长有一定影响，套种向日葵密度越大影响越大，尤其是套种垄上的娃娃菜受到的影响较大（表 2-79）。套种向日葵密度越小，向日葵的花盘直径越大，单头籽粒种越大（表 2-80）。隔 3 垄娃娃菜套种 1 行向日葵处理下娃娃菜单重与对照无明显差异，套种垄上娃娃菜降低了 0.12kg，娃娃菜总产量较对照降低了 282kg，效益减少 282 元，套种向日葵增加产量 75.5kg，增加效益 453.2 元，亩效益达到 7155.2 元，较对照增收 171.2 元（表 2-81）。

表 2-79 不同套种模式对娃娃菜生长的影响

处理		毛重			净重		
		高度（cm）	直径（cm）	单重（kg）	高度（cm）	直径（cm）	单重（kg）
T1	娃娃菜	21.03	15.07	1.49	18.9	12.67	0.82
	葵花垄上娃娃菜	19.37	13.87	1.27	16.40	11.80	0.73
T2	娃娃菜	21.37	14.90	1.58	18.47	12.63	0.86
	葵花垄上娃娃菜	18.87	13.17	1.21	16.30	11.30	0.60
T3	娃娃菜	20.13	14.87	1.62	17.60	12.73	0.98
	葵花垄上娃娃菜	18.83	13.63	1.22	16.40	11.30	0.85
T4	娃娃菜	20.90	15.00	1.63	18.60	12.370	0.97

表 2-80 不同套种模式对向日葵生长的影响

处理	花盘直径（cm）	株高（cm）	单头籽重（kg）
T1	25.56	111.0	0.167
T2	26.67	106.8	0.177
T3	27.67	121.2	0.181
T5	21.22	157.0	0.149

2）向日葵套种时间试验：试验结果表明，套种模式下，非套种向日葵垄上娃娃菜的横径及单重与娃娃菜单作处理无显著差异，套种向日葵垄上娃娃菜的横径及单重处理间无显著差异（表 2-82）；随着套种向日葵种植时间推后娃娃菜纵径

表 2-81　不同套种模式对娃娃菜和向日葵产量与效益的影响

处理	向日葵		娃娃菜		合计	
	产量（kg/亩）	效益（元/亩）	产量（kg/亩）	效益（元/亩）	产量（kg/亩）	效益（元/亩）
T1	139.4	836.2	5844.0	5844.0	5983.4	6680.2
T2	98.5	590.9	6084.0	6084.0	6182.5	6674.9
T3	75.5	453.2	6702.0	6702.0	6777.5	7155.2
T4			6984.0	6984.0	6984.0	6984.0
T5	249.8	1498.5			249.8	1498.5

表 2-82　不同处理娃娃菜生长比较

处理	非套种向日葵垄上娃娃菜			套种向日葵垄上娃娃菜		
	横径（cm）	纵径（cm）	单重（kg）	横径（cm）	纵径（cm）	单重（kg）
H1	15.6a	20.8b	1.59a	13.4a	18.4b	1.04a
H2	14.3a	20.7b	1.50a	12.4a	18.9ab	1.16a
H3	15.1a	20.8b	1.61a	13.2a	20.0a	1.20a
H4	14.8a	22.6a	1.66a			

和单重均逐渐增大，但各处理间单重无显著差异；套种向日葵垄上娃娃菜的横径、纵径和单重均小于非套种向日葵垄上娃娃菜，其中 H1 处理套种向日葵垄上娃娃菜的横纵径和单重分别比非套种向日葵垄上娃娃菜小 14.10%、11.54%和 34.59%，H2 处理分别小 13.29%、8.70%和 22.67%，H3 处理分别小 12.58%、3.85%和 25.47%，向日葵种植时间越早对娃娃菜生长影响越大。随套种时间的推后向日葵株高、茎粗、花盘直径及单头籽重均逐渐降低，各处理间达到显著差异；H2 与 H3 花盘直径分别比 H1 减小了 12.5%和 58.8%，单头籽重分别减小了 32.2%和 65.2%（表 2-83）。向日葵随种植时间的推迟产量显著降低，H2 与 H3 向日葵产量分别比 H1 减小了 34.0kg 和 68.9kg；而娃娃菜产量和总计产量随向日葵种植时间的推迟逐渐增加，但均小于娃娃菜单作产量，H1、H2 与 H3 娃娃菜产量分别比 H4 降低了 6.2%、3.8%和 2.6%；套种模式下 3 个处理的经济效益均大于娃娃菜单作，H1、H2 和 H3 经济效益分别比 H4 增加了 305.3 元、229.5 元和 80.4 元（表 2-84）。

表 2-83　不同套种时间对向日葵生长的影响

处理	株高（m）	茎粗（cm）	花盘直径（cm）	单头籽重（kg）
H1	2.04a	4.6a	32.0a	253.5a
H2	1.95a	3.6b	28.0b	171.9b
H3	1.66b	3.1c	13.2c	88.3c

表 2-84　不同套种模式对娃娃菜和向日葵产量与效益的影响

处理	向日葵		娃娃菜		合计	
	产量（kg/亩）	效益（元/亩）	产量（kg/亩）	效益（元/亩）	产量（kg/亩）	效益（元/亩）
H1	105.7a	634.5	6224.0	4979.2	6329.7	5613.6
H2	71.7b	430.1	6384.7	5107.7	6456.3	5537.8
H3	36.8c	221.0	6459.6	5167.7	6496.5	5388.7
H4			6635.3	5308.3	6635.3	5308.3

3. 结论

1）相比普通化肥一次施入，缓释肥料可使娃娃菜产量提高 41.39%～55.23%；与普通化肥分次施入相比，等量缓释复合肥处理下娃娃菜产量与等量普通化肥分次施入差异不明显，但可以提高可溶性糖含量 9.01%，提高维生素 C 含量 8.54%，有效降低娃娃菜硝酸盐含量 4.19%，提高蔬菜安全品质。当缓释复合肥用量减少 15%时，娃娃菜产量品质并没降低，产量相比分次施入提高 3.11%，可溶性糖含量提高 3.43%，硝酸盐含量降低 8.30%。综合考虑，娃娃菜一次性施入 68kg/亩‘施可丰’缓释复合肥为最优施肥量。

2）2 垄娃娃菜间作 1 垄西芹种植模式为最佳，娃娃菜单株重达 2.09kg，西芹单株重达 2.24kg，亩产量达 9463.77kg，亩产值达 10 704.77 元，经济效率达 16.05 元/m^2。

3）隔 3 垄娃娃菜套种 1 行向日葵的套种种植模式为最佳。向日葵种植于娃娃菜垄面上，隔 3 垄娃娃菜套种 1 行向日葵，娃娃菜 5 月初直播，每垄种 2 行，株距为 25cm。向日葵 5 月中旬直播，每垄种 1 行，株距为 55cm。娃娃菜该套种模式经济效益比娃娃菜单作增加 305.3 元。

六、结球甘蓝安全高效栽培技术研究

（一）结球甘蓝的特征特性

结球甘蓝（*Brassica oleracea* L. var. *capitata* L.）为十字花科芸薹属甘蓝种中能形成叶球的二年生草本植物。别名洋白菜、圆白菜、包菜、茴子白等。起源于 13 世纪地中海沿岸结球松散的甘蓝品种，后经人工选择逐渐发展成今天结球坚实的品种。16 世纪开始，结球甘蓝被逐步传播到美洲、亚洲等地（张楠和丁晓蕾，2015）。清人吴其浚在道光二十八年（1848 年）编撰的《植物名实图考》中，将结球甘蓝称为“葵花白菜”，并对其特点进行了详细的描述和绘图。蒋明川先生（1903～2003 年）在 20 世纪 50 年代考证认为甘蓝传入中国是在清康熙二十九年（1690 年），比《植物名实图考》记载早 158 年。叶静渊先生撰写的《中国结球甘蓝引种史》一文认为，结球甘蓝传入中国的途径主要有 3 条：其一是中国云南和缅甸之间；其二是经由沙俄传入黑龙江省；其三是由新疆传入。除以上 3 条途径外，还有从台湾省和东北沿海一带引进的。中国现在栽培的结球甘蓝，基本上都是在 16 世纪下半叶或稍后从西亚经由新疆天山南麓传入的。起初仅在北方地区，特别是西北各省的个别府县栽培。19 世纪上半叶山西省已较普遍栽培，其后传至四川、湖北及云南、贵州等地。20 世纪初，结球甘蓝从北方地区传到长江中下游一带。而遍及全国各省份大面积栽培，则是近 60～70 年的事。20 世纪 50 年代，利用自交不亲和系配制甘蓝一代杂交种的方法在日本获得成功后，日本及欧、美一些国家和地区广泛使用甘蓝杂交种。20 世纪 70 年代以来，中国甘蓝杂种优势育种也得到迅速发展，优良的结球甘蓝一代杂交种得到广泛的应用。中国农业科学院蔬菜花卉研究所方智远院士为上述成果作出了重要的贡献（张德纯，2015）。

1. 植物学特性

结球甘蓝根系主要分布在 30cm 以内土层中。茎短缩，又分内、外短缩茎，外短缩茎着生莲座叶，内短缩茎着生球叶。甘蓝的叶片包括子叶、基生叶、幼苗叶、莲座叶和球叶，叶片深绿至绿色，叶面光滑，叶肉肥厚，叶面有粉状蜡质，有减少水分蒸腾的作用，因而甘蓝比大白菜有较强的抗旱能力。花为总状花序，异花授粉，甘蓝所有的变种和品种之间相互杂交。果实为长角果，种子圆球形，红褐或黑褐色，千粒重 4g 左右。

2. 生育周期

甘蓝为二年生草本植物，在正常情况下，第一年形成叶球，完成营养生长，经过冬季低温完成春化，第二年春通过长日照完成光周期而开花结实。它的生长过程所经过的各个生长时期和大白菜基本相同。但各生长时期所需日数较长，发芽期需 8～10 天；幼苗期需 25～30 天；莲座期，早熟品种需 20～25 天，中晚熟品种需 30～35 天；结球期，早熟品种需 20～25 天，中晚熟品种需 30～50 天。甘蓝是冬性较强的作物，由营养生长转为生殖生长对环境条件要求严格，要求幼苗长到一定大小以后才能接受低温感应，在 0～12℃下，经 50～90 天可完成春化。进入生殖生长时期后，一般经历抽薹期、开花期和结果期。开花期需 30～40 天，结果期需 40～50 天。

3. 对环境条件的要求

1）温度：结球甘蓝喜温和冷凉气候，较耐低温。一般 15～25℃的条件最适宜生长。发芽适温为 18～25℃，7～25℃适于外叶生长，结球期以 15～20℃为适温。成株能耐−5～−3℃或短时间−15～−10℃的低温，叶球能耐−8～−6℃的低温。甘蓝属于绿体春化型蔬菜，早熟品种长到 3 叶，茎粗 0.6cm 以上，中晚熟品种长到 6 叶，茎粗 0.8cm 以上，接受 10℃以下的低温，才能通过春化，在 2～5℃完成春化更快。通过春化所需的时间为早熟品种30～40天，中熟品种40～60天，晚熟品种60～90天。

2）水分：甘蓝是喜湿润生长条件的蔬菜作物，除在幼苗期和莲座期能忍耐一定的干旱条件外，在其产品形成期则要求较充足的土壤水分和较湿润的空气条件，土壤相对湿度为75%～80%、空气相对湿度在80%～90%最适宜生长，产量高，品质好。一般情况下空气相对湿度低对生长发育影响不太大，但若土壤水分不足会严重影响叶片生长，产量将明显降低。

3）光照：甘蓝属长日照作物，在其生长发育的过程中，具有一定的营养面积，经较低温度条件下，完成春化阶段后，在要求一定时间的长日照条件下才能进行花芽分化，开花结实。甘蓝在营养生长期间，未完成春化阶段以前长日照和较强的光照有利于生长；但在叶片形成期间，要求中等的光照条件，在强光照射的条件下生长会促进叶片老化，风味变差。

4）土壤和养分：甘蓝对土壤的适应性较广，但在富含有机质的土壤中种植，更有利于提高产量和品质。羽衣甘蓝更适宜在酸碱度中性或微酸性的土壤中种植，而不适宜在低洼易涝的地块种植。甘蓝需肥量较多，由于采收期长，必须源源不断地供应充足的氮肥，并配合磷钾肥和锌、铜、硼、锰等微量元素。每形成1000kg产量最多从土壤中吸收纯N 4.8kg，P_2O_5 1.2kg，K_2O 5.4kg，其吸收比例为1∶0.25∶1.13。在不同生育期需肥量也不同，氮素在整个生育期间都需要充足供应；磷素在苗期和莲座期最重要，若缺磷会严重影响根系的生长；钾肥在全生育期都需要，但以采收期最需要。

（二）生产现状

甘肃高原夏菜中的甘蓝主要分布在兰州周边的定西、榆中以及河西走廊部分地区。这些地区海拔1600～2000m，夏季气候凉爽，阳光充足，昼夜温差较大，有利于甘蓝生长。夏季甘蓝种植面积约1.4万hm^2，起初主栽品种为‘中甘11号’、‘中甘15号’，由于后来推广的‘中甘21号’球形好，较耐裂，目前已占总种植面积的90%以上。

（三）栽培技术研究

1. 试验设计

（1）滴灌施肥条件下结球甘蓝水肥耦合效应研究

水分和养分一直是困扰农业发展的障碍因子。水肥对植物的耦合效应可产生3种不同的结果或现象，即协同效应、叠加效应和拮抗效应。水肥耦合的核心在于以水促肥、以肥调水，通过激发水肥之间的促进效应来达到提高作物生长、产量、品质以及水肥利用效率的效果。滴灌施肥是将施肥与滴灌结合在一起的一项农业新技术，通过滴灌灌水器输送水分和肥料到作物根区，减小水分和肥料损失，在提高作物产量和品质的同时，大幅度提高作物水肥利用效率。本试验针对甘蓝水肥利用率较低的现状，面向我国发展节水节肥高效农业的需求，以高产、优质、节水、节肥为目标，根据甘蓝不同生育阶段的需水、需肥数量，按照少量多次的原则，将水分和养分定时、定量、均匀、准确地输送到甘蓝根部土壤，研究滴灌施肥条件下水肥耦合对塑料大棚甘蓝农艺性状及植株养分吸收、产量和果实品质的影响，提出产量、品质最优的水肥组合模式，为当地甘蓝的水肥管理提供有效指导依据。

试验在甘肃省农业科学院高台试验站连栋塑料大棚内进行，品种选择‘中甘21号’，供试氮、磷和钾肥分别用尿素（N 含量 46%）、过磷酸钙（P_2O_5 含量 16%）和硫酸钾（K_2O 含量 50%）。试验采用水分和肥料 2 因子交互试验。根据灌溉频率控制土壤水分含量，设 3 个水平：H1（12 天灌水 1 次）、H2（9 天灌水 1 次）、H3（6 天灌水 1 次，当地常规灌水频率）；以当地传统施肥量（320 kg/hm^2-160 kg/hm^2-210kg/hm^2）为基础，设 3 个施肥水平：F1（320 kg/hm^2-160 kg/hm^2-210kg/hm^2）、F2（260 kg/hm^2-120 kg/hm^2-157.5kg/hm^2）、F3（200 kg/hm^2-80 kg/hm^2-105kg/hm^2）。采用 2 因素完全随机设计，共计 9 个不同处理，H1F1、H1F2、H1F3、H2F1、H2F2、H2F3、H3F1（CK）、H3F2、H3F3，每处理重复 3 次，共计 27 个试验小区。磷肥作为底肥一次性施入；氮肥和钾肥 20%作基肥、80%作追肥。追肥灌溉时利用施肥器按量与配比分别在莲座期（40%）和包心期（40%）随灌溉水施入。肥料用量、施肥组合及施肥时期见表 2-85。

表 2-85　肥料试验处理及施肥量　　（单位：kg/hm^2）

处理	N	P_2O_5	K_2O	基肥 $N+P_2O_5+K_2O$	莲座期 $N+K_2O$	包心期 $N+K_2O$
F1	320	160	210	64+160+42	128+42	128+42
F2	260	120	157.5	52+120+31.5	104+63	104+63
F3	200	80	105	40+80+21	80+42	80+42

采用小高畦覆膜种植模式，畦宽 40cm、高 20cm，畦间距 30cm，畦长 25m，畦中间铺设 1 根滴灌带。每畦定植 2 行，每 2 畦为 1 个小区，甘蓝株距 25cm。定植后采取两次 5～7 天小蹲苗。当甘蓝第 1 片莲座叶展开时统一灌水 1 次，随后进行相同灌水量不同灌水频率试验，共处理 36 天，灌水总额为 98m^3。为便于进行水肥处理，每处理的 3 个重复小区作为一个滴灌灌水单元，进水口位置分别安装水表进行单独控制，各处理之间设置隔离带。滴灌施肥系统运行时采用肥料利用效率高的 1/4-1/2-1/4 模式，即前 1/4 时间灌清水，中间 1/2 时间施肥，后 1/4 时间再灌清水冲洗管道，灌溉水利用系数为 0.95。

当结球甘蓝进入成熟期后，每处理区划分成 3 个小区，每小区避开边缘效应随机选取 5 个叶球，用刀沿中轴一分为二，取叶球最大纵剖面用直尺测定叶球纵、横径和中心柱长（叶球基部至中心柱顶端的长度）。叶球紧实度（g/cm^3）= 单球质量/（叶球纵径×叶球横径 ^{2}）；帮叶比 =［球叶片中助（帮）/全叶鲜重］×100%。待产品器官达到采收标准后采收，每小区沿畦方向测定 4m 长范围内甘蓝的生物产量和经济产量，重复 3 次。维生素 C、可溶性糖、硝酸盐的测定参照邹琦《植物生理实验指导》。全氮用高氯酸-硫酸消煮、蒸馏法测定，全磷用高氯酸-硫酸消煮、磷钼蓝比色法测定，全钾用高氯酸-硫酸消煮，火焰光度计法测定。

（2）掺沙对甘蓝菜田土壤和生长发育影响的研究

河西走廊灌溉农业区是西北地区最主要的商品粮基地和经济作物集中产区，也是甘肃省蔬菜优势产区之一。近年来，随着农业产业结构的调整，河西绿洲区蔬菜产业发展迅速，目前已成为当地促农增收的支柱产业。然而，由于重茬连作、盲目大量施用化肥农药、不合理灌溉、排水不畅、气候干燥等原因，土壤质量退化、酸化、养分失衡、板结严重。土壤退化已成为河西绿洲菜区严重的生态问题。掺沙改良土壤是群众在生产实践过程中总结出来的经验，相关科学对此也给出了一定的理论解释。但是，沙土混入比例及土壤理化性质的变化、种植不同作物的效果等都缺少科学研究。本试验利用细河沙作为添加物质，进行翻动将沙土掺入耕层中，通过分析土壤理化性质、养分含量及种植甘蓝农艺性状和产量的变化，得出掺沙对灌耕土的改良评价，从而为今后该地区耕地改良提供方法和理论依据。

试验设 4 个处理，分别为①CK：不掺沙；②T1：掺河沙 8m^3/亩；③T2：掺河沙 14m^3/亩；④T3：掺河沙 20m^3/亩。设大区对比，不设重复，每处理面积为 240m^2。试验土壤类型为灌耕土（理化性质见表 2-86），于 2015 年冬季上冻前深浇，2016 年春季返盐时用拖拉机平地，然后根据处理要求掺入相应的河沙翻耕，翻耕深度为 20cm。结合翻地施入腐熟牛粪 6m^3/亩、磷酸二铵 20kg/亩、过磷酸钙 20kg/亩。甘蓝品种为‘中甘 21 号’，供试河沙采自附近河道，质地为细沙且均匀，最大粒径可全部通过 0.15mm 筛。试验于 2016 年 5 月初定植幼苗，采用小高畦覆膜种植模式，畦宽 40cm、高 20cm，畦间距 30cm。每畦定植 2 行，株距 25cm。采用内贴镶嵌式滴灌带，直径 16mm，滴头间距 30cm。其余田间管理均与当地大田生产相同。

表 2-86 掺沙前土壤的主要理化性质

项目	pH	EC（mS/cm）	容重（g/cm^3）	有机质（g/kg）	全氮（g/kg）	碱解氮（mg/kg）	全磷（g/kg）	速效磷（mg/kg）	全钾（mg/kg）	速效钾（mg/kg）
测定值	8.34	0.411	1.23	10.53	0.583	65.22	0.556	16.27	4.44	151.5

于掺沙前、甘蓝采收后采用交叉线五点取样法采集耕层土壤（0～20cm），用一次性塑封袋包装带回实验室置于阴凉处自然风干，混合后用橡皮锤粉碎并剔除杂质，每个样品不少于 500g。土壤容重、孔隙度的测定参照连兆煌（1994）的方法；土壤 pH 和 EC 测定参照程斐等（2001）的方法，pH 用酸度计测定（土∶水=

1∶5)；电导率（EC 值）用 1∶5 土水比浸提，取浸提液用电导仪测定。主要养分含量参照鲍士旦（2000）的方法测定，其中全氮用半微量凯氏法；碱解氮采用碱解扩散法；全磷用氢氧化钠熔融-钼锑抗比色法；速效磷用碳酸氢钠浸提-钼锑抗比色法；全钾用氢氧化钠熔融-火焰光度法；速效钾用乙酸铵提取-火焰光度法；有机质用重铬酸钾容量法。

2. 试验结果

（1）滴灌施肥条件下结球甘蓝水肥耦合效应研究

1）水肥耦合对甘蓝农艺性状的影响：从表 2-87 可以看出，甘蓝叶球的纵、横径在同一灌水量下，随施肥量的减少而降低，F3 施肥水平下最小，而同一施肥条件下，则随灌水频率的增多呈先增加后降低的趋势，在 H2 水平下最大，H1 水平下最小。随着施肥量的减少，叶球紧实度在 H1 处理水平下逐渐升高，在 H2 水平下先升高后降低，在 H3 水平下逐渐降低；随着灌水频率的增加，叶球紧实度在 F1、F2、F3 处理水平下均先升高后下降；水肥耦合作用下，H2F2 和 H2F3 处理叶球紧实度显著大于其他处理。水分对叶球中心柱的影响大于肥料，相同水分条件下，中心柱长随施肥量的下降而下降；相同施肥水平下，中心柱长随灌水量的增加而增大。同一水分条件下，叶球帮叶比的变化趋势与中心柱长一致，随施肥量的减少逐渐降低，H2 水平下最小；同一施肥条件下，帮叶比随着水分的增大呈先降低后升高的趋势，在 F2 处理水平下最小，F3 水平下最大。水分耦合效应下，甘蓝叶球的干鲜重比的大小表现为 H2F2＞H2F3＞H2F1＞H1F3＞H1F2＞H1F1＞H3F2＞H3F1＞H3F3。

表 2-87　水肥耦合对甘蓝叶球农艺性状的影响

处理编号	叶球横径（cm）	叶球纵径（cm）	叶球紧实度（g/cm^3）	中心柱长（cm）	帮叶比（%）	干重/鲜重（%）
H1F1	12.68cde	12.77ab	0.465f	6.09f	23.66abc	7.09d
H1F2	12.60ef	12.71bc	0.488de	6.04f	23.55bcd	7.26c
H1F3	12.51f	12.67c	0.507c	5.93g	23.45cd	7.34bc
H2F1	12.89a	12.84a	0.526b	6.65d	23.41cd	7.39ab
H2F2	12.81abc	12.81ab	0.552a	6.59de	23.23d	7.48a
H2F3	12.77abc	12.77ab	0.541a	6.51e	23.14d	7.46a
H3F1（CK）	12.84ab	12.83a	0.496cd	7.18a	23.99a	7.04de
H3F2	12.73bcd	12.79ab	0.483de	7.09b	23.94ab	7.06de
H3F3	12.62def	12.75abc	0.480e	7.00c	23.92ab	6.99e

2）水肥耦合对甘蓝产量的影响：水分耦合作用下，H2F2 处理单球重、经济产量和经济系数均最大，分别较 H3F1（CK）增大了 10.52%、12.39%、11.94%，而生物产量则以 H2F1 处理为最大，较 H3F1 增大了 1.67%。随着施肥量的减少，

甘蓝单球重和经济系数在 H1 处理水平卜逐渐升高，H2 水平下先升高后降低，H3 水平下逐渐降低；同一施肥水平下，单球重和经济系数随灌水频率的增多呈先升高后降低的趋势（表 2-88）。

表 2-88　水肥耦合对甘蓝产量的影响

处理编号	单球重（g）	生物产量（kg）	经济产量（kg）	经济系数
H1F1	954.8f	97.5f	66.1f	0.678f
H1F2	984.7e	98.2f	71.1e	0.724e
H1F3	1005.9d	100.2e	76.0d	0.759d
H2F1	1120.7b	109.5a	86.7a	0.792b
H2F2	1159.7a	108.1b	87.1a	0.806a
H2F3	1127.8b	106.3c	82.7b	0.778c
H3F1（CK）	1049.3c	107.7b	77.5c	0.720e
H3F2	1001.1d	104.0d	70.7e	0.680f
H3F3	974.5e	101.3e	66.6f	0.658g

3）水肥耦合对甘蓝品质的影响：由表 2-89 可知，不同施肥量和灌水量对甘蓝维生素 C 和可溶性糖含量影响的差异较大。相同的水分条件下，甘蓝叶球的维生素 C 含量随施肥量的减少呈先升高后降低的趋势，在 F2 施肥水平下维生素 C 含量最高，而叶球可溶性糖的含量在 H1 水分条件下随施肥量的减少逐渐升高，在 H2 和 H3 水分条件下随施肥量的减少逐渐降低；在同一施肥水平下，甘蓝叶球中维生素 C 和可溶性糖含量随着灌水频率的增多呈先增加后降低的趋势，在 H2 处理水平下显著高于 H1 和 H3 处理。水肥耦合作用下，H2F2 处理维生素 C 含量显著高于其他处理，其次为 H2F3 处理，H3F1 处理最小；可溶性糖含量的大小依次为 H2F1＞H2F2＞H2F3＞H1F3＞H1F2＞H3F1＞H3F2＞H1F1＞H3F3。

表 2-89　水肥耦合对甘蓝品质的影响

处理编号	维生素 C（mg/g）	可溶性糖（mg/g）	硝酸盐（mg/kg）
H1F1	1.796e	17.60f	390.7b
H1F2	1.902d	18.03e	369.2c
H1F3	1.895d	18.56d	339.4e
H2F1	1.961c	20.27a	372.9c
H2F2	2.054a	19.95b	334.4e
H2F3	2.018b	19.46c	293.0f
H3F1（CK）	1.701g	17.98e	434.8a
H3F2	1.770f	17.63f	385.7b
H3F3	1.760f	16.54g	359.4d

比较不同水肥处理甘蓝硝酸盐含量的差异（表 2-89），在相同水分条件下，硝酸盐含量随着施肥量的减少而降低，并且降低的趋势非常明显；而相同肥料条件

下，硝酸盐含量却随着灌水频率的减少呈先下降再升高的趋势。水肥交互作用下，所有处理的硝酸盐含量均显著小于 H3F1（CK），H2F3 处理硝酸盐含量最低，较 CK 降低了 32.6%。

4）水肥耦合对甘蓝叶球养分吸收的影响：甘蓝在不同水肥组合下叶球吸收氮、磷、钾的含量如表 2-90 所示，从表中可以看出，叶球中钾含量最大，氮含量最少。水肥交互作用下，H2F2 处理氮含量显著大于其他处理；磷含量 H2F2 处理最大，H2F1 处理次之，但两者间差异不显著；钾含量 H2F1 处理最高，且与其他各处理差异显著。在同一灌水频率下，甘蓝叶球中钾含量随着施肥量的下降而降低；同一施肥水平下，钾含量随着灌水频率的增多呈先增加后降低的趋势。叶球中氮和磷的含量在 H1 和 H3 水分条件下随施肥量的减少逐渐降低，在 H2 水分条件下随施肥量的减少呈先升高后降低的趋势，而在相同施肥水平下则表现为先上升后下降的趋势。

表 2-90　水肥耦合对甘蓝叶球全氮、全磷、全钾吸收的影响

处理编号	全氮（g/kg）	全磷（g/kg）	全钾（g/kg）
H1F1	5.04c	13.10bc	28.98c
H1F2	4.91d	12.80c	28.60d
H1F3	4.42e	12.30de	28.12e
H2F1	5.41b	13.58a	30.14a
H2F2	5.56a	13.71a	29.72b
H2F3	5.31b	13.19b	29.51b
H3F1（CK）	4.94cd	12.36d	28.29e
H3F2	4.53e	12.02e	27.20f
H3F3	3.90f	11.71f	25.85g

（2）掺沙对甘蓝菜田土壤和生长发育的影响

1）掺沙对甘蓝菜田土壤物理性状的影响：土壤容重和孔隙度及其分布反映土壤结构的好坏，影响土体中水、肥、气、热等诸肥力因素的变化和协调。从表 2-91 可以看出，不同掺沙处理对菜田耕层（0～20cm）土壤容重和孔隙度的影响不同。掺沙处理后土壤容重随掺沙量的增加逐渐降低，但 T1 处理与 CK 差异不显著，T2 和 T3 处理与 CK 差异显著。总孔隙度、通气孔隙度和大小孔隙比的变化趋势与容重相反，均随掺沙量的增大而增大，与 CK 相比，T1、T2 和 T3 处理的总孔隙度分别增大了 0.59%、2.19%和 7.12%，通气孔隙度分别增大了 6.53%、34.28%和 48.74%，大小孔隙比分别增大了 7.74%、46.13%和 58.82%。掺沙处理后土壤持水孔隙度较 CK 显著降低，T2 处理的下降幅度最大，T3 处理次之，且各处理间差异显著。说明掺沙处理可在一定程度上降低土壤容重，增加土壤通气孔隙度，从而改善土壤的通透性。

表 2-91 不同掺沙比例对菜田土壤容重和孔隙度的影响

处理	容重（g/cm^3）	总孔隙度（%）	通气孔隙度（%）	持水孔隙度（%）	大小孔隙比
T1	1.26a	52.44c	13.55c	38.89b	0.348c
T2	1.24b	53.27b	17.08b	36.19d	0.472b
T3	1.17c	55.84a	18.92a	36.92c	0.512a
CK	1.27a	52.13c	12.72d	39.42a	0.323d

2）掺沙对河西绿洲区菜田土壤化学性状的影响：pH 和电导率为反映土壤盐碱度的主要因子。由图 2-15 可以看出，河西绿洲区灌耕土 pH 和 EC 值均较高，掺沙处理后土壤的 pH 和 EC 值均随掺沙量的增大而降低。种植一茬甘蓝后 T1 处理的 pH 略高于 CK，但两者间差异不显著；T2 和 T3 处理的 pH 均低于 CK，但 T2 处理与 CK 间差异不显著，T3 处理与其他处理间差异均显著。EC 值反映土壤中原来带有的可溶性盐分的多少。EC 值过高，容易发生盐害，烧苗；EC 值过低，作物生长不良。由图 2-15 可知，与 CK 相比，T1、T2 和 T3 处理的 EC 值均降低，降幅分别为 1.69%、4.91%和 6.75%，且各处理间差异显著。

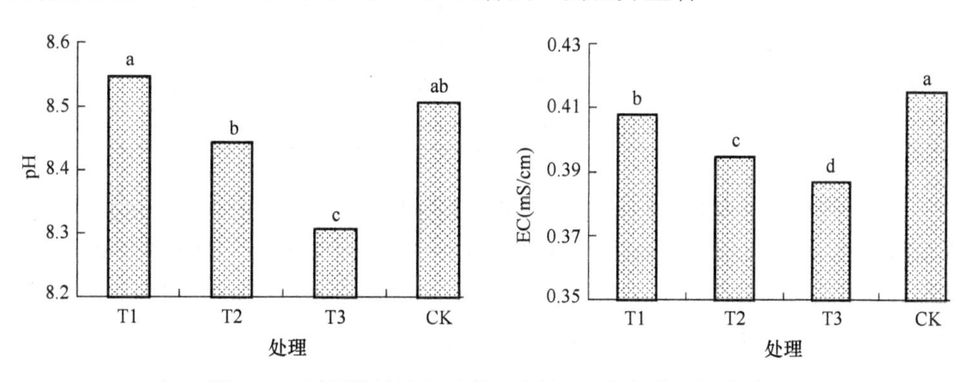

图 2-15 不同掺沙比例对菜田土壤 pH 和电导率的影响

3）掺沙对河西绿洲区菜田土壤养分含量的影响：从表 2-92 可以看出，掺沙对灌耕土主要养分含量的影响较大，且各处理间均存在差异。土壤有机质是土壤肥力的重要物质基础，不仅为植物生长提供所需的营养元素，同时对土壤结构的形成、土壤保水功能的维持等具有重要作用。掺沙后土壤有机质含量水平较高，T1、T2 和 T3 处理均与 CK 差异显著，其中 T3 处理的有机质含量最高（16.50g/kg），较 CK 增长了 50.55%；T2 和 T1 处理分别较 CK 增长了 31.84%和 9.40%，且各处理间差异达显著水平。土壤中全氮含量通常用于衡量土壤中氮素的基础肥力。菜田掺沙后土壤全氮的变化趋势与有机质一致，均随掺沙量的增大而增大，T3 处理全氮含量最高，T2 处理次之，但两者间没有显著性差异；T1 处理全氮含量大于 CK，但两者间无显著性差异。各处理碱解氮含量的大小表现为 CK＞T1＞T2＞T3，且各处理间差异显著。全磷和速效磷的变化趋势一致，掺沙后土壤全磷和速效磷含量均随掺沙量的增大而减小，其中全磷含量 CK 最大，掺沙后均降低，但 T1 处理与 CK 差异不显著，T1、T2 和 T3 处理间差异达显著水平；速效磷含量 CK＞T1＞T2＞T3，T1 与 T2、CK 处理间差异不显著，与 T3 处理差异显著，T2 和 T3 处理间无显著性差异。土壤全钾含量 T2 处理最小，较 CK 降低了 13.89%，且与其他各处理差异显著；其次为 T3 处理，但 T3 和 T1 处理间无显著性差异。速效钾是反映土壤中钾素丰缺的重要指标，甘蓝采收后不掺沙土壤的速效钾含量为 218.8mg/kg，掺沙土壤的速效钾含量均低于 CK；T3 处理速效钾含量最低，与各处理间达到差异显著水平；T2 处理与各处理间差异达显著水平；T1 处理与 CK 差异不显著，与 T2 和 T3 处理差异显著。说明耕层适量掺沙可以增强土壤对肥料的利用能力，促进甘蓝对磷、钾素的吸收，加速氮素营养积累和运转，提高氮肥利用率，改善菜田土壤的养分状况，抬升土壤生产力。

表 2-92　不同掺沙比例对菜田土壤养分含量的影响

处理	有机质（g/kg）	全氮（g/kg）	碱解氮（mg/kg）	全磷（g/kg）	速效磷（mg/kg）	全钾（mg/kg）	速效钾（mg/kg）
T1	11.99c	0.637b	77.23b	0.663a	17.81a	6.27b	208.2a
T2	14.45b	0.760a	68.02c	0.616b	16.85ab	5.58c	185.4b
T3	16.50a	0.813a	63.70d	0.576c	16.14b	6.15b	163.3c
CK	10.96d	0.630b	79.45a	0.668a	18.32a	6.48a	218.8a

4）河西绿洲区菜田土壤掺沙对甘蓝生长指标的影响：由表 2-93 可知，掺沙土壤种植的甘蓝叶球纵、横径均较 CK 有所增大，其中叶球横径 T2 处理最大，叶球纵径则以 T3 处理为最大。方差分析显示，T2 和 T3 处理叶球纵、横径与 CK 间均存在显著差异，但 T2、T3 处理间无显著性差异；T1 处理与 T2、CK 间差异不显著。掺沙处理后叶球中心柱变短，T3 处理中心柱最短，与 T1 和 CK 间差异显著，但与 T2 处理无显著性差异；T2 处理与 CK 差异显著，与 T1、T3 处理间差异不显著；T1 处理与 CK 间差异不显著。叶球紧实度的大小表现为 T2＞T3＞T1＞CK，T2 处理与 T1 和 CK 间差异显著，与 T3 处理间无显著性差异；T1 处理与 T3 和 CK 均无显著性差异。说明土壤掺沙可在一定程度上增大叶球纵、横径和紧实度，缩短中心柱，促进甘蓝生长，提高生物量。

表 2-93　不同掺沙比例对甘蓝叶球生长指标的影响

处理	叶球横径（cm）	叶球纵径（cm）	中心柱高（cm）	叶球紧实度（g/cm^3）
T1	12.01ab	11.19bc	5.41ab	0.504b
T2	12.16a	11.31ab	5.32bc	0.528a
T3	12.09a	11.36a	5.29c	0.515ab
CK	11.87b	11.17c	5.44a	0.502b

5）河西绿洲区菜田土壤掺沙对甘蓝产量的影响：从表 2-94 可以看出，各处理与 CK 相比较，甘蓝单球重、产量和经济系数均增加，且随着掺沙量的增加而增高。T1、T2 和 T3 处理的甘蓝单球重分别较 CK 提高了 3.18%、8.33%和 12.04%，且各处理间差异显著。3 个处理的经济产量分别较 CK 提高了 2.56%、8.06%和 8.82%，T1 处理与其他处理差异显著，T2 和 T3 处理间差异不显著，但与 CK 差异显著。各处理的经济系数高低表现为 T3＞T2＞T1＞CK，T1 处理与 T2 和 T3 处理间差异显著，与 CK 无显著性差异；T2 和 T3 处理间差异不显著，但与 CK 达差异显著水平。由此可知，灌耕土掺沙能够显著提高甘蓝产量，且掺沙量越大对甘蓝的增产效果越显著。

表 2-94 不同掺沙比例对甘蓝产量的影响

处理	单球重（g）	生物产量（kg）	经济产量（kg）	经济系数
T1	812.5c	83.81b	51.76b	0.618b
T2	853.0b	85.47a	54.54a	0.638a
T3	882.2a	85.56a	54.92a	0.642a
CK	787.4d	82.67c	50.47c	0.611b

3. 结论

1）水肥耦合对甘蓝叶球的农艺性状、产量、品质和养分吸收影响较大，灌水频率在 9 天，施肥量水平在 N 200～260kg/hm^2、P_2O_5 80～120kg/hm^2、K_2O 105～157.5kg/hm^2，可以增大甘蓝叶球纵、横径及紧实度，缩短中心柱，提高产量和品质，促进叶球对氮、磷、钾的吸收，改善甘蓝体内营养代谢。

2）河西绿洲区菜田土质较黏重，易板结，通透性差，土壤 pH 较高，EC 值较大，不利于甘蓝生长发育。菜田土壤掺沙后，容重、pH 和 EC 及全磷、速效磷、速效钾、碱解氮含量降低，且均随掺沙量的增大而降低；而总孔隙度、通气孔隙度、有机质、全氮含量增加，且均随掺沙量的增大而增大。掺沙处理后，甘蓝叶球纵、横径及紧实度变大，中心柱缩短，产量增加。说明河沙掺入土壤后对土壤化学性质有良好的改良作用，一方面降低土壤 pH，改变土壤表面电荷，另一方面降低土壤 EC 值，相对减少磷、钾固定，促进甘蓝对磷、钾的吸收，改善甘蓝体内氮营养代谢，加速氮素营养积累和运转，提高氮肥利用率，促进甘蓝生长，提高产量。综上所述，河西绿洲区菜田改良土壤以掺沙 20m^3/亩左右为宜。

七、洋葱安全高效栽培技术研究

（一）洋葱的特征特性

洋葱（*Allium cepa* L.）为百合科葱属中以肉质鳞片和鳞芽构成鳞茎的二年生

草本植物。别名葱头、圆葱、球葱、玉葱等。有关洋葱的原产地说法很多，但多数认为洋葱产于亚洲西南部中亚细亚、小亚细亚的伊朗、阿富汗的高原及前苏联中亚地区，在这些地区至今还能找到洋葱的野生类型。洋葱的起源历史悠久，可能在史前人们就把野生洋葱与其他不同的鳞茎、根和块茎采集在一起煮着吃。农业在中东开始后的一段时间，古迦勒底人和古埃及人已开始种植洋葱。早在5000年前，在埃及第一个王朝时已食用洋葱，在古埃及遗址上记载有洋葱。公元前430年古希腊及罗马学者先后描述了不同形状、颜色、品味的栽培种。古希腊和古罗马的一些著作也证实了洋葱在当时相当普及，中世纪期间，全欧洲都食用洋葱。哥伦布发现新大陆后，将洋葱种植在西印度，其后洋葱被带到新大陆的各个地方。洋葱在16世纪传入美国，日本于1627～1631年引入。洋葱在18世纪初传入中国（清·吴震方《岭南杂记》）。洋葱在中国分布很广，南北各地均有栽培，而且种植面积还在不断扩大，是目前中国主栽蔬菜之一。中国已成为洋葱生产量较大的4个国家（中国、印度、美国、日本）之一。洋葱在传播过程中产生了对日照长短、高温、低温的适应变异，并演化出多种生态型。按鳞茎形成特性可分成普通洋葱、分蘖洋葱和顶球洋葱。中国的种植区域主要是在山东、甘肃、内蒙古等地。中国栽培的洋葱主要是“普通洋葱”，每株形成一个鳞茎，多以种子繁殖，根据鳞茎皮色分为红皮、黄皮和白皮品种（张德纯，2013）。红皮洋葱葱头外表紫红色，鳞片肉质稍带红色，扁球形或圆球形，直径8～10cm；耐贮藏、运输，休眠期较短，萌芽较早，表现为早熟至中熟。黄皮洋葱葱头黄铜色至淡黄色，鳞片肉质，微黄而柔软，组织细密，辣味较浓；扁圆形，直径6～8cm；较耐贮存、运输，早熟至中熟；产量比红皮种低，但品质较好，可作脱水加工用，适合出口。白皮洋葱葱头白色，鳞片肉质，白色，扁圆球形，有的则为高圆形和纺锤形，直径5～6cm。品质优良，适于作脱水加工的原料或罐头食品的配料；但产量较低，抗病较弱。

1. 植物学特性

1）根：洋葱的胚根入土后不久便会萎缩，因而没有主根，其根为弦状须根，着生于短缩茎盘的基部，根系较弱，无根毛，根系主要密集分布在20cm的表土层中，故耐旱性较弱，吸收肥水能力较弱。根系生长温度较地上低，地温5℃时，根系即开始生长，10～15℃最适，24～25℃时生长缓慢。

2）茎：洋葱的茎在营养生长时期，短缩形成扁圆锥形的茎盘，茎盘下部为盘踵，茎盘上部环生圆圈筒形的叶鞘和枝芽，下面生长须根。成熟鳞茎的盘踵组织干缩硬化，能阻止水分进入鳞茎。因此，盘踵可以控制根的过早生长或鳞茎过早萌发，生殖生长时期，植株经受低温和长日照条件，生长锥开始花芽分化，抽生花薹，花薹筒状，中空，中部膨大，有蜡粉，顶端形成花序，能开花结实。顶球洋葱由于花期退化，在花苞中形成气生鳞茎。

3）叶：分叶身和叶鞘两部分。叶身暗绿色，筒状，中空，腹部凹陷，表面有蜡粉。叶鞘基部生长后期膨大，形成开放性肉质鳞片。鳞片中含有2～5个鳞芽，这些鳞芽分化成无叶身的幼叶，幼叶积累营养而逐渐肥厚，形成闭合性肉质鳞片；鳞茎成熟时，外层叶鞘基部干缩成膜质鳞片。

4）花、果实、种子：洋葱定植后当年形成商品鳞茎，翌年抽薹开花。每个花薹顶端有一伞形花序，内着生小花200～300朵。果实为2裂蒴果。种子呈盾形，断面三角形，外皮坚硬多皱纹，黑色，千粒重3～4g，使用年限1～2年。

2. 生育周期

可分为幼苗期（生育前期）、植株旺盛生长期（中期）及鳞茎膨大期（后期）和生殖生长期4个时期。

1）幼苗期：是指从播种、定植及越冬期间这一段时期。从播种到定植，经50～60天，定植后越冬期间，地上部及地下部都很少生长。

2）植株旺盛生长期：是指从春暖以后到鳞茎膨大前，地上部及地下部旺盛生长的一段时期。这个时期是植株生长最快的时期。叶数不断增加，叶面积迅速扩大，为鳞茎的形成奠定物质基础。与此同时，新根亦迅速增加，而老根则逐渐减少。

3）鳞茎膨大期：植株不再增高，但鳞茎迅速膨大。到鳞茎膨大末期，植株倒伏，叶的同化物质运转到鳞茎中去。与此同时，新根虽然仍有增加，但老根迅速衰老，所以全株根数不再增减。鳞茎成熟收获后，进入休眠期，其长短因品种不同而异，一般为60～70天。

4）生殖生长期：是采种的成熟鳞茎于当年秋季再栽到田里，到翌年抽薹、开花、结籽的过程。

3. 对环境条件的要求

1）温度：洋葱对温度的适应性强。种子和母鳞茎在3～5℃下可缓慢发芽，12℃以上加速。生长适温幼苗期为12～20℃，旺盛生长期为18～20℃，鳞茎膨大期为20～26℃。温度过高，生长衰退，进入休眠。健壮的幼苗，可耐–7～–6℃的低温。洋葱是绿体春化型植物，当植株长到3～4片真叶，茎粗大于0.5cm以上，积累了一定的营养时，才能感受低温通过春化。多数品种需要的条件是在2～5℃下60～70天。

2）水分：洋葱在发芽期、幼苗生长盛期和鳞茎膨大期应供给充足的水分。但在幼苗期和越冬前要控制水分，防止幼苗徒长，遭受冻害。收获前12周要控制灌水，使鳞茎组织充实，加速成熟，防止鳞茎开裂。洋葱叶身耐旱，适于60%～70%的湿度，空气湿度过高易发生病害。

3）光照：鳞茎形成需要长日照，延长日照长度可以加速鳞茎的形成和成熟。其中，长日型品种需13.5～15h，短日型品种需11.5～13h。我国北方多长日型晚熟品种，南方多短日型早熟品种。

4）土壤营养：洋葱要求土质肥沃、疏松、保水力强的壤土。洋葱能忍耐轻度盐碱，要求土壤 pH 6.0～8.0，但幼苗期对盐碱反应比较敏感，容易黄叶死苗。洋葱为喜肥作物，每亩标准施肥量为氮 12.5～14.3kg、磷 10～11.3kg、钾 12.5～15kg。幼苗期以氮肥为主，鳞茎膨大期以钾肥为主，磷肥在苗期就应使用，以促进氮肥的吸收和提高产品品质。

（二）生产现状

我国的洋葱产区主要集中在四大产区，即西南产区，以云南、贵州为代表，上市期在 2、3 月；华东产区，以江苏、浙江为代表，上市期在 4、5 月；华北产区，以山东、河北、河南等省为代表，上市期集中在 6、7 月；西北产区，以甘肃、青海为代表，上市期集中在 9、10 月。而西南和西北产区的洋葱总量占全国洋葱总量的 70%以上，产区的洋葱上市期有明显的时间差。

甘肃省从 20 世纪 80 年代起开始种植洋葱，到 90 年代，全省种植面积 6 万～8 万亩。从 2000 年以后，随着脱水蔬菜加工厂创办和鲜葱外销量的增加，种植面积迅速扩大。近年来洋葱种植面积近 26 万亩，产量 150 万 t 左右。洋葱种植重点区域主要集中在：酒泉市的肃州区、金塔县、玉门市，张掖市的高台县、甘州区、山丹县、临泽县，金昌市永昌县、金川区，及靖远县、景泰县等县（区）。其中，酒泉市肃州区近 4 万亩、玉门市 3.3 万亩、金塔县 2.5 万亩，张掖市高台县 2.6 万亩、山丹县 1.9 万亩、甘州区 1.6 万亩、临泽县 8000 亩，金昌市永昌县 3.7 万亩、金川区 1.66 万亩，武山、靖远、景泰等中早熟区面积近 4 万亩。甘肃省洋葱面积、产量均占全国的 20%左右，外销比例 90%以上，出口东盟和日韩占同期全国出口量的 70%左右。以黄皮洋葱为主，占总面积的 70%以上，红皮洋葱占 20%，白皮洋葱占 5%左右。甘肃省已成为国内洋葱种植面积最大、品质最佳和具有价格风向标意义的主产区，也是外销和出口比例较高、种植区域较为集中的产区。

（三）栽培技术研究

1. 试验设计

主要开展了氮磷钾平衡施肥：试验采用“311-A”拟饱和最优回归设计，设氮、磷、钾 3 个因素、12 个不同水平组合处理（含对照 CK 处理），3 次重复，随机排列，共 36 个小区，小区面积 $20m^2$。其试验设计编码值与施肥方案见表 2-95。供试肥料尿素（含 N 46%），过磷酸钙（含 P_2O_5 12%），硫酸钾（含 K_2O 33%）。3 月 10 日播种育苗，5 月 28 日定植，株行距 15cm×15cm。定植前整地作畦施肥，基肥氮、磷、钾分别占 40%、100%和 30%；生长盛期第 1 次追肥，氮占 40%、钾占 30%；鳞茎始膨期第 2 次追肥，氮占 20%、钾占 40%。收获前 7～8 天停止浇水。其他管理同常规管理。

表 2-95　试验设计的编码值方案和实施量

处理	编码值			施肥量（kg/亩）		
	X_1	X_2	X_3	N	P_2O_4	K_2O
1	0	0	2	20	16.67	40
2	0	0	–2	20	16.67	0
3	–1.414	–1.414	1	5.87	4.89	30
4	1.414	–1.414	1	34.15	4.89	30
5	–1.414	1.414	1	5.87	28.39	30
6	1.414	1.414	1	34.15	28.39	30
7	2	0	–1	40	16.67	10
8	–2	0	–1	0	16.67	10
9	0	2	–1	20	33.33	10
10	0	–2	–1	20	0	10
11	0	0	0	20	16.67	20
12	–2	–2	–2	0	0	0

2. 试验结果

采收时测定每个小区的产量，再转化成每亩的平均产量，最后进行方差分析。从表 2-96 可以看出，氮磷钾不同配比对高海拔冷凉区洋葱产量的影响不同，各处理间产量差异均达到极显著水平，处理 11 产量最高，为 7076.803kg/亩，比产量最低的处理 12 增产 987.433kg/亩，增产率为 16.22%，缺失任何一种元素的处理 2、8、10 产量都不同程度降低，其中以处理 2 的产量最低，说明缺失钾肥对洋葱产量影响最大。

表 2-96　不同试验处理产量及施肥利润

处理	平均产量（kg/亩）	5%显著水平	产值（元/亩）	肥料成本（元/亩）	利润（元/亩）
1	6270.47	h	4326.624	572.163	3754.461
2	6164.972	k	4253.831	168.527	4085.304
3	7003.137	b	4832.165	352.149	4480.016
4	6765.965	d	4668.516	452.973	4215.543
5	6233.625	i	4301.201	489.232	3811.969
6	6188.337	j	4269.952	590.057	3679.896
7	6521.903	f	4500.113	340.74	4159.373
8	6610.037	e	4560.925	198.131	4362.794
9	6443.803	g	4446.224	366.658	4079.566
10	6839.47	c	4719.234	172.213	4547.021
11	7076.803	a	4882.994	370.345	4512.65
12	6089.37	l	4201.665	0	4201.665

对洋葱产量与氮磷钾施肥量进行回归分析，得到三元二次肥料效应方程 $Y=6089.37+58.03X_1+64.33X_2+9.35X_3-1.46X_1^2-1.83X_2^2-1.10X_3^2-0.68X_1X_2+0.95X_1X_3-0.16X_2X_3$。其中，$Y$ 代表洋葱亩产量，X_1、X_2、X_3 分别代表 N、P_2O_5、K_2O 每亩的施肥量，经检验，$F=0.93^*>F_{0.01}=0.19$，达极显著水平，相关系数 $R=0.945\ 36$，也大于高度相关的下限，说明所获得洋葱施肥效应函数能反映生产实际情况，洋葱商品产量与氮磷钾施肥量之间存在极显著的回归关系。通过边际分析求得洋葱最高产量施肥量为氮肥（N）20.7kg/亩，磷肥（P_2O_5）13.2kg/亩，钾肥（K_2O）12.1kg/亩，其 N∶P∶K= 1∶0.64∶0.59，最高洋葱产量为 7173.96kg/亩。

按洋葱当地平均收购价格为 0.69 元/kg，尿素零售价格为 1.64 元/kg，过磷酸钙零售价格为 0.7 元/kg，硫酸钾零售价格为 3.33 元/kg，以获得施肥利润作为效应指标，通过数学模拟，建立洋葱施肥利润（Y）与氮磷钾三要素的编码值效应函数为 $Y=4201.665+38.57X_1+39.56X_2-1.05X_1^2-1.32X_2^2-0.84X_3^2-0.47X_1X_2+0.64X_1X_3-0.14X_2X_3$。同理对函数进行检验 $F=4.305^{**}>F_{0.01}=0.202$，相关系数 $R=0.972\ 17$，说明洋葱利润与氮磷钾肥料施用量编码值之间回归关系极显著并存在高度相关关系。通过边际分析求得洋葱最佳经济施肥量为氮肥（N）17.5kg/亩，磷肥（P_2O_5）11.5kg/亩，钾肥（K_2O）5.7kg/亩，最佳利润为 4768.23 元/亩。

3. 结论

通过边际分析求得洋葱最高产量施肥量为尿素 45.0kg/亩、过磷酸钙 110.0kg/亩、硫酸钾 36.7kg/亩，最高产量为 7173.96kg/亩；最佳经济施肥量为尿素 38.0kg/亩、过磷酸钙 95.8kg/亩、硫酸钾 17.3kg/亩，最佳利润为 4768.23 元/亩。

八、菜用豌豆安全高效栽培技术研究

（一）菜用豌豆的特征特性

豌豆（*Pisum sativum* L.）又名寒豆、毕豆、麦豆、麻豆、国豆、荷兰豆等，是一年生或越年生的攀缘或矮生草本植物。起源于亚洲西部和地中海地区，在我国的种植较为广泛。现今栽培的豌豆按用途可分为粮用豌豆、饲用豌豆和菜用豌豆三大类型（张守文和程宇，2014）。菜用豌豆是豌豆的一个栽培种，菜用豌豆分嫩荚、嫩豆粒、嫩茎叶用 3 种品种类型。嫩荚用类型也称为软荚类型，其荚壳肉质无革质膜或荚壁纤维发育迟缓，荚壳和籽粒均可食，其中的宽扁荚品种人们习惯称之为“荷兰豆”，如‘食荚大菜豌’、‘大荚荷兰豆’、‘台中 11 号’、‘甜脆’等品种为此类型。嫩豆粒用类型的豆荚内果皮革质化，荚壳不能食用，是以鲜嫩多汁的嫩豆粒为食用部分，也被称为硬荚种，如‘中豌 4’、‘中豌 5’、‘中豌 6’、‘春早’等品种。嫩茎叶用类型，广义上认为栽培豌豆的小苗、嫩茎叶梢均可食用，但严格意义上的该品种类型应是茎叶肥嫩、纤维少、生长旺盛，无卷须或卷须很不发达，其茎蔓多为无限生长型，生育期内可多次采收嫩茎梢，如‘无须豌豆尖1号’、豌豆苗等品种（徐兆生等，2004）。

荷兰豆（*Pisum sativum* var. *saccharatum*）隶属于豆科豌豆属，原产于地中海沿岸及亚洲西部。荷兰豆最早栽培的地区，是大约12 000年前沿着泰国—缅甸的边境地带。圆身的又称为蜜糖豆或蜜豆（sugar snap pea），扁身的称为青豆或荷兰豆（snow pea），还有小寒豆、淮豆、麻豆、青小豆、留豆、金豆、回回豆、麦豌豆、麦豆、毕豆、麻累、国豆、软荚豌豆、带荚豌豆、甜豆、荷仁豆、青斑、菜豌豆等多种名字。目前，在欧美国家栽培十分普遍。我国从汉朝起已有栽培，但主要是粮用豌豆。明、清以来，从欧洲引进菜用和软荚豌豆，即荷兰豆。现已遍布全国，在东南沿海各省及西南地区栽培较普遍。近年来，荷兰豆的栽培在北方发展较快，有很好的发展前景。

荷兰豆以嫩荚及嫩豆粒供食用，其肉厚多汁，清香甘甜，口感细嫩，含有大量的维生素、微量元素、胡萝卜素和果糖等成分，营养价值很高，同时老茎叶又是家畜、家禽的优质饲料。其籽粒不仅蛋白质含量高，而且蛋白质中氨基酸种类齐全，尤其赖氨酸含量丰富。维生素含量超过大米和小麦，鲜嫩的荷兰豆籽粒中也含有一定量的蛋白质、脂肪和矿物营养等。100g 荷兰豆含水分 91.9g、微量元素 2.36mg、蛋白质 2.5g、维生素 A 80mg、脂肪 0.3g、维生素 B 0.18mg、碳水化合物 3.5g、维生素 C 0.83mg、钙 51mg、胡萝卜素 480mg。荷兰豆不仅营养丰富，而且性平、味甘，具有和中下气、利小便、解疮毒等一些功效，经常食用荷兰豆对有脾胃虚弱、小腹胀满、产后乳汁不下以及烦热口渴等症状的病人有一定的疗效。同时，接触电离辐射和化学毒素的人员经常食用荷兰豆具有防辐射和排毒作用（任瑞玉等，2013）。

1. 植物学特性

1）根：荷兰豆具有豆科植物典型的直根系和根瘤。主根发达，可入土 1～2m深，侧根较稀，但粗壮，根群主要分布在 0～20cm 耕层内。主根发育较早，一般在播种后 6 天就可长到 6～8cm；10 天后，幼苗刚出土时就已长出 10 余条侧根，20 天后主根已长达 16cm，并在根部着生根瘤菌。荷兰豆根系木质化早，不易移植。若采用护根育苗，定植后几乎没有缓苗过程。由于根系分泌物对翌年的根瘤活动和根的生长有抑制作用，不宜连作。

2）茎：荷兰豆的茎为圆形或近四方形，中空而质脆，表面被覆蜡质或白粉。按其生长特性，可分矮生型、半蔓生型和蔓生型 3 种类型。矮生型直立生长，节间短，分枝性较弱，株高 30～50cm。蔓生型节间长，分枝性强，株高 180cm 左右，主、侧枝都开花结荚，需要搭架或吊蔓栽培，茎生长快，茎基部分枝可达 2～5 个。半蔓生型居中。

3）叶：荷兰豆叶互生，为偶数羽状复叶，有小叶 1～3 对，小叶卵圆形或椭圆形，顶端1～2对小叶退化成卷须，能够相互缠绕和攀缘生长。叶柄基部有1对耳状大托叶，包围着叶柄和茎部的相连处。

4）花：荷兰豆的花着生于叶腋间，单生或对生，为短总状花序，属于自花授粉作物。始花节位，一般早熟品种在第四至第五节，晚熟品种在第十五至第十六节。每花梗着生1～2朵花，通常只结1个荚。营养条件良好时，能结双荚。花为蝶形花冠，（9+1）二体雄蕊。花一般白色或紫色，开花时间在早晨5:00左右，盛开时间为上午7:00～10:00，黄昏时间闭合。每朵花可开放3～4天，全株花期为18～24天。授粉后4～6h内花粉通过花柱，开花前1天完成受精过程。自花结实，在干燥和炎热条件下可异交，异交结实率为10%左右。

5）荚果及种子：荷兰豆的荚果是指软荚种的果实。荷兰豆内果皮的厚膜组织发生晚，纤维少，绿色，扁平长形略弯曲，中果皮发达，内果皮无木质化纤维层。荚长5～10cm，宽2～3cm。每荚有种子2～5粒，最多的7～10粒。种子球形，有表面光滑和表面皱缩两种。种子有浅红色、白色、黄色、绿色、紫色、黑色等。小粒种的千粒重150～200g，大粒种300g以上。在正常情况下，种子寿命2～3年。

2. 生育周期

荷兰豆的生长时期短，发育速度快，其生长发育可分为营养生长与生殖生长两个阶段，包括以下4个生育时期。

1）发芽期：从种子萌动到第一真叶出现，需要8～10天。豌豆种子发芽后子叶不出土，播种深度可比菜豆、豇豆等深一些，发芽时水分也不宜过多，否则容易烂种。

2）幼苗期：从真叶出现至抽蔓前为幼苗期，一般为10～15天。不同熟性的品种类型，其幼苗期所经历的时间不同。

3）抽蔓期：植株茎蔓不断伸长，并陆续抽生侧枝的时期，称为抽蔓期，约需25天。侧枝多在茎基部发生，上部较少，矮生型或半蔓生型的抽蔓期很短，或无抽蔓期。

4）开花结荚期：从始花至豆荚采收结束为开花结荚期。早熟、中熟、晚熟品种分别在第五至第八节、第九至第十一节、第十二至第十六节处着生花序。主蔓和生长良好的侧蔓结荚多。开花后15天内，以豆荚发育为主，嫩豆荚就在此时采收，15天以后则豆粒迅速发育。

3. 对环境条件的要求

1）温度：荷兰豆属半耐寒作物，较耐寒，不耐热，喜冷凉湿润的气候条件。种子发芽的起始温度低，圆粒种为1～2℃，皱粒种为3～5℃，但在低温下发芽较慢。吸胀后的种子在15～18℃下4～6天即可出苗，出苗率可达90%以上；25℃

以上，发芽时间可缩短 3～5 天，但出苗率下降到 80%左右；温度达 30℃时，发芽率降至 80%以下，种子易霉烂；出苗最低温度需 8℃。荷兰豆幼苗期对低温的适应性较强，一般以有 5 个复叶的幼苗耐寒力最强，可耐–6～–5℃的低温，有的品种能耐–8～–7℃的低温，其后耐寒力随着复叶数的增加而减弱。生长期适温为 12～20℃，气温为–1℃就会受冻。开花期适温为 15～18℃，荚果成熟期适温为 18～20℃。温度超过 26℃时，高温干旱，大风或多雨天气，均易使花的器官败育，受精率降低，结荚少，落花和畸形荚增多，病害重，荚果品质差、产量低。如果遇到短期 0℃的低温，将使开花数减少，但已经开的花基本能结荚。

2）日照：荷兰豆是长日照作物，多数品种在延长日照时间时可提早开花，缩短日照则延迟开花。因此，结荚期间喜光，要求较强的光照和较长的日照时间，忌高温。在日照时间较长和较低温度的同时作用下，花芽分化节位低，分枝多。所以，春季栽培时，如果播期晚，开花节位高，产量将降低。但早熟品种对光照时间长短反应不敏感，即使秋季栽培，也能开花结荚。荷兰豆在长日照和低温条件下，能促进花芽分化，缩短生育期，因此，南方品种引种到北方栽培时，都能提早开花结荚。一般品种在结荚期都要求较强的光照和较长时间的日照。日照少，植株生长弱，结荚少。欧美荷兰豆品种对日照长短的要求不十分严格，保护设施反季节栽培时，应注意选择适宜的品种。

3）水分：荷兰豆喜湿，在整个生育过程中都要求较湿润的土壤湿度和空气，不耐干旱和雨涝。种子萌发要吸收相当于种子自身重量 1～1.5 倍的水分。当土壤水分不足时，出苗延迟且不整齐，但过湿又易烂种。苗期能忍耐一定的干旱，这对根系发育十分有利。湿度过大时，容易诱发根腐病和白粉病。开花期最适宜的空气相对湿度为 60%～90%。如果空气干燥，开花减少，而且造成落花落荚。空气相对湿度低于 55%、土壤绝对含水量低于 9.7%时，易出现落蕾、落花。豆荚生长期若遇高温干旱，会使豆荚纤维提早硬化，过早成熟而降低品质和产量。因此，荷兰豆在整个生长期内，必须有充足的水分供应，才能保质保量。荷兰豆不耐涝，如果水分过多，播种后易烂种，苗期易烂根，生长期间易发病。

4）土壤与养分：荷兰豆对土壤的适应能力较强，但以通透性良好的中性和微酸性（pH 6～7.2）的砂壤土或壤土最为适宜，既有利于出苗，又有利于根系和根瘤菌的生长发育。当 pH 低于 5.5 时，容易发病和降低结荚率，应施入石灰调节。因为荷兰豆根部的分泌物将影响下一年根系的生长和根瘤菌活动，所以忌连作。荷兰豆虽有根瘤固氮，但苗期根瘤正在形成，根瘤菌固氮能力弱，以及生长发育旺盛的开花结荚期，都需补充一定的氮肥，以促进植株生长发育。荷兰豆还需要较多的磷、钾肥。磷肥不足时，主茎基部节位的分枝减少，伸长不良，甚至导致枯萎死亡。钾肥能提高细胞液浓度而增强耐寒力，并可促进蛋白质的合成和籽粒的肥大。在一般情况下，荷兰豆生长发育所需氮、磷、钾的比例为 4∶2∶1。此外，荷兰豆对硼、钼的反应敏感，这两种元素都能促进根瘤菌的形成和生长，并对提高固氮能力起到一定作用。因此，在栽培中要注意合理选择和施用肥料，以利于提高产量和品质。

（二）栽培现状

甘肃高海拔山区，海拔高、气候冷凉，发展食荚豌豆具有得天独厚的气候条件。自20世纪90年代在兰州市皋兰县西岔镇种植以来，迅速推广到武威市、天水市等地。近年来，以荷兰豆、甜脆豆、中荚豆为主的食荚豌豆种植面积迅速扩大，年种植面积在6000hm^{2}以上，平均产量达1000kg/亩，产值达4000元/亩，产品远销南京、福建、广州、上海、北京、台湾等城市，并出口日本、韩国、新加坡等国家，成为当地农民增加收入的一项新的特色产业。

（三）栽培技术研究

1. 试验区概况

试验区位于甘肃省皋兰县西岔镇陈家井村。该区海拔1860m，年均气温7.1℃，年日照时数2768h，≥10℃积温2798℃，属中温带半干旱气候，降水少且变化率大，季节分配不均，多年年均降水量263mm，多集中在5～9月，占全年降水的70%，最大年降水量为392.4mm，最小年降水量为154.9mm。

2. 试验设计

（1）不同覆膜方式菜用豌豆的土壤水热效应及其对产量的影响

菜用豌豆是兰州高原夏菜主要品种之一。但是，菜用豌豆种植区降水稀少，气候干燥，蒸发强烈，自然降水与农作物需水供需错位，尤其是播种前后干旱少雨、气温偏低，严重影响出苗和保苗，导致其产量停滞不前。目前，菜用豌豆种植仅限于不覆膜和平铺半覆膜技术，而无全膜覆盖种植方式，半覆膜虽有增温保墒效果，但在菜用豌豆种植区作用有限，对提高出苗率、保苗率和改善土壤水热状况的效果仍不理想。因此，一种增温保墒效果更好，更能促进菜用豌豆生长，产量提高更多的栽培方式的提出和使用是菜用豌豆产业稳定发展最为关键和亟待解决的问题。本试验通过测定土壤温度、土壤水分、菜用豌豆生长状况及其产量构成，分析不同覆膜方式对菜用豌豆田土壤水热效应和产量的影响，提出最适宜该区的菜用豌豆种植方式，旨在为该区菜用豌豆栽培方式的改善提出理论依据和技术支撑。

试验于2010年和2011年进行。试验以菜用豌豆为研究材料，品种为‘合欢’，采用边播种边覆膜栽培方式种植。完全随机设计，设全覆膜（FM）、半覆膜（HM）、不覆膜（CK）3个处理，每处理3次重复，全部采用宽窄行种植（80cm/40cm），小区面积10m×4.8m。施肥量为N 345kg/hm^2、P_2O_5 180kg/hm^2、K_2O 135kg/hm^2，60%在播前作为底肥，40%作为追肥。2010年3月15日播种，7月6日收获；2011年3月21日播种，7月10日收获，管理同大田生产。

在菜用豌豆播种前及生长前期用地温计进行 0～25cm 地温测定，每 5cm 为一个测定层，每小区测定一次，地温计设在窄行中间。每 7 天在 8:00、14:00、20:00 各测定一次。在菜用豌豆播种前及生长前期用烘干法测定窄行中间 0～30cm 土层土壤含水量，每 10cm 为一个层次，平均每 7 天每小区测定一次。用土钻取样，样品用千分之一天平称过湿重后，在烘箱中 105℃条件下烘干 12h，然后称干重，计算相对含水量。

土壤含水量计算公式：W_S（%）=（W_1–W_2）/（W_2–W_3）×100%

式中，W_1 为湿土加铝盒重；W_2 为干土加铝盒重；W_3 为空铝盒重。

观察记载出苗情况、生育期，从采收开始到结束全程统计小区产量，每小区按实收计算产量，并且每小区随机取 15 株进行考种。

（2）甜脆豆平衡施肥试验研究

肥料是影响甜脆豆产量和品质的重要因素，生产中滥施肥料、施肥比例不合理，限制了产量、品质和经济效益的进一步提高，本试验期望拟建甜脆豆氮磷钾平衡施肥效应函数，为甜脆豆科学施肥决策提供依据。

试验于 2009 年 3～7 月在皋兰县高原夏菜示范点进行。供试甜脆豆品种为‘合欢’，供试肥料为尿素（含 N 46%）、二铵（含 N 18%、P_2O_5 46%）、过磷酸钙（含 P_2O_5 14%）、硫酸钾（含 K_2O 50.0%）。

试验以氮肥、磷肥和钾肥为变量因子，采用“3414”方案，设置 3 个因素，14 个处理。调查当地的施肥习惯、平均数量及该地区多年的作物施肥合理比例，提出甜脆豆施肥水平，N、P_2O_5、K_2O 分别是 16kg/亩、6kg/亩、8kg/亩，具体设计见表 2-97。随机区组设计，重复 3 次，小区面积 20.4m^2。施肥比例如下：

表 2-97　试验因素水平设置

处理编号	处理	施肥量（kg/亩）		
		N	P_2O_4	K_2O
1	$N_0P_0K_0$	0	0	0
2	$N_0P_2K_2$	0	6	8
3	$N_1P_2K_2$	8	6	8
4	$N_2P_0K_2$	16	0	8
5	$N_2P_1K_2$	16	3	8
6	$N_2P_2K_2$	16	6	8
7	$N_2P_3K_2$	16	9	8
8	$N_2P_2K_0$	16	6	0
9	$N_2P_2K_1$	16	6	4
10	$N_2P_2K_3$	16	6	12
11	$N_3P_2K_2$	24	6	8
12	$N_1P_1K_2$	8	3	8
13	$N_1P_2K_1$	8	6	4
14	$N_2P_1K_1$	16	3	4

氮肥40%作基肥，追肥分2次进行，第1次追肥在开花期用总氮量的40%追施，第2次在结荚期用总氮量的20%追肥；磷肥100%作基肥；钾肥40%作基肥，60%作追肥，追肥在结荚期进行。

（3）荷兰豆平衡施肥试验研究

供试荷兰豆品种为‘美浓’，供试肥料为尿素（含N 46%）、二铵（含N 18%、P_2O_5 46%）、过磷酸钙（含P_2O_5 46%）、硫酸钾（含K_2O 50.0%）。试验以氮肥、磷肥和钾肥为变量因子，采用“3414”方案，设置3个因素，14个处理，随机区组设计，重复3次。施肥比例如下：氮肥40%作基肥，追肥分 2次进行，第1次追肥在开花期用总氮量的 40%追施，第 2 次在结荚期用总氮量的 20%追肥；磷肥100%作基肥，钾肥40%作基肥，60%作追肥，追肥在结荚期进行（表2-98）。

表2-98　荷兰豆“3414”试验方案处理

处理编号	处理	施肥量（kg/亩）		
		N	P_2O_4	K_2O
1	$N_0P_0K_0$	0	0	0
2	$N_0P_2K_2$	0	8	8
3	$N_1P_2K_2$	7	8	8
4	$N_2P_0K_2$	14	0	8
5	$N_2P_1K_2$	14	4	8
6	$N_2P_2K_2$	14	8	8
7	$N_2P_3K_2$	14	12	8
8	$N_2P_2K_0$	14	8	0
9	$N_2P_2K_1$	14	8	4
10	$N_2P_2K_3$	14	8	12
11	$N_3P_2K_2$	21	8	8
12	$N_1P_1K_2$	7	4	8
13	$N_1P_2K_1$	7	8	4
14	$N_2P_1K_1$	14	4	4

（4）轮作与连作对高原夏季甜脆豆病虫害发生及产量的影响

连作可使土壤理化性质恶化、病虫害增加、产量品质逐年下降，已成为制约甜脆豆产业发展的障碍，严重影响甜脆豆生产的可持续发展。采用轮作措施，是农田用地和养地相结合、充分利用环境资源、改善农田生态环境、协调农牧业生产的一项有效措施。轮作还可改善土壤理化性状，具有保持水土，培肥地力，促进作物生长发育，提高产量，有效改善产品品质，减少病、虫、杂草危害，降低成本，增加收入等综合效果。试验针对皋兰县生产中常用的8种轮作与连作方式，研究其对甜脆豆病虫害发生及产量的影响，为建立合理的轮作体系提供科学依据。

供试甜脆豆品种为‘合欢’。2008～2010年形成甜脆豆轮作与连作方式共

8 种，分别为小麦—胡麻—甜脆豆（WFP）、小麦—小麦—甜脆豆（WWP）、甜脆豆—小麦—甜脆豆（PWP）、娃娃菜－菠菜—甜脆豆（CSP）、娃娃菜—娃娃菜—甜脆豆（CCP）、甜脆豆—青花菜—甜脆豆（PBP）、胡萝卜—甜脆豆—甜脆豆（CPP）、甜脆豆—甜脆豆—甜脆豆（PPP）。于 2010 年 3 月 21 日播种，播种前 0～20cm 基础土壤养分状况见表 2-99。开花结荚初期和结荚中期随水追肥，追肥量均为氮肥（N）60kg/hm^2（尿素 9kg/亩）、钾肥（K_2O）45kg/hm^2（硫酸钾 6kg/亩），7 月中旬采收结束。每种轮作与连作方式 3 次重复，随机区组排列，小区面积为 133m^2。分别在甜脆豆苗期（4 月 25 日）、甩蔓期（5 月 15 日）、开花结荚期（6 月 7 日）、采收期（7 月 1 日）调查甜脆豆根腐病、霜霉病、斑潜蝇、蓟马的发生流行情况，采收期测定产量。

表 2-99 各处理甜脆豆播种前 0～20cm 土壤养分状况

处理	碱解氮（mg/kg）	有效磷（mg/kg）	速效钾（mg/kg）	有机质（g/kg）	pH	全盐量(%)
WFP	91	20.34	444	19.4	8.35	1.110
WWP	104	21.78	199	17.8	8.38	0.069
PWP	58	38.16	270	17.4	8.33	0.061
CSP	72	14.91	153	15.7	8.42	0.058
CCP	60	21.91	178	16.0	8.38	0.083
PBP	67	13.43	260	18.3	8.48	0.064
CPP	78	18.27	413	18.6	8.44	0.120
PPP	103	5.54	178	19.1	8.42	0.082

根腐病调查方法：采用平行跳跃式取样，每小区取样 50 穴，挖土露根，分级调查记载发病情况。根腐病分级方法：0 级：植株茎基部和主须根均无病斑；1 级：茎基部和主根上有少量病斑；3 级：茎基部或主根上病斑较多，病斑面积占茎和根总面积的 1/4～1/2；5 级：茎基部及主根上病斑多且较大，病斑面积占茎和根总面积的 1/2～3/4；7 级：茎基部或主根上病斑连片，形成绕茎现象，但根系并未死亡；9 级：根系坏死，植株地上部萎蔫或死亡。霜霉病调查方法：每小区取 5 点，每点 20 片叶，共 100 片叶，分级调查记载发病情况。霜霉病分级标准：0 级：无病斑；1 级：病斑面积占整个叶面积的 5%以下；3 级：病斑面积占整个叶面积的 6%～10%；5 级：病斑面积占整个叶面积的 11%～25%；7 级：病斑面积占整个叶面积的 26%～50%；9 级：病斑面积占整个叶面积的 50%以上。发病率(%)=［病株（叶）数/调查总株（叶）数］×100；病情指数＝{∑［各级病株（叶）数×各级代表级数］/［调查总株（叶）数×最高级数］}×100。斑潜蝇调查方法：采用对角线 5 点取样法，每点 20 株，每株随机挑选中部叶片 1 片，调查每片叶上的幼虫数，计算百叶虫量。蓟马调查方法：采用对角线 5 点取样法，每点 20 株，调查每株甜脆豆上的幼虫数，计算百株虫量。产量调查方法：在甜脆豆第 1 次采收开始到最后 1 次采收结束，各小区单采单收嫩豆荚，并折算成公顷产量。

（5）菜用豌豆美洲斑潜蝇的田间药效试验

美洲斑潜蝇（*Liriomyza sativae* Blanchard）是为害蔬菜和观赏植物的检疫性害虫，其幼虫在蔬菜叶表下蛀食，形成虫道，影响光合作用，为害严重时整个叶面花白，严重影响蔬菜的产量和品质。由于该虫世代历期，繁殖量大，极易在短时期内暴发成灾，此外，虫体活动还能传播多种病毒。鉴于此，本研究对5种药剂进行了田间药效试验，以便筛选出适合防治菜用豌豆美洲斑潜蝇的药剂。

供试药剂为1.8%阿维菌素乳油（华北制药集团爱诺有限公司生产）800倍液，0.5%甲氨基阿维菌素苯甲酸盐乳油（河北安格诺农化有限公司生产）1500倍液，2.5%高效氯氰菊酯乳油（中国台湾东洲农药研究中心生产）1500倍液，15%毒死蜱乳油（河南春雨农业化工研究所研制）200倍液，70%吡虫啉水分散粒剂（石家庄市丰之田生物农化有限公司生产）15 000倍液；以清水为对照。供试菜用豌豆品种为‘合欢’，2008年3月23日播种，5月5日喷药，此时豌豆株高25cm左右，处于开花前。小区面积100m^2，随机区组排列，3次重复，用药量为600kg/hm^2。当菜用豌豆田间自然虫口密度达到一定水平时，选择美洲斑潜蝇卵孵化盛期进行试验，每小区5点，每点5株，定点定株挂牌标记，调查全株美洲斑潜蝇喷药前虫口密度及喷药后3天、5天、8天、11天活虫数，计算虫口减退率、防效，并进行差异显著性分析。

（6）菜用豌豆根腐病的田间药效试验

根腐病［*Thielaviopsis basicola*（Berk. et Br.）Ferr.］是菜用豌豆根主要病害之一。发病时病株茎基部、根系出现灰褐色条斑，发病重的茎基部及地表下3～4cm长的主根、侧根全部变为灰褐色，部分毛根上有灰褐色条斑。病菌随病残体在土壤中越冬，翌年在田间进行初侵染和再侵染。目前主要的防治手段是茎基部灌施化学农药。本研究对4种药剂进行了田间药效试验，以便筛选出适合防治菜用豌豆根腐病的药剂。

供试药剂为750倍液就苗海藻酸碘（潍坊德孚尔生物科技有限公司）、1000倍液根腐宁（东莞市瑞德丰生物科技有限公司）、800倍液枯萎灵（北京拜奥威环保科技有限公司）、750倍液广枯灵（3.0%噁霉灵·甲霜灵水剂，贵州贵大科技产业有限责任公司）；以清水为对照。供试菜用豌豆品种为‘合欢’，2009年3月25日播种，5月24日调查根腐病发生情况。小区面积100m^2，随机区组排列，3次重复，用药量为60kg/亩。每小区5点、每点调查20株，共调查100株，调查后喷药，分别在药后7天、15天、30天调查各小区根腐病的病株数和发病株的发病级数，计算根腐病的发病率、病情指数、防效及差异显著性。

3. 试验结果

（1）不同覆膜方式菜用豌豆的土壤水热效应及其对产量的影响

1）不同覆膜方式对菜用豌豆生育期和出苗情况的影响：不同覆膜方式对菜用

豌豆生育期和出苗情况有显著影响（表 2-100）。与 CK 相比，FM 和 HM 的生育期差异显著。FM 出苗期、甩蔓期、结荚期和采收期分别较 CK 提前 3～4 天、5～7 天、4～7 天和 3～4 天，HM 分别较 CK 提前 2 天、3～4 天、2～5 天和 3～4 天；因菜用豌豆为无限生长型作物，采收期提前，采收天数相应增加，FM 和 HM 分别较 CK 多采收 3～4 天和 1～3 天；同时，FM 和 HM 处理的出苗率显著高于 CK，分别较 CK 提高 25.7%～26.4%和 19.5%～20.9%。可见，覆膜能使菜用豌豆生育期提前，出苗率和采收天数显著提高，其中采收天数的延长、出苗率是菜用豌豆产量提高的一个重要前提。

表 2-100 不同覆膜方式对菜用豌豆生育期的影响

年份	处理	幼苗期（月/日）	抽蔓期（月/日）	开花结荚期（月/日）	采收期（月/日）	采收天数（天）	出苗率（%）
2010 年	FM	4/1	5/8	5/23	6/5	21a	91.6a
	HM	4/3	5/11	5/25	6/5	20a	84.7b
	CK	4/5	5/15	5/30	6/9	17b	65.2c
2011 年	FM	4/4	5/10	5/26	6/8	18a	93.5a
	HM	4/5	5/12	5/28	6/8	16a	88.7ab
	CK	4/7	5/15	5/30	6/11	15b	67.8c

2）不同覆膜方式对菜用豌豆苗期 0～25cm 土壤平均温度的影响：覆膜方式对菜用豌豆苗期 0～25cm 土壤平均温度有显著影响（图 2-16）。播种后 2 天 FM 和 HM 0～25cm 土壤平均地温较 CK 分别增加 3.7℃和 3.2℃，出苗后到甩蔓期分别增加 4.4℃和 3.3℃，灌水后各处理 0～25cm 土层土壤平均温度无明显差异，原因是菜用豌豆生育前期 FM 和 HM 地温升高较快，作物早生快发，随作物生育期的推进，冠层逐渐增大，遮阴作用逐渐增强，在菜用豌豆生育中后期气温较高时

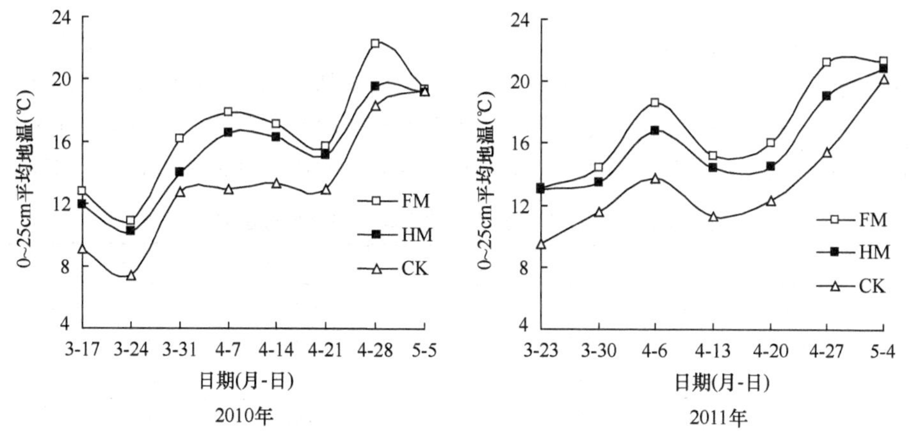

图 2-16 不同覆膜方式对 0～25cm 土壤平均地温的影响

段增温效果反而下降。因此，FM 在菜用豌豆生育早期增温效果明显，促进菜用豌豆的前期发育，有利于菜用豌豆对光能和水分的利用，菜用豌豆生育中后期增温效果减弱，能一定程度缓解高温胁迫对结荚的损害，为豌豆高产创造了有利条件。

3）不同覆膜方式对菜用豌豆苗期土壤水分状况的影响：不同覆膜方式 0～30cm 土壤含水量存在显著差异。从图 2-17 可以看出，播种后 0～30cm 土壤含水量逐渐降低，CK 土壤水分蒸发较快，显著低于 FM 和 HM，在 4 月 20 日降到最低，为 13.3%；FM 土壤含水量最高，为 15.0%，较 CK 高 1.7%；其次是 HM 土壤含水量为 14.5%。灌水后各处理土壤含水量差异不显著。原因是 FM 和 HM 因地表覆盖，保墒抑蒸作用较强，而 CK 因地表无覆盖，蒸发强烈而下降更快更多；FM 和 HM 苗期 0～30cm 较高土壤含水量有利于菜用豌豆出苗和保苗，利于培养壮苗和后期生长。

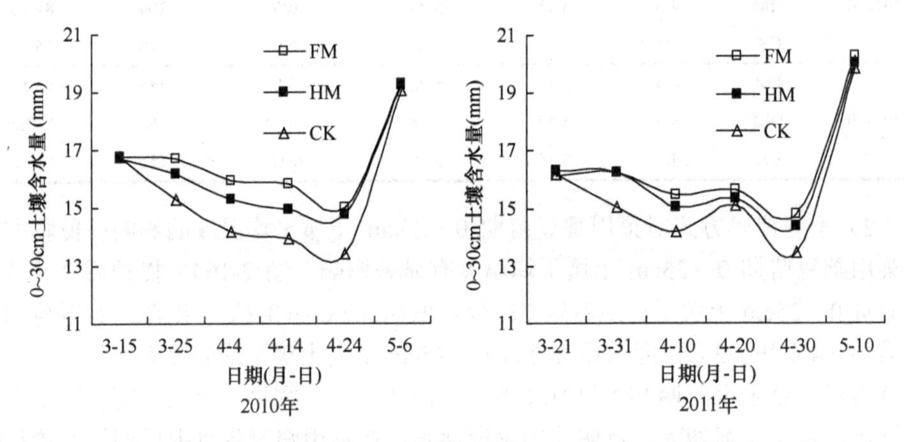

图 2-17　不同覆膜方式对 0～30cm 土壤水分状况的影响

4）不同覆膜方式对菜用豌豆产量构成及产量的影响：不同覆膜方式对菜用豌豆产量构成有显著影响（表 2-101）。两年试验结果都显示，FM 菜用豌豆的植株最高，合理的株型结构为增产奠定基础。单株结荚数 FM 为 15 个，显著高于 CK，但 2011 年 HM 与 CK 差异不显著。FM 后期百荚重为 510～520g，显著高于 CK，FM

表 2-101　不同覆膜方式对菜用豌豆产量构成的影响

	处理	株高（cm）	豆荚长（cm）	豆荚宽（cm）	豆荚厚（cm）	结荚数（个）	百荚重（g）
2010 年	FM	232a	8.4a	1.56a	0.83a	15a	510a
	HM	224a	8.2ab	1.53a	0.82a	14b	502ab
	CK	194b	7.9b	1.51a	0.79a	12c	490b
2011 年	FM	238a	8.5a	1.66a	0.91b	15a	520a
	HM	234a	8.4a	1.64a	0.86ab	13b	517a
	CK	212b	8.2b	1.53b	0.79b	12b	492b

与 HM 差异不显著。由于 FM 和 HM 在菜用豌豆前期的增温明显，显著促进菜用豌豆前期生长，结荚数显著高于 CK，采收次数增加，为高产奠定了基础。

覆盖能够显著提高菜用豌豆产量（图 2-18）。FM 两年产量均最高，为 2312.4～2467.8kg/亩，较 CK 提高 22.6%～23.4%，HM 的产量增加 16.3%～19.2%。在本试验区，覆盖种植能够提高土壤温度，并保持有限的土壤水分供作物前期生长所需，促进菜用豌豆生长发育，进而菜用豌豆采收期提前，单位面积结荚数增多、采收次数增加、产量提高。因此，FM 是提高作物产量的有效措施。

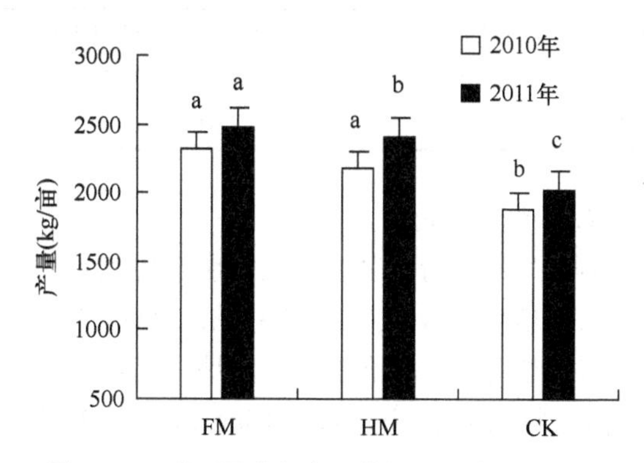

图 2-18 不同覆膜方式对菜用豌豆产量的影响

（2）甜脆豆平衡施肥试验研究

由表 2-102 可知，甜脆豆肥效试验产量最高的是第 6 处理区，产量是 1525kg/亩；未施肥区产量最低，产量为 452kg/亩。结果与分析：由试验 1～14 处理进行回归

表 2-102 试验因素水平设置

处理编号	处理	施肥量（kg/亩）			产量（kg/亩）
		N	P_2O_4	K_2O	
1	$N_0P_0K_0$	0	0	0	452
2	$N_0P_2K_2$	0	6	8	864
3	$N_1P_2K_2$	8	6	8	1172
4	$N_2P_0K_2$	16	0	8	1247
5	$N_2P_1K_2$	16	3	8	1460
6	$N_2P_2K_2$	16	6	8	1525
7	$N_2P_3K_2$	16	9	8	1439
8	$N_2P_2K_0$	16	6	0	1213
9	$N_2P_2K_1$	16	6	4	1423
10	$N_2P_2K_3$	16	6	12	1450
11	$N_3P_2K_2$	24	6	8	1448
12	$N_1P_1K_2$	8	3	8	1122
13	$N_1P_2K_1$	8	6	4	1177
14	$N_2P_1K_1$	16	3	4	1458

分析建立氮磷钾肥料的三元二次方程：$Y=451.223+89.551X_1-1.6799X_1^2+50.88X_2-5.981X_2^2+6.659X_3-3.427X_3^2-3.394\ 88X_1X_2+9.524X_2X_3$，由三元二次方程通过求解偏元极值（边际效应）的办法模型拟合得出氮、磷、钾最佳施肥量为氮 18.17kg/亩、磷 7.36kg/亩、钾 10.46kg/亩（表 2-103）。

表 2-103　回归统计及方差分析

回归统计		方差分析					
复相关系数	0.993 491		df	SS	MS	F	$F_{0.05}$
R^2	0.987 025	回归分析	9	1 108 073	123 119.3	33.810 01	6
决定系数	0.918 559	残差	4	14 566.01	3 641.503		
标准误差	60.344 87	总计	13	1 122 639			

（3）荷兰豆平衡施肥试验研究

由试验 1～14 处理进行回归分析建立氮磷钾肥料的三元二次方程：$Y=210.614+134.950X_1-2.210X_1^2-52.633X_2+3.261X_2^2-2.383X_3-8.427X_3^2-5.791X_1X_2$，由三元二次方程通过求解偏元极值（边际效应）的办法模型拟合得出荷兰豆氮、磷、钾最佳施肥量为氮 19.44kg/亩、磷 9.67kg/亩、钾 8.15kg/亩（表 2-104 和表 2-105）。

表 2-104　荷兰豆“3414”推荐方案及产量

处理编号	处理	施肥量（kg/亩）			产量（kg/亩）
		N	P_2O_4	K_2O	
1	$N_0P_0K_0$	0	0	0	209.4
2	$N_0P_2K_2$	0	8	8	239
3	$N_1P_2K_2$	7	8	8	829
4	$N_2P_0K_2$	14	0	8	1190
5	$N_2P_1K_2$	14	4	8	1208
6	$N_2P_2K_2$	14	8	8	1330
7	$N_2P_3K_2$	14	12	8	1318
8	$N_2P_2K_0$	14	8	0	895
9	$N_2P_2K_1$	14	8	4	845
10	$N_2P_2K_3$	14	8	12	847
11	$N_3P_2K_2$	21	8	8	1303
12	$N_1P_1K_2$	7	4	8	630
13	$N_1P_2K_1$	7	8	4	801
14	$N_2P_1K_1$	14	4	4	1300

（4）轮作与连作对高原夏季甜脆豆病虫害发生及产量的影响

1）轮作与连作对甜脆豆病虫害发生流行的影响。

根腐病：由图 2-19 可知，甜脆豆从苗期到采收期，根腐病发病率逐渐增加。其中，PPP 发病率最高，苗期到采收期的发病率分别为 26.19%、35.99%、50.40%、

表 2-105 回归统计及方差分析

回归统计		方差分析					
复相关系数	0.99182		df	SS	MS	F	$F_{0.05}$
R^2	0.983 707	回归分析	9	2 099 488	233 276.4	26.832 98	6
决定系数	0.918 559	残差	4	34 774.59	8 693.647		
标准误差	93.239 73	总计	13	2 134 262			

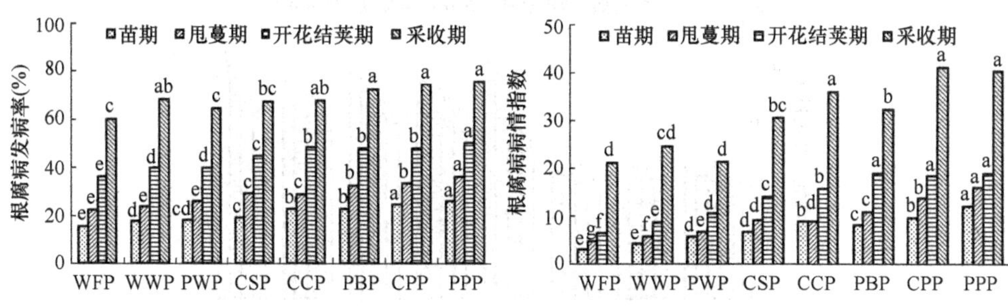

图 2-19 轮作与连作对甜脆豆根腐病的影响

75.78%；CPP 发病率次之，苗期到采收期的发病率分别为 24.78%、33.34%、48.06%、74.89%；WFP 发病率最低，苗期到采收期的发病率分别为 15.21%、22.17%、36.21%、60.20%。苗期到采收期，根腐病病情指数也逐渐增加，其中 WFP 根腐病病情指数最低，苗期到采收期病情指数分别为 3.11、4.80、6.44、20.99；苗期和甩蔓期 PPP 病情指数最高，分别为 12.09 和 15.93，开花结荚期 PPP、PBP、CPP 病情指数显著高于其他处理（P<0.05），分别为 18.84、18.84、18.31，采收期 CPP、PPP、CCP 病指显著高于 WFP、WWP、PWP（P<0.05），分别为 41.11、40.34、36.05。

霜霉病：由图 2-20 可知，开花结荚期霜霉病开始发生，但各处理发病率差异不显著（P<0.05）。采收期各处理发病率均增加，处理间差异也不显著（P<0.05）。开花结荚期 PPP 病情指数最高，为 15.70；CPP、PBP 病情指数最小，分别为 7.22、8.47，但与除 PPP 之外其他处理差异均不显著（P<0.05）。采收期，霜霉病病情指数增加，其中 PPP 病情指数最高，为 19.42；CPP 病情指数最小，为 12.30，与除 PPP 之外其他处理差异也不显著（P<0.05）。

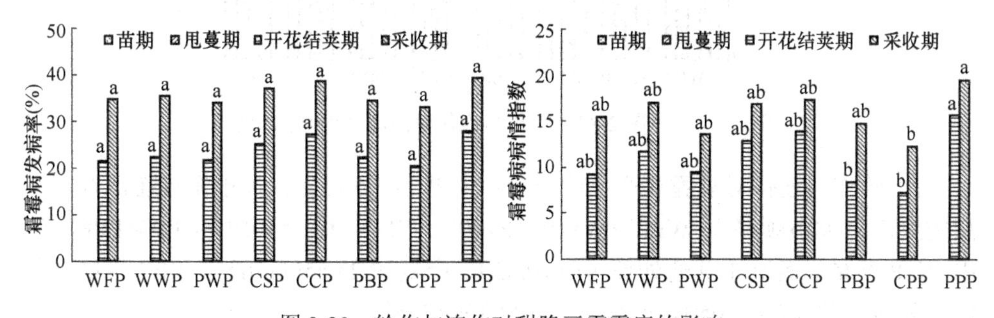

图 2-20 轮作与连作对甜脆豆霜霉病的影响

斑潜蝇：苗期到采收期，甜脆豆斑潜蝇百叶虫量逐渐增加。其中 PPP 百叶虫量最多，苗期到采收期百叶虫量分别为 312.3 头、342.7 头、364.7 头、410.7 头。苗期和开花结荚期，WFP 百叶虫量最少，百叶虫量分别为 176.3 头和 210.7 头。甩蔓期，PWP 百叶虫量最少，百叶虫量为 199.7 头。采收期，WWP 百叶虫量最少，百叶虫量为 216.0 头（图 2-21）。

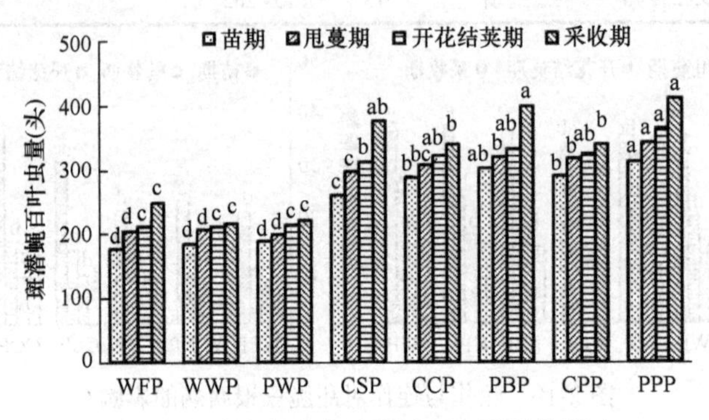

图 2-21 轮作与连作对甜脆豆斑潜蝇的影响

蓟马：苗期到采收期，甜脆豆蓟马百株虫量逐渐增加。苗期和甩蔓期，PPP 百株虫量最高，百株虫量分别为 90.0 头和 110.3 头。开花结荚期和采收期，PPP 百株虫量显著高于其他处理（$P<0.05$），百株虫量分别为 188.0 头和 201.3 头。苗期和甩蔓期，WFP 百株虫量显著低于其他处理（$P<0.05$），百株虫量分别为 37.3 头和 59.0 头。开花结荚期和采收期，PWP 百株虫量最低，百株虫量分别为 80.7 头和 72.7 头（图 2-22）。

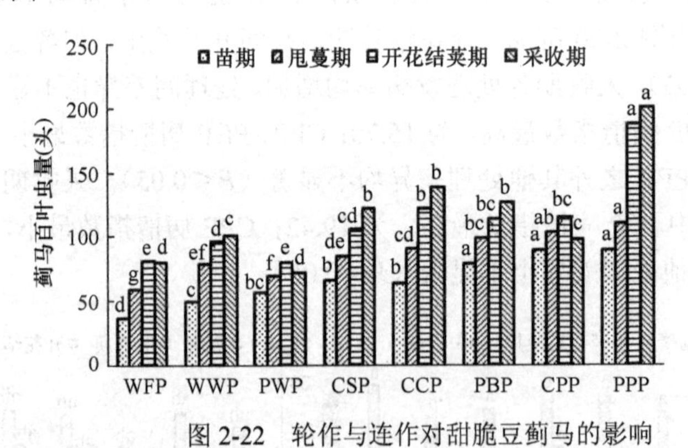

图 2-22 轮作与连作对甜脆豆蓟马的影响

2）轮作与连作对甜脆豆产量的影响：由表 2-106 可知，各轮作与连作方式下甜脆豆产量大小顺序为 WFP＞WWP＞PWP＞CSP＞CCP＞PBP＞CPP＞PPP，其中 WFP 产量显著高于其他处理（$P<0.05$），产量达 23 550kg/hm^2，PPP 产量显著低于其他处理（$P<0.05$），产量仅为 19 030kg/hm^2。

表 2-106　轮作与连作对甜脆豆产量的影响

处理	WFP	WWP	PWP	CSP	CCP	PBP	CPP	PPP
产量（kg/hm^2）	23 550a	23 145b	22 940b	22 300c	21 230d	21 005d	19 430e	19 030f

3）甜脆豆病虫害与产量的相关性分析：对甜脆豆根腐病病情指数、霜霉病病情指数、斑潜蝇百叶虫量、蓟马百株虫量、产量进行相关性分析。由表 2-107 可知，根腐病与斑潜蝇呈极显著正相关，根腐病与蓟马呈显著正相关，其他病虫害之间相关性不显著。根腐病与产量呈极显著负相关，斑潜蝇、蓟马与产量呈显著负相关，霜霉病与产量呈负相关但不显著。

表 2-107　甜脆豆病虫害与产量的相关性分析

	根腐病	霜霉病	斑潜蝇	蓟马	产量
根腐病		0.002 50	0.084 21	0.065 37	0.068 42
霜霉病	0.625 31		0.612 58	0.548 72	0.005 76
斑潜蝇	0.895 27**	0.018 52		0.062 53	0.052 74
蓟马	0.779 23*	0.008 64	0.642 83		0.042 10
产量	–0.891 20**	–0.546 15	–0.765 21*	–0.754 26*	

*表示 $P<0.05$，**表示 $P<0.01$

（5）菜用豌豆美洲斑潜蝇的田间药效试验

由表 2-108 可知，施药后 3 天，1.8%阿维菌素乳油 800 倍液防效最高，为 40.5%，与其他处理差异极显著，70%吡虫啉水分散粒剂 15 000 倍液和 15%毒死蜱乳油 200 倍液的防效最低，分别为 10.3%和 11.0%；施药后 5 天，1.8%阿维菌素乳油 800 倍液防效最高，为 49.1%，与其他处理差异显著或极显著，15%毒死蜱乳油 200 倍液的防效最低，为 20.8%；施药后 8 天和 11 天，0.5%甲氨基阿维菌素苯甲酸盐乳油 1500 倍液的防效最高，分别为 87.4%和 89.5%，与其他处理差异极显著，70%吡虫啉水分散粒剂 15 000 倍液的防效最低，且极显著低于其他处理。

表 2-108　5 种药剂对菜用豌豆美洲斑潜蝇的防治效果

处理	药剂倍数	虫口基数/头	施药后 3 天			施药后 5 天			施药后 8 天			施药后 11 天		
			活虫数（头）	减退率（%）	防效（%）	活虫数（头）	减退率（%）	防效（%）	活虫数（头）	减退率（%）	防效（%）	活虫数（头）	减退率（%）	防效（%）
1.8%阿维菌素乳油	800	320	203	36.7	40.5a	180	–43.7	49.1a	175	–76.6	79.8b	158	–82.1	84.8b
0.5%甲氨基阿维菌素苯甲酸盐乳油	1 500	325	225	30.8	34.3b	185	43.1	48.1b	148	85.4	87.4a	140	87.7	89.5a
2.5%高效氯氰菊酯乳油	1 500	320	250	21.9	26.3c	228	28.9	35.8c	100	68.7	72.3c	85	73.5	77.2c
15%毒死蜱乳油	200	323	305	5.4	11.0d	283	12.4	20.8e	123	62.0	66.5d	113	65.1	70.5d
70%吡虫啉水分散粒剂	15 000	318	303	4.7	10.3d	263	17.3	25.5d	153	52.0	57.4e	138	56.7	62.6e
清水（CK）	—	325	345	–6.1	—	360	–10.8	—	370	–13.9	—	380	–16.9	—

（6）菜用豌豆根腐病的田间药效试验

从表2-109可以看出，药后7天广枯灵的防效最高，为90.63%，且与其他药剂差异显著；枯萎灵的防效最差，为82.81%。药后15天的广枯灵防效最高，为88.05%，就苗海藻酸碘次之，防效为76.92%，两者差异不显著；枯萎灵的防治效果最差，为70.68%。药后30天广枯灵的防效较高，为67.17%；枯萎灵的防效最差，为50.75%。

表2-109　4种药剂对菜用豌豆根腐病的防治效果

药剂名称	药前		药后7天			药后15天			药后30天		
	发病率（%）	病情指数	发病率（%）	病情指数	防效（%）	发病率（%）	病情指数	防效（%）	发病率（%）	病情指数	防效（%）
广枯灵	2.8	0.56	3.3	0.56	90.63a	4.2	0.72	88.05a	13.3	2.61	67.17a
根腐宁	3.6	0.77	6.7	0.93	84.38c	8.3	1.57	73.94b	16.7	3.27	58.96b
就苗海藻酸碘	3.1	0.65	5.0	0.74	87.50b	7.5	1.39	76.92a	16.7	3.40	57.32b
枯萎灵	2.5	0.46	7.5	1.02	82.81d	9.2	1.76	70.68c	18.3	3.92	50.75c
清水（CK）	4.2	0.83	18.3	5.93	—	19.2	6.02	—	28.3	7.96	—

4. 结论

1）菜用豌豆播种后2天全覆膜0～25cm土壤平均地温较不覆膜（CK）分别增加3.7℃，出苗后分别增加4.4℃，生长前期增加3.5℃；覆膜降低了土壤水分的无效蒸发，全覆膜土壤含水量显著高于不覆膜，提高菜用豌豆出苗和苗期生长的水分满足率；全覆膜较不覆膜多采收3～4天。全覆膜菜用豌豆的株型结构显著优于不覆膜，结荚数、结荚后期百荚重都显著高于半覆膜和不覆膜。所以，全覆膜种植能够提高土壤温度，降低了土壤水分的无效蒸发，保持有限的土壤水分供菜用豌豆前期生长所需，相对丰裕的水分条件和较高的土壤温度支持了菜用豌豆的前期生长，促进菜用豌豆生长发育，为增产奠定了基础；进而菜用豌豆采收期提前，单位面积结荚数增多、采收次数增加、产量提高，因此，全覆膜是提高菜用豌豆产量的有效措施。

2）甜脆豆最佳施肥量为氮18.17kg/亩、磷7.36kg/亩、钾10.46kg/亩。

3）荷兰豆最佳施肥量为氮19.44kg/亩、磷9.67kg/亩、钾8.15kg/亩。

4）甜脆豆从苗期到采收期，根腐病、斑潜蝇、蓟马均有发生，且逐渐增加，霜霉病在开花结荚期发生，到采收期发病加重。甜脆豆与胡麻和小麦轮作，根腐病发病较轻，重迎茬甜脆豆根腐病较重，但轮作对改善霜霉病的发生效果不明显。甜脆豆与胡麻或小麦轮作，斑潜蝇和蓟马发生量最少，与菠菜、娃娃菜、青花菜轮作发生量居中，连续3年种植甜脆豆，斑潜蝇和蓟马发生量最多。甜脆豆与胡麻或小麦轮作产量最高，与菠菜、娃娃菜轮作产量次之，重迎茬甜脆豆产量最低。相关性分析表明，根腐病与斑潜蝇呈极显著正相关，根腐病与蓟马呈显著正相关，根腐病与产量呈极显著负相关，斑潜蝇、蓟马与产量呈显著负相关，霜霉病与产量呈负相关但不显著。

5）选用 1.8%阿维菌素乳油、0.5%甲氨基阿维菌素苯甲酸盐乳油、2.5%高效氯氰菊酯乳油、15%毒死蜱乳油、70%吡虫啉水分散粒剂对菜用豌豆美洲斑潜蝇进行了田间防治试验。结果表明：0.5%甲氨基阿维菌素苯甲酸盐乳油 1500 倍液防治效果最好，施药后 11 天的防效达 89.5%；70%吡虫啉水分散粒剂 15 000 倍液防治效果最差，施药后 11 天的防效仅达 62.6%。

6）选用 750 倍液就苗海藻酸碘、1000 倍液根腐宁、800 倍液枯萎灵、750 倍液广枯灵对菜用豌豆根腐病进行了田间防治试验。结果表明：750 倍液广枯灵的防治效果最好，药后 7 天的防效为 90.63%，药后 15 天防效为 88.05%，药后 30 天防效为 67.17%。800 倍液枯萎灵的防效最差。

第四节 高原夏菜贮运保鲜关键技术研究

蔬菜是鲜活农产品，由于受交通成本以及不宜囤积待运和多次中转等特点的限制，其运输主要以便捷、灵活的简易冰保汽运和冰保火车运输为主，空运和冷柜运输较少。甘肃地处我国内陆，距离沿海及东南地区的路途遥远，运输时间较长，以广州为例，汽运至少在 72h 以上，且运输期温度高。许多贮运外调的实例表明，高原夏菜从采收、预冷、包装、贮运至销售的一系列环节中，运输过程中的变质、腐烂是造成高原夏菜损失减效的主要原因，整箱、整车黄化、腐烂的现象频有发生，因此贮运保鲜、质量控制技术已成为高原夏菜产业发展的迫切需要。立足甘肃省高原夏菜特色产业的现状，针对汽车简易冰保运输和火车冰保运输中存在的具体、关键性技术问题，在现有技术设备难以满足蔬菜贮运适温的条件下，紧密结合蔬菜龙头企业的外调实践，以延长保鲜贮运期、减损增效、保鲜增值为目标，从调节贮运环境气体比例和提高高原夏菜的促生长类植物激素水平、抑制促衰老类植物激素的保鲜剂研制入手，通过研究新型的生物保鲜、化学保鲜和物理保鲜技术，集成配套现有的预冷、贮运设备、设施，系统制订主要贮运蔬菜的采收、转运、入库预冷、整理包装、贮藏保鲜、运输保鲜的操作技术规程，并进行产业化示范，为特色产业提供必要的技术支撑。

一、贮运包装内气体变化及其控制技术研究

贮运环境中的 O_2 和 CO_2 分别是蔬菜进行呼吸作用的气体性底物和产物，同时，植物“死亡激素”乙烯生物合成过程中需要 O_2 的参与，CO_2 是乙烯发挥作用的竞争性抑制剂，根据底物限制和产物反馈抑制原理，适当降低贮运环境中的 O_2 含量，提高 CO_2 含量，可有效降低蔬菜呼吸代谢，抑制乙烯的生成和作用，降低

营养损耗，从而起到保鲜的作用，这是气调贮藏保鲜的基本原理。不同蔬菜种类和品种取得最佳保鲜效果的 O_2 和 CO_2 含量不同。自发气调是指利用包装在密封容器中的蔬菜自身的呼吸作用不断消耗 O_2，生成 CO_2，自发地形成一种低 O_2 高 CO_2 的气体环境，有利于蔬菜保鲜。然而当 O_2 浓度过低和（或）CO_2 浓度过高即达到伤害阈值时，蔬菜产品就会发生无氧呼吸和（或）CO_2 中毒，产生病害和腐烂，因此需要及时打开密封包装，"放风"后再密封。高原夏菜贮运过程中，为了保持蔬菜由预冷、加冰获得的低品温及防止外界高温引起蔬菜品温上升，将蔬菜密闭在密封包装内。在这种特定的贮运方式下，针对蔬菜所处的气体环境是否有利于其保鲜，如何控制气体环境使其有利于蔬菜保鲜等问题，进行了系统研究。

研究发现，高原夏菜由于运输时间普遍较长，密闭箱体内的 O_2 浓度很低，贮运第 3 天 O_2 浓度通常低于 2%，而 CO_2 的浓度高于 17%，两种气体浓度严重超出了贮运蔬菜的忍耐范围。商业预冷和包装的荷兰豆，在常温下（21～23.5℃）贮藏 2 天时，泡沫箱内的 O_2 浓度极低，CO_2 大量积累；贮藏 6 天后，荷兰豆大部分黄化，个别豆荚腐烂（表 2-110）。将菠菜按商业运作预冷装箱后，置于常温 21～28℃下，测定箱内气体成分变化的结果，数据表明，箱内 O_2 不足和 CO_2 过量是造成菠菜黄化、褐变的原因（表 2-111）。多次模拟试验结果表明，无 O_2 窒息和 CO_2 中毒是造成高原夏菜运输中黄化、褐变和腐烂的主要原因。

表 2-110　模拟贮运过程中荷兰豆泡沫箱内 O_2、CO_2 浓度的变化

贮藏时间（天）	箱上部		箱下部	
	O_2（%）	CO_2（%）	O_2（%）	CO_2（%）
2	1.4	16.7	0.7	17.7
3	0.8	28.3	0.5	29.5
5	0.6	34.4	0.4	34.9
6	0.5	33.1	0.3	35.6

表 2-111　模拟贮运过程中菠菜泡沫箱内 O_2、CO_2 浓度的变化

贮藏时间（天）	箱上部		箱下部	
	O_2（%）	CO_2（%）	O_2（%）	CO_2（%）
2	1.6	14.3	0.8	15.0
3	0.9	17.0	0.6	17.5
4	1.1	19.3	0.4	20.5
5	0.7	20.2	0.3	20.6

采用气体调节生氧剂，可使箱内氧含量升高，CO_2 含量降低；贮藏 5 天，豆荚和萼叶颜色鲜绿，豆荚无湿黏感，商品率达 100%（表 2-112）。在香菜和菠菜的商业包装内加入生氧剂，置于常温（23～30.5℃）下贮藏 4 天后打开包装，香菜和菠菜的商品率达 100%（表 2-113）。

表 2-112　气体调节剂对模拟贮运荷兰豆泡沫箱内 O_2 和 CO_2 含量的影响

贮藏时间（天）	CK		生氧剂	
	O_2（%）	CO_2（%）	O_2（%）	CO_2（%）
3	0.9	27.2	6.8	13.4
4	0.6	31.3	5.4	14.9
5	0.5	30.3	5.3	15.6

表 2-113　气体调节剂对模拟贮运菠菜泡沫箱内 O_2 和 CO_2 含量的影响

贮藏时间（天）	CK		生氧剂	
	O_2（%）	CO_2（%）	O_2（%）	CO_2（%）
3	1.9	18.2	8.6	12.4
4	1.1	20.8	6.9	13.5
5	0.5	22.3	6.5	13.8

与传统气调降 O_2 升 CO_2 相反，研究首次提出了升 O_2 降 CO_2 的"反向气调"保鲜理论和技术，据此研究确定了 10 种主要贮运蔬菜的 O_2 和 CO_2 伤害的阈值，研制出了主要贮运蔬菜的生氧剂，并确定了适宜用量。主调菜种 O_2 和 CO_2 伤害阈值和生氧剂用量见表 2-114。

表 2-114　主调菜种 O_2 和 CO_2 伤害阈值和生氧剂用量

蔬菜种类	伤害阈值（%）		生氧剂用量（g/kg）	CK 贮藏时间（天）	施用生氧剂后贮藏时间（天）
	O_2	CO_2			
香菜	1	12	10	3	6
菠菜	2～4	15	10	2	4
芹菜	2～3	18	8	5	7
花椰菜	2～4	15	8	4	5
西兰花	0.1～0.15	30	5	4	6
青椒	3～5	8	8	4	5
荷兰豆	3～5	25	10	5	7
莴笋	1	20	5	4	6
甘蓝	2～5	12	5	6	8
白菜	1～2	6	10	6	8

二、主调菜种保鲜剂配制与优化筛选研究

保鲜剂的应用是蔬菜贮运保鲜的重要辅助措施，可以大幅度提高贮运保鲜效果。依据激素控制代谢和衰败理论，植物在衰败过程中，促生长类植物激素（生长素类、细胞分裂素类和赤霉素类）水平急剧下降，促衰老类植物激素（脱落酸和乙烯）大量生成。以促生长类植物生长调节剂为主剂，辅以抑菌防腐成分，从

提高高原夏菜内的促生长类植物激素水平、抑制促衰老类植物激素的保鲜剂研制入手，研制高原夏菜贮运保鲜剂。以 3 类 5 种促生长类植物生长调节剂、7 种抑菌防腐剂为主要原料，分别研制出了果菜、花菜、叶菜和茎菜 4 类主要贮运蔬菜的复合型保鲜剂，提高蔬菜的生理活性和抗性，使蔬菜产地贮藏期延长至 2～3 个月，贮运保鲜期延长 4～6 天。主调菜种保鲜剂的保鲜效果见表 2-115。

表 2-115 主调菜种保鲜剂的保鲜效果

处理	贮运期（天）									
	香菜	菠菜	芹菜	花椰菜	西兰花	青椒	荷兰豆	莴笋	甘蓝	白菜
CK（密闭包装）	3	2	5	4	4	4	5	5	6	4
保鲜剂（密闭包装）	8	6	11	8	10	8	10	11	10	8
CK（透气包装）	40	30	28	15	20	12	22	18	50	40
保鲜剂（透气包装）	90	75	80	60	85	60	65	70	95	65

注：密闭包装试验在接近汽车运输温度 8～10℃的条件进行；透气包装试验在温度 0～2℃的条件进行（青椒 8～10℃）

三、主调菜种 1-MCP 施用规范研究

1-MCP（1-甲基环丙烯）是美国发现的一种新型乙烯抑制剂。1-MCP 具有使用方法简单、保鲜效果突出、应用前景广阔等特点引起了世界范围的广泛关注。大量的试验研究证明，虽然 1-MCP 对园艺鲜活产品具有非常突出的保鲜效果，但其效能的发挥与许多因素有关，如作物种类、品种、采收期、处理剂量、处理温度、处理时间、处理后的贮藏条件等，还受到许多不明确因素的影响，因此，1-MCP 的应用研究成为目前采后保鲜领域研究的趋势和热点。本研究针对高原夏菜东调特殊运输方式下蔬菜处于密闭包装内及蔬菜温度一般在 8～10℃的具体情况，对花椰菜、西兰花、青椒、香菜、菠菜、莴苣、荷兰豆、芹菜、甘蓝、大白菜 10 种主调菜种模拟实际调运密闭包装，在 8～10℃条件下进行了 1-MCP 施用规范的研究，适宜剂量的 1-MCP 处理能显著提高蔬菜的贮运保鲜效果，使蔬菜的贮运期延长 2～4 天，但不是对于所有的蔬菜都适宜，花椰菜和西兰花经 1-MCP 处理反而加速其衰败（表 2-116）。

表 2-116 主调蔬菜 1-MCP 适宜剂量

蔬菜种类	香菜	菠菜	芹菜	花椰菜	西兰花	青椒	荷兰豆	莴笋	甘蓝	白菜
1-MCP 适宜剂量（g/m^3）	1	1	1	—	—	0.5	0.5	1	1	0.5
CK 贮藏天数（天）	3	2	5	4	4	4	5	4	6	6
1-MCP 处理贮藏天数（天）	5	4	7	2	2	6	8	7	10	10

四、预冷设备的应用对蔬菜贮运温度及保鲜效果影响

蔬菜产品预冷是指将收获后的产品尽量快速冷却到适于贮运的低温的措施。

蔬菜收获后带有大量的田间热，加之采收对产品的刺激，呼吸作用很强，释放出大量的呼吸热，对保持品质十分不利。预冷的目的是在贮运前使产品尽快冷凉，降低产品的生理活性，减少营养损失和水分损失。高原夏菜的简易保温汽运（冰保火车运输）是对预冷作用的扩展式应用，利用预冷作用降低菜温，然后在运输过程中用简易保温包装措施尽量避免外界高温引起菜温升高，从而达到保鲜运输的目的。高原夏菜调运一般利用恒温冷库的冷风预冷，无专门的预冷设备。本节研究了真空预冷、隧道式强制通风预冷对蔬菜贮运温度及保鲜效果的影响，结果表明，预冷设备的应用可有效降低预冷末的温度（是指相同时间内），缩短菜温降至 0℃所需的时间，降低到达终点时包装内的温度，从而有效降低调运蔬菜的腐烂率，提高调运蔬菜保鲜效果（表 2-117）。

表 2-117　预冷设备的应用对贮运温度及保鲜效果的影响

蔬菜种类	预冷末的温度（℃）		降至 0℃所需时间（h）		到达终点时包装内温度（℃）		腐烂率（%）		鲜度（%）		色泽	
	CK	处理	CK	处理	CK	处理	CK	处理	CK	处理	CK	处理
花椰菜	18	6	30	12	20	6	38	0	52	88	黄白，有黑斑	洁白
西兰花	18	6	30	12	20	6	45	0	92	92	黄绿，有褐点	绿
青椒	21	10			18	15	37	0	82	82	黄绿，个别转红	绿
香菜	23	8	35	14	23	7	100	0	0			绿
菠菜	22	8	35	14	23	7	100	0	0			绿
莴笋	18	7	42	18	17	5	18	0	62	90	黄绿，有褐斑	绿
荷兰豆	20	7	40	16	18	5	22	0	68	90	黄绿	绿
芹菜	21	7	35	14	21	6	68	0	18	88	黄绿	绿
甘蓝	18	9	45	20	16	4	13	0	73	88	黄绿	绿
白菜	18	9	45	20	16	4	16	0	70	88	白黄绿	白绿

五、高原夏菜保鲜技术集成应用

集成配套保鲜剂、生氧剂、1-MCP、预冷设备、贮运设备、贮运设施，系统制订主要贮运蔬菜的采收、转运、入库预冷、整理包装、贮藏保鲜、运输保鲜的操作技术规程，形成高原夏菜汽车简易保温和火车冰保两大贮运技术应用体系。利用研究成果，结合兰州蒋氏农产品有限公司、兰州介实农产品有限公司、甘肃陇兴农产品有限公司等蔬菜外调龙头企业，先后在甘肃省兰州、张掖、武威等高原夏菜主产区示范推广应用蔬菜贮运保鲜新技术，贮藏外调青椒、花椰菜、西兰花、香菜、菠菜、莴苣、荷兰豆、芹菜、甘蓝、大白菜等高原夏菜 11.3 万 t，获得社会经济效益 3.16 亿元，经营企业收益 4700 万元。甘肃省高原夏菜的保鲜贮运，缓解了我国南方淡季蔬菜产销和供应的突出矛盾，有效解决了我国东南沿海地区及东南亚国家和地区 5～9 月蔬菜短缺的现实问题，促进了产区特色蔬菜的产业发展和区域农民收入的增加。同时高原夏菜贮运保鲜新技术为甘肃省高原夏菜产业发展提供了强有力的技术支撑，满足了特色产业的核心科技需求。

第五节　高原夏菜脱水加工技术研究

脱水蔬菜有效解决了高原夏菜产品上市期集中造成的积压、腐烂等问题，脱水加工对于进一步扩大高原夏菜的规模和提升产值具有十分重要的意义。然而蔬菜脱水加工主要采用常压热风干燥脱水或真空冻干、微波干燥以及远红外线干燥技术。这些干燥方式都是以煤、电作为动力，能耗大，对于维生素等热敏性营养物质及风味物质破坏性大，同时设备投资较大，能耗高、批处理量少，生产成本高。

太阳能是一种清洁的自然能源，以其长久性、再生性、无污染等优点备受人们的青睐，在我国北方地区非常丰富，取之不尽，用之不竭。利用太阳能脱水干燥是一项清洁生态型加工技术，可大量节约能源和降低生产成本，特别适宜自然日照时间长、辐射强度大、环境干燥的西北地区。西藏、甘肃、新疆、宁夏是最佳应用区域。但是，传统太阳能脱水干燥技术是将被干燥脱水的农产品置于空旷的地方接受阳光直射，脱去水分，这种干燥方法易受天气、蚊虫、微生物的影响，干燥产品的质量较差。因此开发新型的太阳能干燥技术对于有效解决能源短缺和实现环保、生态的蔬菜加工具有非常重要的意义。

利用太阳能等清洁能源进行现代果蔬脱水技术研究在国内已有研究报道，我国各地研究报道的太阳能干燥装置有温室型、集热器型、集热器与温室结合型以及太阳能烘干箱、太阳能烘干房等多种形式，主要用于谷物、杂粮、果品类、蔬菜类以及木材等的干燥，已有报道大型太阳能干燥示范装置在腊肠干燥方面得到成功应用。但普遍报道的温室型、集热器型、集热器与温室结合型干燥设施在生产应用中均存在很大的技术缺陷，温室型干燥设施室内温度低、卫生条件差，仅适用于干燥稻谷、麦子等产品；集热器型干燥设施采用的集热器为空气集热器，空气经集热器加热后由鼓风机吹入干燥室，热效率低，干燥室内温度分布不均匀，干燥周期长，且集热器占地面积较大；集热器与温室结合型干燥设施因采用的仍然为空气集热器，上述问题比较明显。使用以上 3 种类型的太阳能干燥设施干燥周期长、热效率低、产品质量不稳定，同时由于过分依赖气象条件，可控性较差，因而在生产实践中未能大量推广应用。

针对上述问题，本研究以开发和利用太阳能资源目标，以集热与蓄热相结合的思路，研制日光温室+高效集热器的新型太阳能干燥设施，通过系统的试验研究，形成完善的太阳能干燥技术，提升高原脱水蔬菜的产品质量。

一、新型太阳能蔬菜脱水干燥车间设计与性能观测

（一）日光温室+集热器+热泵的新型太阳能蔬菜脱水干燥车间设计和建造

邀请甘肃省科学院太阳能建筑设计所、甘肃省科学院自动化研究所、中国科学院兰州化学物理研究所、甘肃省农业科学院蔬菜研究所、甘肃华威建筑安装（集团）有限责任公司第九分公司等建筑设计、自动化控制、日光温室设计、建筑施工等相关领域的技术专家对太阳能干燥车间设计方案进行反复论证、修改，经专家论证后的建设方案委托甘肃省科学院太阳能建筑设计所进行施工图设计，甘肃省科学院自动化研究所进行自动控制系统设计。

在日光温室的基础上，采用集成设计与配套的思路，优化设计整体方案如下：日光温室保温材料和拱形采光屋面角度优化设计为阳光板倾斜透光屋面；采用高效集热管（太空管）取代普通全玻璃真空集热管，以提高集热性能并防止冬季冻裂漏水问题；以脱水制干的核心因素——湿度为主要控制点，加大除湿排风口和换气进风口的设置与自动化（排风口和进风口的开启与关闭均可依据不同果蔬含水量的要求进行自动控制）；设置热水蓄热缓释与热泵干燥系统，避免了传统太阳能干燥中空气集热器温度波动大、热效率低及冬季、阴雨天低效的弊端；配套辐照计、温室传感器、可编程监视与控制通用系统（monitor and control generated system，MCGS），提高脱水加工的自动化程度；配备物料承载输送、环境消毒杀菌、照明、清洁等辅助设施和果蔬清洗、护色、沥水、去皮、分切等设备，完善蔬菜脱水加工的工艺技术体系。脱水干燥车间由温室基本构架部分、太阳能接收与转换部分、热泵干燥和通风除湿与自动控制系统四部分组成。优化设计方案如下所述。

1. 温室基本构架部分

为了提高光利用率，太阳能脱水车间采用集成设计与配套的思路，对日光温室拱形采光屋面角度进行了优化，设计为拱形或倾斜阳光板透光屋面，拱形采光屋面倾斜角为14.69°。室内设置依据《食品企业通用卫生规范》（GB14881）要求设计。屋面设计采用阳光板采光斜屋面或拱形屋面，总面积253.47m^2（含原料预处理车间），采光屋面 68m^2，轻质铝合金支架，其余部分采用砖混结构，墙体外贴挤塑聚苯板保温材料。优化设计的两种脱水车间纵剖面示意图如图2-23所示。

2. 太阳能接收与转换部分

脱水车间太阳能接收部分由采光屋面、高效集热器（太空管）和水循环式换热器组成（图2-24）。为了提高集热性能和防止冬天冻裂漏水问题，采用高效集热管（太空管），性能大大优于全玻璃真空集热管，室内设蓄热水箱，热水强制循环，与普通日光温室相比，采光性能提高15%以上，夏季晴天室内温度可达71℃以上。

除采光屋面外，还配置有 180 支高效太阳能集热器（太空管），集热面积 30m^2，采用 1t 的蓄热循环式水箱（图 2-24）。

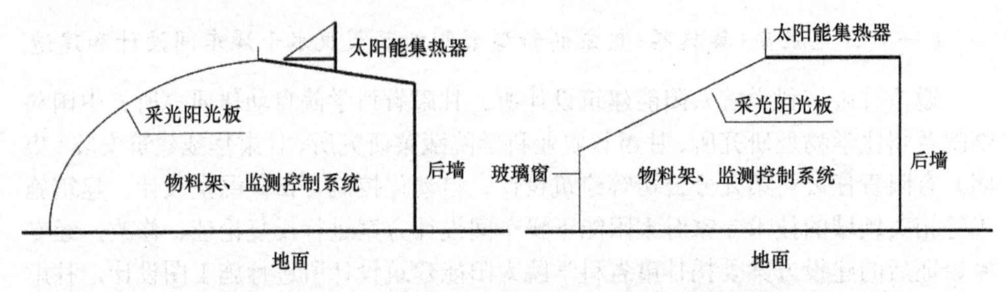

图 2-23 优化设计的拱形和倾斜阳光板透光屋面太阳能脱水车间剖面示意图

图 2-24 采光阳光板屋面和组装配套的太阳能集热器

3. 热泵干燥系统

配套设置热泵干燥系统：热泵主机长 1.3m，宽 0.6m；辅机长 1.8m，宽 0.5m，高 0.7m，额定温度 80℃，如图 2-25 和图 2-26 所示。

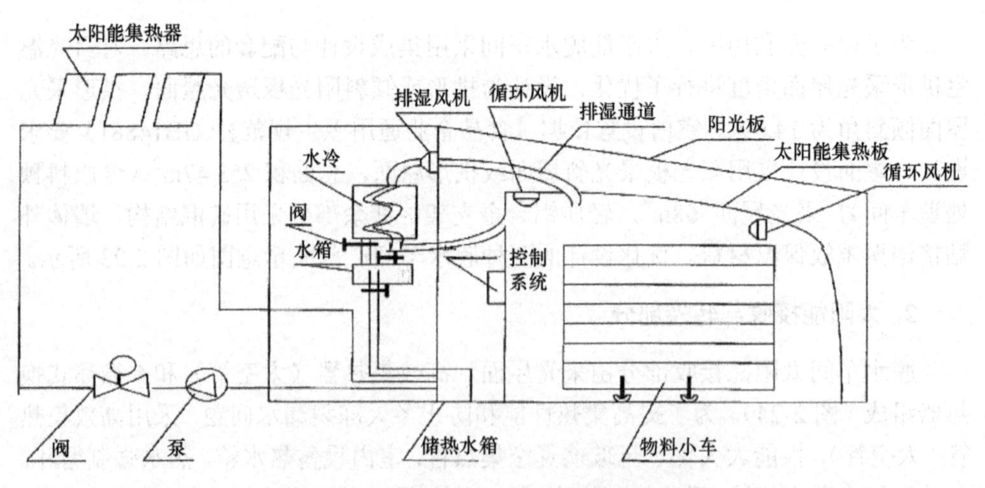

图 2-25 太阳能日光温室热泵配置示意图

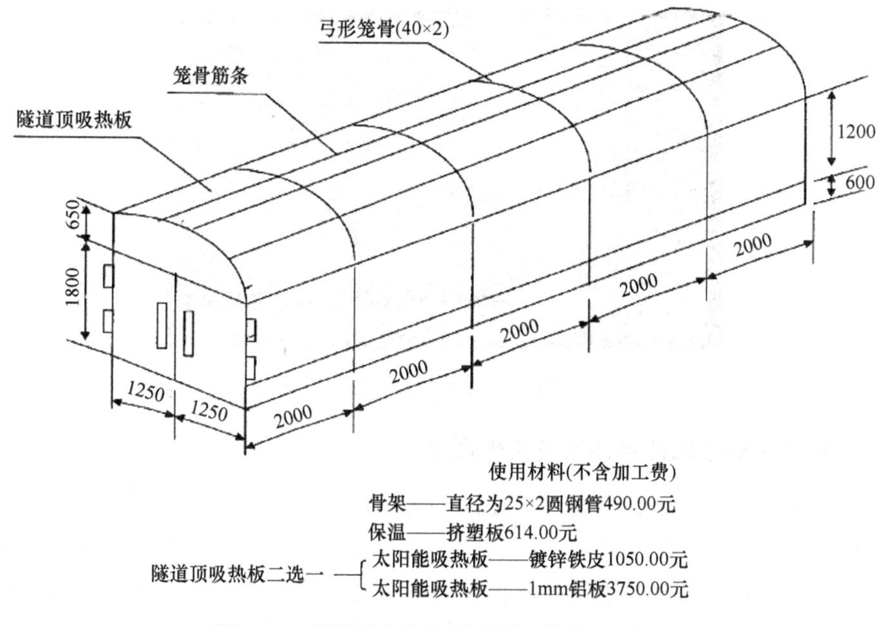

图 2-26 热泵基本构造示意图（单位：mm）

4. 通风除湿及自动控制系统

车间控制系统由配备具有可编程逻辑控制器（PLC）的工控机、控制柜、室内外温湿度传感器、辐照计、循环风机和 MCGS 组态全自动控制系统等组成，可全天候同时控制、监测、记录和处理脱水车间实时温度、湿度等参数，并对日照射量（J/s）进行实时自动监测、记录和处理。通风除湿部分由 2～3 个内循环风机、1 个排风风机和 3 个进风口组成，设施总功率 400W，日用电量 5～6kW。同时，脱水车间配备有物料承载输送、通风除湿、环境消毒杀菌、照明、清洁等辅助设施和果蔬清洗、护色、沥水、去皮、分切等设备。控制系统示意图和自动控制系统操作界面如图 2-27 和图 2-28 所示。

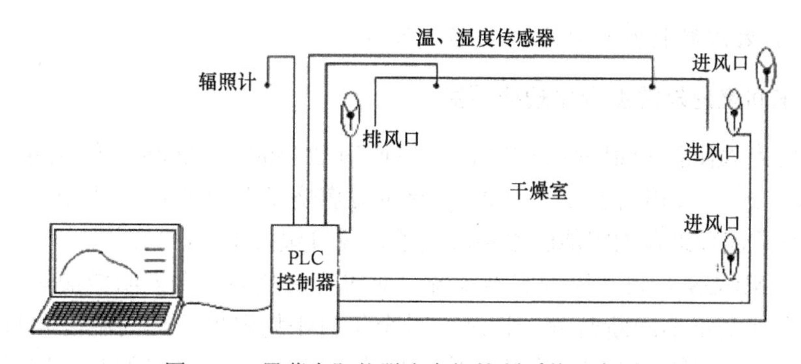

图 2-27 果蔬太阳能脱水车间控制系统示意图

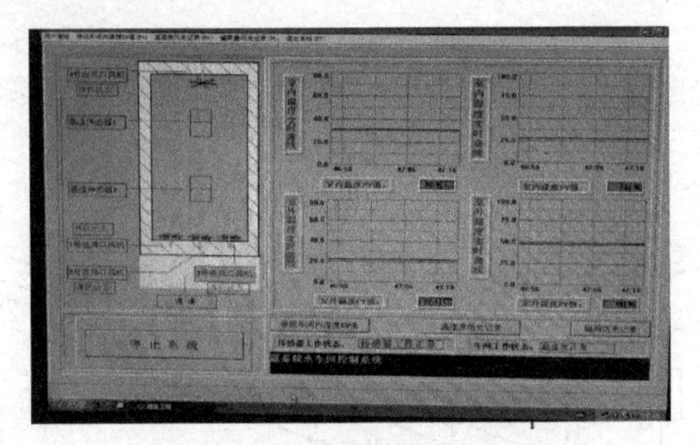

图 2-28　自动控制系统操作界面

5. 脱水车间太阳能供热系统工作原理

阳光板屋面吸热加热空气，后屋面的太阳能集热器接收太阳光热能后转换释放给传热介质水，水吸热后经车间大面积的片式散热器将热量释放于车间，散热后的水继续进入室内蓄热水箱持续散发余热，然后经循环泵强制压入集热器继续吸热，周而复始完成太阳能的吸收、转换、释放全过程循环，在阴雨与冬季开启热泵，达到持续高温脱水干燥的目的。工作原理示意图如图 2-29 所示。

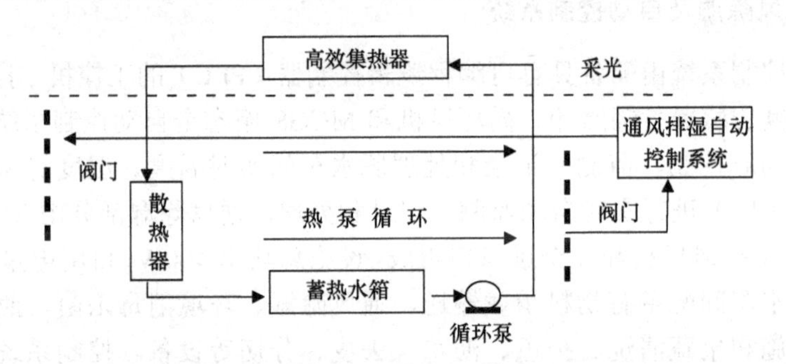

图 2-29　太阳能供热系统工作原理示意图

（二）太阳能脱水干燥车间功能性研究

1. 车间室内外温度变化规律研究

兰州为太阳能辐射的二类区，年日照时数 3000～3200h，辐射量 5852～6680MJ/（$m^2 \cdot a$）（相当于 200～225kg 标准煤燃烧发出的热量）。干旱少雨，空气干燥，非常适合果蔬太阳能脱水和湿度差通风排湿技术的应用。

采用 MCGS 全自动控制监测系统，对未开启热泵的全太阳能加热太阳能脱水车间进行全年不间断监测、记录，对全年月平均温度、最高温度和每日不同时刻温度变化规律进行对比分析研究：脱水车间室内 6、7 月的月平均温度为全年最高，达 41～42℃（图 2-30）；5～9 月的室内最高温度可达 71℃以上（图 2-31），相关温度月变化与日变化情况见图 2-30 所示。

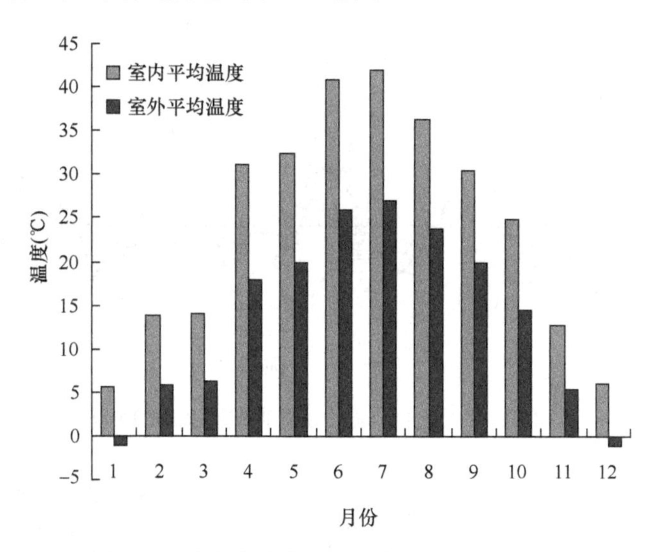

图 2-30　全年室内外平均温度变化（2009 年）

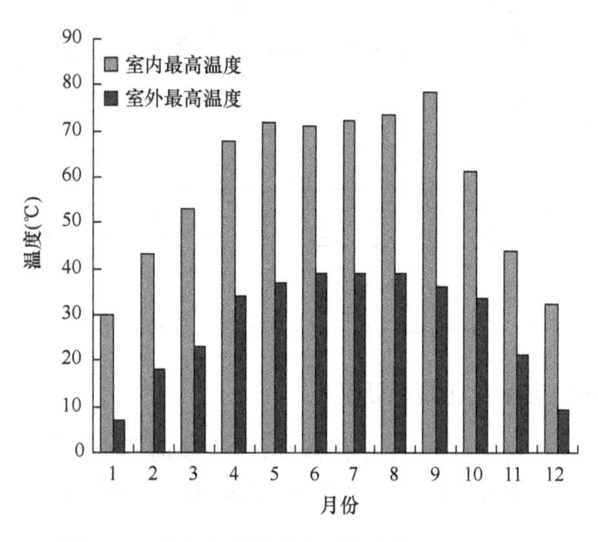

图 2-31　全年室内外最高温度变化（2009 年）

以 2009 年为例，1 月太阳能车间内最低温度为–3℃，最高 22℃，平均温度为 4.3℃；室外最低温度为–7℃，最高 10℃，平均温度为–0.2℃；室内最高温度比室外高 12℃，平均温度高 4.5℃（图 2-32）。6 月，该时间段内太阳能车间内最低温度为 20.7℃，最高达 67.4℃，平均室温 37℃；室外最低温度 14.2℃，最高 30.5℃，平均温度 22.4℃；太阳能车间内最高温度比室外高 36.9℃，平均温度高 14.6℃（图 2-33）。

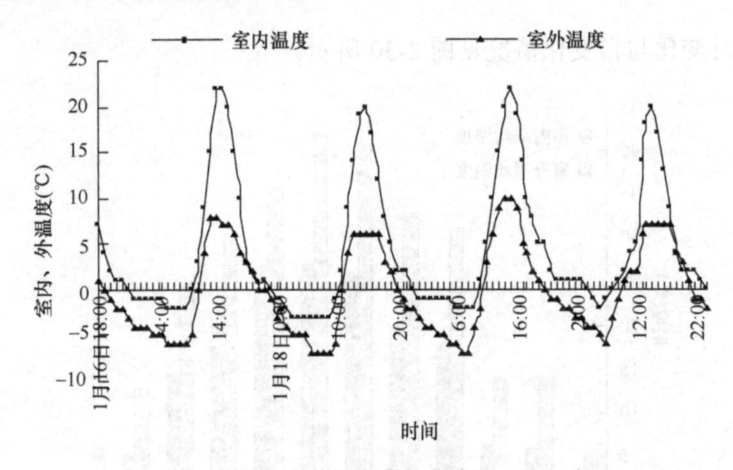

图 2-32　1 月室内外温度变化曲线图（2009 年）

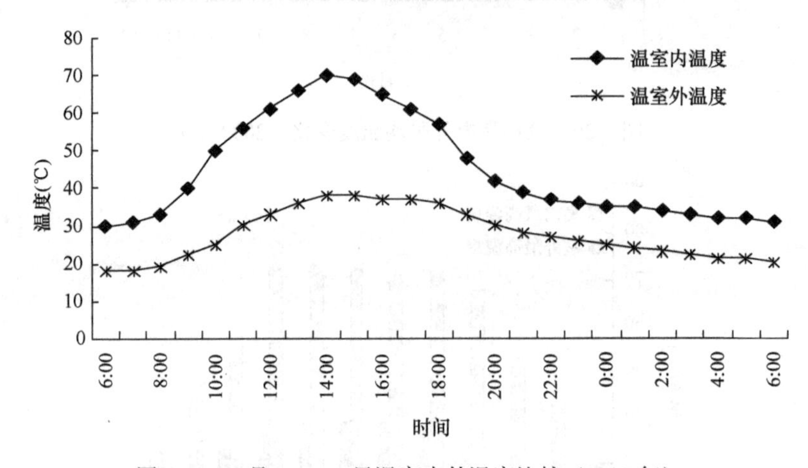

图 2-33　6 月 14～15 日温室内外温度比较（2009 年）

2. 车间室内外湿度变化规律研究

以鲜菜 800kg 装载量，在一个干燥周期内，干燥前期室内外湿度差高达 25%～45%，中期为 10%～25%，干燥后期室内湿度略低于室外（图 2-34）。

3. 高效集热器集热效果研究

以无负载条件下关闭集热器、单独使用日光温室和集热器、日光屋面共同集热下对比进行试验，试验结果表明：单独日光条件下，温室内温度变动幅度大，而在配套集热器后，室内温度变化平缓，并可显著提高缓释水箱的温度达 40℃以上，但配合使用高效集热器对太阳能车间的室内最高温度影响不大，仅可提高 4～7℃，对室内平均温度的影响较小。高效集热器的热量贮存到水箱后，使水温迅速上升，但可能由于水箱的散热面积较小，高效集热器的集热效果还没有充分发挥出来，需进一步增加集热管的数量并扩大水循环的散热面积。

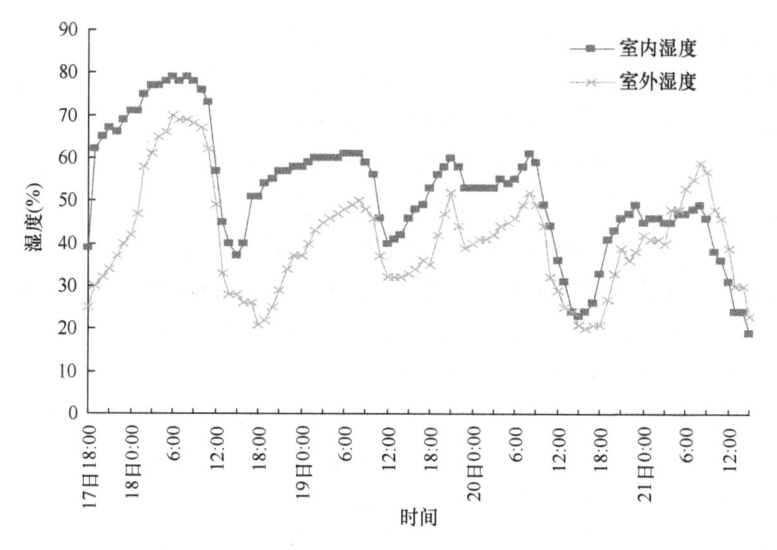

图 2-34 在一个干燥周期内室内外湿度的变化曲线

太阳能脱水车间与普通日光温室相比，采光性能提高 15%以上，夏季晴天室内温度可达 65℃以上，最高时与热风干燥相比节电 30%，节煤 70%，加工 1t 脱水产品节约原煤 1.0t，脱水时间与普通日光温室相比大大缩短，脱水干燥周期低于 36h（有光照时间），优质产品率达到 95%，干燥运行成本总体下降。冬季和阴雨天可采用辅助加热设施生产。以有效集热面积 30m^2，太空管 180 支为例计算［3000cal[①]/（d·m^2）］，平均日采集热量 9 万 cal，可使 1.5t 水升温 80℃。在阴雨或低温季节，开启热泵可使室内温度稳定在 80℃。

二、蔬菜太阳能脱水工艺技术研究

针对高原夏菜脱水加工代表品种，开展了太阳能蔬菜脱水工艺技术生产性试验研究，形成了胡萝卜、荷兰豆太阳能脱水加工工艺技术。

（一）试验研究出胡萝卜太阳能干燥工艺技术

主要工序：清洗→去青头→切分→热烫→冷却→护色→沥水→置于太阳能温室烘干纱网脱水干燥。

干燥工艺：

1）清洗：将新鲜胡萝卜放入流动清水池中浸泡清洗干净，去除表皮上的斑点、根须及凹陷部分的污物，然后削去青头和根须。

2）切分：将清洗干净的胡萝卜均匀地送入切菜机切分。通常加工规格为厚度 10mm、8mm 和 5mm 3 种胡萝卜粒或胡萝卜片。在切分操作中，经常测试和调整

① 1cal=4.19J。

刀片间距，应保持刀片锋利，以防粘连和粒度变化。

3）热烫：热烫的目的是使原料的色泽鲜艳，组织柔软，消除异味，防止褐变。将切好的胡萝卜片、粒投入沸水中热烫4～5min。

4）冷却：物料经热烫后迅速冷却，用自来水喷淋和浸泡冷却10min，注意控制冷却水温度不能高于25℃，并以冰水最为理想。

5）护色：将冷却好的胡萝卜片，用护色液浸泡45min。

6）沥水：将浸泡后的胡萝卜片静置于网盘子上，静置1h，控去表面水分。

7）拌糖：均匀拌入葡萄糖粉，以增加成品的色度和甜度，改善风味，加糖量为鲜料的6%（拌糖工序根据需要而定）。

8）太阳能脱水干燥：将拌糖后的胡萝卜粒或片摊匀在烘盘内，在太阳能温室中烘干，干燥时间与太阳辐照量有关，夏天1～2天、冬天3～4天，当干制品含水量小于10%时，立即装入塑料袋，扎紧袋口。

9）分拣包装：干制品经过分拣，去除杂质和次品后，按标准分级。贮藏温度应低于14℃。

以异抗坏血酸钠（A）、碳酸氢钠（B）、柠檬酸（C）、氯化钠（D）、氯化钙（E）等多种护色试剂进行反复的护色试验，单因素护色结果均不理想，而通过设置正交试验，筛选出了：4%A+0.3%B+0.2%C+0.4%D+0.2%E 和 4%A+0.2%B+0.3%C+0.4%D+0.4%E 为最佳护色组合，为脱水胡萝卜护色剂的最佳配方。

（二）试验研究出荷兰豆太阳能脱水干燥工艺技术

主要流程：原料→清洗调理→修拣、清洗→漂烫、冷却→护色液浸泡→太阳能脱水干燥→目视精选→计量包装→贮藏。

原料：选用新鲜荷兰豆，要求原料无污染、无虫蛀。

1）清洗调理：除去豆柄和残花及不良部分，清洗时视季节、原料情况可加少量食盐，以利驱虫。

2）切分、清洗：按市场要求进行切分。

3）漂烫、冷却：漂烫水温96～100℃，pH 8.5，时间2～3min，可视不同产品规格作调整，采用自来水冷却，冷却水温低于30℃。

4）护色：将冷却好的荷兰豆用护色液浸泡1h。

5）太阳能脱水干燥：将荷兰豆放入太阳能温室内进行脱水干燥，期间要经常翻动物料，需要2～3天，具体可视干燥情况适当调整，控制水分在8%以下。

试验研究了氯化钠（A）、异抗坏血酸钠（B）、碳酸氢钠（C）、柠檬酸（D）、氯化钙（E）等单一护色试剂对太阳能脱水荷兰豆的护色效果，并通过正交试验，确定适用于脱水荷兰豆护色剂的最佳配方，脱水荷兰豆的护色液配方为0.4%A+0.3%B+0.5%C+0.02%D。

参考文献

鲍士旦. 2000. 土壤农化分析(第三版). 北京: 中国农业出版社: 30-183.

毕彦勇, 高东升, 王晓英. 2005. 根系分区交替灌溉对设施油桃生长发育、产量及品质的影响. 中国生态农业学报, 13(4): 88-90.

曹士军. 2013. 花椰菜对环境条件的要求及主要栽培技术. 吉林蔬菜, (10): 8-9.

陈瑞娟, 毕金峰, 陈芹芹, 等. 2013. 胡萝卜的营养功能、加工及其综合利用研究现状. 食品与发酵工业, 39(10): 201-206.

程斐, 孙朝军, 赵玉国, 等. 2001. 芦苇末有机栽培基质的基本理化性能分析. 南京农业大学学报, 24(3): 19-22.

董珍. 2010. 西芹无公害高产优质栽培技术. 农业科技与信息, (13): 21-22.

杜社妮, 梁银丽, 翟胜, 等. 2005. 不同灌溉模式对茄子生长发育的影响. 中国农学通报, 21(6): 430 -432.

郝黎仁, 樊元, 郝哲欧. 2003. SPSS 实用统计分析. 北京: 中国水利水电出版社: 274-315.

胡艳君, 乔娟. 2004. 比较优势与山西省种植业结构调整. 中国农业资源与区划, 25(3): 20-25.

康绍忠, 李永杰. 1997. 21 世纪我国节水农业发展趋势及其对策. 农业工程学报, 13(4): 1-7.

康绍忠, 张建华, 梁宗锁, 等. 1997. 控制性交替灌溉——一种新的农田节水调控思路. 干旱地区农业研究, 15(1): 1-6.

李华, 王艳君, 孟军, 等. 2009. 气候变化对中国酿酒葡萄气候区划的影响. 园艺学报, 36(3): 313-323.

李岳云, 卢中华, 凌振春. 2003. 中国蔬菜生产区域化的演化与优化——基于 31 个省区的实证分析. 经济地理, 27(2): 191-195.

连兆煌. 1994. 无土栽培原理与技术. 北京: 农业出版社: 32-46.

林亚芬, 郎进宝, 陶忠富, 等. 2015. 莴笋的特征特性及其栽培技术要点. 宁波农业科技, (1): 26-27.

刘凤坤. 2011. 西芹及其新品种介绍. 山东蔬菜, (3): 39-40.

刘兴莉, 王生林. 2007. 甘肃省主要农作物比较优势的地区差异分析. 甘肃农业大学学报, 42(2): 130-134.

刘雪, 傅泽田, 常虹. 2001. 我国蔬菜生产的区域比较优势分析. 中国农业大学学报, 7(2): 1-6.

刘蕴薰, 杨秉庚, 李惠明. 1981. 聚类分析方法在农业气候区划中的应用. 气象, 7(10): 20-21.

马惠兰. 2004. 区域农产品比较优势的理论基础与分析框架. 中国青年农业科学学术年报: 370-375.

穆月英, 赵双双, 赵霞. 2011. 北京市蔬菜生产的优势区域布局与比较. 中国蔬菜, 24(22): 8-12.

任瑞玉, 杨天育, 何继红, 等. 2013. 甘肃高海拔地区荷兰豆应用与高产栽培技术. 长江蔬菜, (13): 18-19.

苏国贤. 2010. 山西优势蔬菜产品测定与区域布局. 山西农业大学学报(社会科学版), 9(1): 48-51.

孙景生, 康绍忠, 蔡焕杰, 等. 2002. 交替隔沟灌溉提高农田水分利用效率的节水机理. 水利学报, (3): 64 -68.

汤勇, 黄军, 李岳云. 2006. 中国蔬菜的比较优势与出口竞争力分析. 农业技术经济, 4: 73-78.

陶兴林, 朱惠霞, 胡立敏, 等. 2015. IAA 和 GA 对花椰菜温敏雄性不育系育性转换的影响. 甘肃农业科技, (3): 13-15.

王学强, 贾志宽, 李轶冰. 2007. 河南省主要农作物比较优势分析. 西北农林科技大学学报(自然科学版), 35(11): 48-52.
吴越, 柯文辉, 许标文, 等. 2010. 福建省主要农作物比较优势分析. 福建农业学报, 25(6): 779-782.
徐兆生, 张合龙, 刘佳. 2004. 菜用豌豆及栽培技术. 长江蔬菜, (3): 25-26.
曾善静, 康小兰, 刘滨. 2011. 江西省蔬菜产业国际竞争力的实证分析. 江西农业大学学报(社会科学版), 10(1): 67-71.
湛长菊. 2008. 娃娃菜的特征特性及高产栽培技术. 现代农业科技, 19: 63-65.
张保军, 王鼎国, 雷玉明. 2016. 施肥对河西走廊娃娃菜干烧心病及产量的影响. 土壤与作物, 5(3): 206-210.
张德纯. 2010. 蔬菜史话·莴笋. 中国蔬菜, (8): 20.
张德纯. 2012. 蔬菜史话·胡萝卜. 中国蔬菜, (8): 55.
张德纯. 2013. 蔬菜史话·洋葱. 中国蔬菜, (17): 41.
张德纯. 2015. 蔬菜史话·结球甘蓝. 中国蔬菜, (12): 18.
张德纯. 2016. 蔬菜史话·花椰菜. 中国蔬菜, (1): 84.
张吉国. 2007. 山东省蔬菜供给: 比较优势发展格局、问题及对策. 农业经济, 33(2): 57-63.
张楠, 丁晓蕾. 2015. 结球甘蓝名称考释. 山西农业大学学报(社会科学版), 14(8): 860-864.
张守文, 程宇. 2014. 豌豆的营养成分及在食品工业中的应用. 中国食品添加剂, (14): 154-158.
张嵩甫, 陈述云, 胡希玲. 1995. 统计分析方法及其应用. 重庆: 重庆大学出版社: 114-124.
赵松岭, 李凤民, 张大勇, 等. 1997. 作物生产是一个种群过程. 生态学报, 17: 100-104.
周箬涵. 2015. 不同氮素形态及配比对娃娃菜产量、品质及其养分吸收的影响. 甘肃农业大学硕士学位论文.
周喜新, 邓小华, 周冀衡. 2011. 湖南省主要农作物区域比较优势差异及地域类型划分. 湖南科技大学学报(社会科学版), 14(5): 84-89.
周贤君, 邹冬生, 王敏. 2009. 湖南省主要农作物区域比较优势分析. 农业现代化研究, 30(6): 712-715.

第三章 高原夏菜安全高效标准化生产技术规程

第一节 高原夏菜产地环境技术条件

1 范围

本标准规定了高原夏菜产地选择要求、环境空气质量要求、灌溉水质量要求、土地环境质量要求、试验方法、采样方法、土地肥力及禁用农药。

本标准适用于高原夏菜产地环境要求。

2 规范性引用文件

下列文件中的条款通过本标准的引用而成为本部分的条款。凡是注日期的引用文件，其随后所有的修改单（不包括勘误的内容）或修订版均不适用于本部分；凡是不注日期的引用文件，其最新版本适用于本标准。

GB 5084—2005 农田灌溉水质标准检验方法

HJ 694—2014 水质 汞、砷、硒、铋和锑的测定 原子荧光法

GB/T 7475 水质 铅、镉的测定 原子吸收分光光度法

GB/T 16488 水质 石油类和动植物油的测定 红外光度法

GB/T 15262 环境空气 二氧化硫的测定 甲醛吸收-副玫瑰苯胺分光光度法

GB/T 15432 环境空气 总悬浮颗粒物的测定 重量法

HJ 480—2009 环境空气 氟化物的测定 滤膜采样氟离子选择电极法

GB/T 22105—2008 土壤质量 总汞、总砷、总铅的测定 原子荧光法

GB/T 17141—1997 土壤质量 铅、镉的测定 石墨炉原子吸收分光光度法

GB/T 17137—1997 土壤质量 总铬的测定 火焰原子吸收分光光度法

NY/T395 农田土壤环境质量监测技术规范

NY/T396 农用水源环境质量监测技术规范

NY/T397 农区环境空气质量监测技术规范

3 术语和定义

下列术语和定义适用于本标准。

（1）高原夏菜产地

位于黄土高原、内蒙古高原、青藏高原三大高原交汇处，即甘肃省沿黄灌区及河西走廊地区，产地海拔大于1200m，纬度大于35.5°（北纬），生产季节昼夜

温差大于 5℃，空气湿度小于 60%的区域。具有垂直气候明显、气候干燥、降水少、光照时间长、光能潜力大、昼夜温差大等特点。春、夏、秋 3 季均能生产安全、营养、优质的露地蔬菜产品。

（2）高原夏菜

在高原夏菜产地所生产的能达到安全、优质、营养要求的蔬菜产品。具有耐贮运、可供应周期长等特点，能弥补南方及沿海地区因夏季高温、蔬菜生产受到限制、市场供应空缺的不足。

（3）高原夏菜产地环境质量

高原夏菜生产基地的空气环境、水环境和土壤环境的质量。

4 环境质量要求

（1）产地选择

高原夏菜生产基地要求 5km 以内无工矿企业污染；3km 之内无生活垃圾堆放和填埋场、工业固体废弃堆放和填埋场等。

（2）空气质量

若产地周围 5km、主导风向 20km 以内没有工矿企业污染源的区域可免测空气。高原夏菜产地环境空气中各种污染物含量均应符合表 3-1 的要求。

表 3-1 环境空气质量要求

项目	指标			
	日平均		1h 平均	
总悬浮颗粒物（标准状态）(mg/m^3)	≤0.30		—	
二氧化硫（标准状态）(mg/m^3)	≤0.15[a]	≤0.25[b]	≤0.50[a]	≤0.70[b]
氟化物（标准状态）(mg/m^3)	≤1.5[a]	≤7[b]	—	

a. 菠菜、青菜、白菜、黄瓜、莴笋、南瓜、西葫芦的产地应满足此要求；b. 甘蓝、菜用豌豆的产地应满足此要求；未标注的适用于其他品种

注：日平均是指任何 1 日的平均浓度；1h 平均是指任何 1h 的平均浓度

（3）灌溉水质量

高原夏菜生产灌溉水中各种污染物含量均应符合表 3-2 的要求。

（4）土壤质量

高原夏菜土壤中各种污染物含量应符合表 3-3 要求。

（5）土壤肥力与禁用农药名录

生产高原夏菜时，土壤肥力要达到以下指标（见附录 A）。

表 3-2 灌溉水质量要求

项目	指标值
浊度	≤3 度
臭和味	不得有异臭、异味
总砷（以 As 计）（mg/L）	≤0.05
总汞（以 Hg 计）（mg/L）	≤0.001
镉（以 Cd 计）（mg/L）	≤0.01
铅（以 Pb 计）（mg/L）	≤0.05
氰化物	≤0.50
耐热大肠菌群（MPN/L）	≤0.50

注：采用喷灌方式灌溉的菜地以及浇灌、沟灌方式灌溉的叶菜类菜地应满足此要求

表 3-3 土壤环境质量要求 （单位：mg/kg）

项目	指标值
总砷（以 As 计）	≤25
总汞（以 Hg 计）	≤1.0
铅（以 Pb 计）	≤350
镉（以 Cd 计）	≤0.50
铬（六价铬）	≤250

根据国家（农业部 199 号公告）公布的“禁用、限制使用的剧毒、高毒、高残留农药品种”及“在蔬菜、果树、茶叶、中草药材上不得使用和限制使用的农药”有关规定，高原夏菜生产中禁用农药见附录 B。

5 产地环境调查与采样方法

空气质量的采样和分析方法按照 GB/T 15262、GB/T 15432、HJ 480—2009 规定执行。

灌溉水的采样和分析方法按照 GB 5084—2005、HJ 694—2014、GB/T 7475、GB/T 16488 规定执行。

土壤质量的采样和分析方法按照 GB/T 22105—2008、GB/T 17141、GB/T 17137—1997 规定执行。

6 试验方法

采样方法除本标准有特殊规定外（表 3-1 注），其他的采样方法和所有分析方法按本标准引用的相关国家标准执行。

（1）水质

① 混浊度，按照 GB 5084—2005 规定执行。

② 总汞，按照 HJ 694—2014 规定执行。

③ 铅和镉，按照 GB/T 7475 规定执行。

④ 总砷，按照 HJ 694—2014 规定执行。

（2）土壤

① 总汞，按照 GB/T 22105.1—2008 规定执行。

② 总铅，按照 GB/T 22105.3—2008 规定执行。

③ 总砷，按照 GB/T 22105.2—2008 规定执行。

④ 总镉，按照 GB/T 17141—1997 规定执行。

（3）空气

① 二氧化硫，按照 GB/T 15262 规定执行。

② 总悬浮颗粒物，按照 GB/T 15432 有关规定执行。

③ 氟化物，按照 HJ 480—2009 有关规定执行。

附录 A　土壤肥力的分级、测定、评价

为了促进生产者增施有机肥，提高土壤肥力，生产高原夏菜时，土壤肥力作为参考指标。要达到土壤肥力分级Ⅰ、Ⅱ级指标。

A1　土壤肥力分级参考指标

高原夏菜土壤肥力各项分级指标及肥力指标见表 3-4。

表 3-4　土壤肥力分级参考指标

项目	级别	高原菜地
有机质（g/kg）	Ⅰ	＞30
	Ⅱ	20～30
	Ⅲ	＜20
全氮（g/kg）	Ⅰ	＞1.2
	Ⅱ	1.0～1.2
	Ⅲ	＜1.0
有效磷（mg/kg）	Ⅰ	＞40
	Ⅱ	20～40
	Ⅲ	＜20
有效钾（mg/kg）	Ⅰ	＞150
	Ⅱ	100～150
	Ⅲ	＜100
阳离子交换量（mg/kg）	Ⅰ	＞20
	Ⅱ	15～20
	Ⅲ	＜15
质地	Ⅰ	轻壤
	Ⅱ	砂壤、中壤
	Ⅲ	砂土、黏土

A2　土壤肥力评价

土壤肥力的各项指标，Ⅰ级为优良，Ⅱ级为中等，Ⅲ级为较差，供评价者和生产者在评价和生产时参考。生产者应增施有机肥，使土壤肥力逐年提高。

A3　土壤肥力测定方法

按 NY/T 53、LY/T 1225、LY/T 1233、LY/T 1236、LY/T 1243 的规定执行。

附录 B　高原夏菜禁用农药名录

B1　禁用农药

甲胺磷、乙酰甲胺磷、呋喃丹、3911、苏化 202、1605、甲基 1605、1509、杀螟威、久效磷、磷胺、异丙磷、马拉硫磷、三硫磷、氧化乐果、磷化锌、磷化铝、砒霜、氰化物、氟乙酰胺、杀虫脒、西力生、赛力散、溃疡净、五氯酚钠、氯化苦、二溴乙烷、二溴丙烷、401、水胺硫磷、六六六、滴滴涕、氯丹、敌枯双、普特丹、培福朗、18%蝇毒磷乳粉、汞制剂、赛丹、益舒宝、铁灭克、速扑杀、速蚧克、大风雷、治螟磷乳油、万铃灵乳油、甲基异柳磷、高渗氧乐果、增效甲胺磷、喹硫磷、高渗喹硫磷、灭多威原药，以及达甲乳油、多灭灵、虫磁灵、速灭畏、甲甲磷、高效磷、敌甲畏、马甲磷、速成效磷胺、乐胺磷、双甲马拉磷、大灭乳油、速胺磷、胺氯菊脂、久敌乳油、敌甲治乳油、敌甲乳油、氧乐氰乳油、氧乐酮、叶胺磷、克蚜螟、特杀灵、杀虫威等甲胺磷、磷胺、水胺硫磷混合剂。

B2　禁用农药分类及说明

B21　剧毒农药

磷胺、甲胺磷、久效磷、呋喃丹、3911、1059、 1605、甲基 1605、苏化 202、杀螟威、异丙磷、三硫磷、磷化锌、磷化铝、氰化物、氟乙酞胺、砒霜、氯化苦、五氯酚、二溴氯丙烷、401 等。这些农药对人、畜毒性大，能通过人的口腔、皮肤和呼吸道等途径进入体内引起急性中毒。

B22　高毒、残效期长、能造成积累性中毒的农药

汞制剂、赛力散、西力生等。这些农药残效期长，在土壤中半衰期为 10～30 年，它能使人、畜神经系统产生积累性中毒。

B23　低毒、残效期长、能造成积累性中毒的农药

例如，六六六、滴滴涕及氯丹、毒杀芬、狄氏剂、杀虫脒等。这些农药化学性质稳定，不易受日光和微生物的影响而分解，挥发性又小，在土壤中 10 年才能消失，它又是脂溶性药物，能够积累在植物和人、畜体内脂肪里。杀虫脒能引起人、畜慢性中毒，在蔬菜上禁用。

第二节　高原夏菜产品质量标准

一、白菜产品质量标准

1　范围

本标准规定了高原夏菜白菜类蔬菜的术语和定义、要求、试验方法、检验规则、标志、包装、运输和贮存。

本标准适用于符合高原夏菜产地环境条件的高原夏菜白菜类大白菜、小白菜。

2　规范性引用文件

下列文件中的条款通过本标准的引用而成为本部分的条款。凡是注日期的引用文件，其随后所有的修改单（不包括勘误的内容）或修订版均不适用于本部分；凡是不注日期的引用文件，其最新版本适用于本部分。

GB/T 5009.12 食品中铅的测定

GB/T 5009.15 食品中镉的测定

GB/T 5009.18 食品中氟的测定

GB/T 8868　蔬菜塑料周转箱

GB/T 15401 水果、蔬菜及其制品中亚硝酸盐和硝酸盐含量的测定

GB/T 8855　新鲜水果和蔬菜的取样方法

GB/T 5009.3 食品中水分的测定方法

GB/T 5009.86 水果、蔬菜及其制品总抗坏血酸的测定方法

GB/T 5009.10 食品中粗纤维的测定方法

GB/T 6194　水果、蔬菜可溶性总糖含量测定方法

GB/T 5009.5 食品中蛋白质的测定方法

GB/T 14609 谷物中铜、铁、锰、钙、镁的测定方法 原子吸收法

NY/T 761　蔬菜和水果中有机磷、有机氯、拟除虫菊酯和氨基甲酸酯类农药多种残留检测方法

GB/T 5009.135 植物性食品中灭幼脲残留量的测定

NY/T 5340　无公害食品　产品检验规范

NY/T 5344.3　无公害食品　产品抽样规范　第三部分：蔬菜

3　术语和定义

下列术语和定义适用于本标准。

（1）整齐度

同一批产品形状、大小相对一致的程度。用样品平均质量乘以（1%±5%）

表示。

（2）新鲜

叶片具有一定的光泽和水分，没有发生萎蔫现象。

（3）清洁

叶片表面没有泥土、灰尘及其他污染物。

（4）异味

因栽培管理、污染或病虫危害所造成的不良气味和滋味。

（5）烧心

菜体内层叶片因生理或病理、环境等因素造成的干枯现象。

（6）裂球

因成熟过度或侧芽萌发或抽薹而造成的叶球开裂。

4　要求

（1）感官

同一品种或相似品种已充分发育，外观整齐，达到本品种采收前标准性状，菜体新鲜、清洁，无裂球（大白菜）、烧心、腐烂、异味、冻害、病虫害，允许有少量机械伤。每批次产品中不符合感官要求的按质量计，总不合格率不应超过10%。同一批次产品规格允许误差应小于20%。

注：腐烂和病虫害为主要缺陷。

（2）营养指标

营养指标应符合表3-5的要求。

表3-5　营养指标　　（单位：g/kg）

项目	指标
干物质	≥40.0
维生素C	≥0.12
粗纤维	≤5.0
可溶性总糖	≥15.0
钙	≥0.4
粗蛋白	≥10.0

（3）安全指标

安全指标应符合表3-6的要求。

表 3-6　安全指标　（单位：mg/kg）

项目	指标
敌敌畏（dichlorvos）	≤0.2
毒死蜱（chlorpyrifos）	≤0.1
乙酰甲胺磷（acephate）	≤1.0
辛硫磷（phoxim）	≤0.05
氯氰菊酯（cypermethrin）	≤2
溴氰菊酯（deltamethrin）	≤0.5
氰戊菊酯（fenvalerate）	≤0.5
氯氟氰菊酯（cyhalothrin）	≤0.2
灭幼脲（chlorbenzuron）	≤3
百菌清（chlorothalonil）	≤5
铅（以 Pb 计）	≤0.3
镉（以 Cd 计）	≤0.05
氟（以 F 计）	≤1.0
亚硝酸盐	≤4

注：1. 出口产品按进口国的要求检测；
　　2. 其他有毒有害物质的限量应符合国家法律法规、行政规范和强制性标准的规定

5　试验方法

（1）感官

将按 NY/T 5344.3 规定抽取的样品量进行检验，品种特征、裂球、新鲜、清洁、烧心、冻害、病虫害及机械伤等，用目测法检测。病虫害有明显症状或症状不明显而有怀疑者，应取样用小刀解剖检验，若发现内部症状，则需扩大 1 倍样品数量。异味用嗅的方法检测。

（2）营养指标

① 干物质（水分），按 GB/T 5009.3 规定执行。
② 粗蛋白，按 GB/T 5009.5 规定执行。
③ 维生素 C（总抗坏血酸），按 GB/T 5009.86 规定执行。
④ 粗纤维，按 GB/T 5009.10 规定执行。
⑤ 钙，按 GB/T 14609 规定执行。
⑥ 可溶性总糖，按 GB/T 6194 规定执行。

（3）安全指标

① 乐果、敌敌畏、毒死蜱、乙酰甲胺磷、辛硫磷、氯氰菊酯、氰戊菊酯、溴

氰菊酯、氯氟氰菊酯、百菌清，按 NY/T 761 规定执行。

② 灭幼脲，按 GB/T 5009.135 规定执行。

③ 铅，按 GB/T 5009.12 规定执行。

④ 镉，按 GB/T 5009.15 规定执行。

⑤ 氟，按 GB/T 5009.18 规定执行。

⑥ 亚硝酸盐，按 GB/T 15401 规定执行。

6　检验规则

（1）组批

按 NY/T 5340 规定执行。

（2）抽样

按照 NY/T 5344.3 有关规定执行。报验单填写的项目应与实货相符，凡与实货单不符，品种、规格混淆不清，包装容器严重损坏者，应由交货单位重新整理后再行抽样。

（3）检验分类

① 交收检验

每批产品交收前，生产单位都要进行交收检验。交收检验内容包括感官和标识。检验合格后并附合格证方可交收。

② 型式检验

型式检验是对产品进行全面考核，即对本标准规定的全部要求（指标）进行检验。有下列情形之一者应进行型式检验：

a）有关行政主管部门提出型式检验要求时；

b）前后两次抽样检验结果差异较大；

c）人为或自然因素使生产环境发生较大变化。

③ 包装检验

逐件称量抽取的样品，每件的质量应一致，不得低于包装外标志的质量。根据整齐度计算的结果，确定所抽取样品的规格，并检查与包装外所示的规格是否一致。

（4）判定规则

按 NY/T 5340 规定执行。

① 限度范围：每批受检样品，不合格率按其所检单位（如每箱、每袋）的平均值计算，总和不应超过所规定限度。若同一批次某单位包装样品不合格百分率超过规定限度时，为避免不合格率变异幅度太大，规定如下：限度总计不超过 10%

者，则任何包装不合格百分率的上限不应超过 20%。

② 每批受检样品的感官指标不合格率按其所检单位（如每箱、每袋）的平均值计算。

③ 安全指标有一项不合格，复检后仍不合格的，判该批次产品为不合格。

④ 复检：该批次样本标志、包装、净含量不合格者，允许生产单位进行整改后申请复验一次。感官和卫生指标检测不合格不进行复验。

7 标志和标签

（1）标志

高原夏菜标志的使用应符合有关规定。

（2）标签

应包括产品名称、产品的执行标准、生产者及详细地址、产地、净含量和包装日期等，要求字迹清晰、完整、准确。

8 包装、运输、贮存

（1）包装

① 用于产品包装的容器如塑料箱、纸箱等应按产品的大小规格设计，同一规格应大小一致，整洁、干燥、牢固、透气、美观、无污染、无异味，内壁无尖突物，无虫蛀、腐烂、霉变等，纸箱无受潮、离层现象。塑料箱应符合 GB/T 8868 的要求。

② 按产品的规格分别包装，同一包装内的产品需摆放整齐紧密。

（2）运输

夏季运输前应进行预冷。运输过程中注意保持适当的温度和湿度。注意防冻、防雨淋、防晒、通风散热，不应与有毒、有害物质混运。

（3）贮存

① 贮存时应按品种、规格分别贮存，不应与有毒、有害物质混贮。

② 贮存温度：适宜产品的贮存温度。

③ 贮存湿度：空气相对湿度应保持在 90%～95%。

④ 库内堆码时应保证气流均匀流通。

二、莴笋产品质量标准

1 范围

本标准规定了高原夏菜莴笋的术语和定义、要求、试验方法、检验规则、标志和标签、包装、运输和贮存。

本标准适用于高原夏菜莴笋。

2　规范性引用文件

下列文件中的条款通过本标准的引用而成为本部分的条款。凡是注日期的引用文件，其随后所有的修改单（不包括勘误的内容）或修订版均不适用于本部分；凡是不注日期的引用文件，其最新版本适用于本部分。

GB/T 5009.12 食品中铅的测定

GB/T 5009.15 食品中镉的测定

GB/T 8868 蔬菜塑料周转箱

GB/T 15401 水果、蔬菜及其制品中亚硝酸盐和硝酸盐含量的测定

GB/T 8855 新鲜水果和蔬菜的取样方法

GB/T 5009.3 食品中水分的测定方法

GB/T 5009.86 水果、蔬菜及其制品总抗坏血酸的测定方法

GB/T 5009.10 食品中粗纤维的测定方法

GB/T 6194 水果、蔬菜可溶性总糖含量测定方法

GB/T 5009.104 植物性食品中氨基甲酸酯类农药残留量的测定

NY/T 761 蔬菜和水果中有机磷、有机氯、拟除虫菊酯和氨基甲酸酯类农药多种残留检测方法

NY/T 5340 无公害食品　产品检验规范

NY/T 5344.3 无公害食品　产品抽样规范　第三部分：蔬菜

3　术语和定义

下列术语和定义适用于本标准。

（1）病（伤）株

是指因病理、机械等对植株造成的损伤。

（2）新鲜

莴笋茎秆翠绿发亮，无萎蔫。

（3）腐烂

莴笋因病虫侵染引起的任何腐烂现象。

（4）异味

在贮运过程中，莴笋因污染或病虫危害造成的不良气味和滋味。

（5）整齐度

莴笋茎秆粗细、长短的一致性。分别用莴笋主茎直径的平均值乘以（1%±

16%)、主茎长度的平均值乘以(1%±20%)和单个莴笋质量的平均值乘以(1%±20%)的个数的百分率表示。

4 基本要求

(1)感官

外观整齐，达到同一品种标准性状。叶片、茎秆新鲜、清洁，无腐烂、畸形、异味、冻害、病虫害及机械伤。同规格的样品整齐度≥90%；每批次产品中不符合感官要求的按质量计，总不合格率不应超过5%。

同一批次产品规格允许误差应小于10%。

注：腐烂和病虫害为主要缺陷。

(2)营养指标

营养指标应符合表3-7的要求。

表3-7 营养指标 (单位：g/kg)

项目	指标
干物质	≥50.0
可溶性总糖	≥25.0
粗纤维	≤4.0
维生素C	≥0.06

(3)安全指标

安全指标应符合表3-8的要求。

表3-8 安全指标 (单位：mg/kg)

项目	指标
敌敌畏(dichlorvos)	≤0.2
毒死蜱(chlorpyrifos)	≤0.1
乙酰甲胺磷(acephate)	≤1.0
辛硫磷(phoxim)	≤0.05
氯氰菊酯(cypermethrin)	≤2
溴氰菊酯(deltamethrin)	≤0.5
氰戊菊酯(fenvalerate)	≤0.5
氯氟氰菊酯(cyhalothrin)	≤0.2
抗蚜威(pirimicarb)	≤1
百菌清(chlorothalonil)	≤5
铅(以Pb计)	≤0.3
镉(以Cd计)	≤0.05
亚硝酸盐	≤4

注：1. 出口产品按进口国的要求检测；

2. 其他有毒有害物质的限量应符合国家法律法规、行政规范和强制性标准的规定

5　试验方法

（1）感官

将按 NY/T 5344.3 规定抽取的样品量进行检验，品种特征、新鲜、清洁、整齐、腐烂、冻害、病虫害及机械伤等，用目测法检测。外观有明显病虫害症状或怀疑有病虫害的样品，应取样用小刀纵向解剖方法检验，若发现内部症状，则需扩大 1 倍样品数量。异味用嗅的方法检测。

（2）营养指标

① 干物质（水分），按 GB/T 5009.3 规定执行。

② 粗纤维，按 GB/T 5009.10 规定执行。

③ 维生素 C（总抗坏血酸），按 GB/T 5009.86 规定执行。

④ 可溶性总糖，按 GB/T 6194 规定执行。

（3）安全指标

① 乐果、敌敌畏、毒死蜱、乙酰甲胺磷、辛硫磷、氯氰菊酯、溴氰菊酯、氰戊菊酯、氯氟氰菊酯、百菌清，按 NY/T 761 规定执行。

② 抗蚜威，按 GB/T 5009.104 规定执行。

③ 铅，按 GB/T 5009.12 规定执行。

④ 镉，按 GB/T 5009.15 规定执行。

⑤ 亚硝酸盐，按 GB/T 15401 规定执行。

6　检验规则

（1）组批

按 NY/T 5340 规定执行。

（2）抽样

按照 NY/T 5344.3 有关规定执行。报验单填写的项目应与实货相符，凡与实货单不符，品种、规格混淆不清，包装容器严重损坏者，应由交货单位重新整理后再行抽样。

（3）检验分类

① 交收检验

每批产品交收前，生产单位都要进行交收检验。交收检验内容包括感官和标识。检验合格后并附合格证方可交收。

② 型式检验

型式检验是对产品进行全面考核，即对本标准规定的全部要求（指标）进行检验。有下列情形之一者应进行型式检验：

a）有关行政主管部门提出型式检验要求时；

b）前后两次抽样检验结果差异较大；

c）人为或自然因素使生产环境发生较大变化。

③ 包装检验

逐件称量抽取的样品，每件的质量应一致，不得低于包装外标志的质量。根据整齐度计算的结果，确定所抽取样品的规格，并检查与包装外所示的规格是否一致。

（4）判定规则

按 NY/T 5340 规定执行。

① 限度范围：每批受检样品，不合格率按其所检单位（如每箱、每袋）的平均值计算，总和不应超过所规定限度。若同一批次某单位包装样品不合格百分率超过规定限度时，为避免不合格率变异幅度太大，规定如下：限度总计不超过 10% 者，则任何包装不合格百分率的上限不应超过 20%。

② 每批受检样品的感官指标不合格率按其所检单位（如每箱、每袋）的平均值计算。

③ 安全指标有一项不合格，复检后仍不合格的，判该批次产品为不合格。

④ 复检：该批次样本标志、包装、净含量不合格者，允许生产单位进行整改后申请复验一次。感官和卫生指标检测不合格不进行复验。

7　标志和标签

（1）标志

高原夏菜标志的使用应符合有关规定。

（2）标签

应包括产品名称、产品的执行标准、生产者及详细地址、产地、净含量和包装日期等，要求字迹清晰、完整、准确。

8　包装、运输、贮存

（1）包装

① 用于产品包装的容器如塑料箱、纸箱等应按产品的大小规格设计，同一规格应大小一致，整洁、干燥、牢固、透气、美观、无污染、无异味，内壁无尖突物，无虫蛀、腐烂、霉变等，纸箱无受潮、离层现象。塑料箱应符合 GB/T 8868 的要求。

② 按产品的规格分别包装，同一包装内的产品需摆放整齐紧密。

（2）运输

夏季运输前应进行预冷。运输过程中适宜的温度为1～4℃，相对湿度85%～90%，运输过程中注意防冻、防雨淋、防晒、通风散热，不应与有毒、有害物质混运。

（3）贮存

① 贮存时应按品种、规格分别贮存，不应与有毒、有害物质混贮。

② 贮存温度应保持在–2～2℃，空气相对湿度保持在90%～95%，库内堆码时应保证气流均匀流通。

三、胡萝卜产品质量标准

1　范围

本标准规定了高原夏菜胡萝卜的术语和定义、要求、试验方法、检验规则、标志和标签、包装、运输和贮存。

本标准适用于高原夏菜胡萝卜。

2　规范性引用文件

下列文件中的条款通过本标准的引用而成为本部分的条款。凡是注日期的引用文件，其随后所有的修改单（不包括勘误的内容）或修订版均不适用于本部分；凡是不注日期的引用文件，其最新版本适用于本部分。

GB/T 5009.83 食品中胡萝卜素的测定

GB/T 5009.12 食品中铅的测定

GB/T 5009.15 食品中镉的测定

GB/T 8868 蔬菜塑料周转箱

GB/T 15401 水果、蔬菜及其制品中亚硝酸盐和硝酸盐含量的测定

GB/T 8855 新鲜水果和蔬菜的取样方法

GB/T 5009.3 食品中水分的测定方法

GB/T 5009.86 水果、蔬菜及其制品总抗坏血酸的测定方法

GB/T 5009.10 食品中粗纤维的测定方法

GB/T 6194 水果、蔬菜可溶性总糖含量测定方法

GB/T 5009.104 植物性食品中氨基甲酸酯类农药残留量的测定

NY/T 761 蔬菜和水果中有机磷、有机氯、拟除虫菊酯和氨基甲酸酯类农药多种残留检测方法

NY/T 5340 无公害食品 产品检验规范

NY/T 5344.3 无公害食品 产品抽样规范 第三部分：蔬菜

3 术语和定义

下列术语和定义适用于本标准。

（1）直根

胡萝卜根部膨大可食用部分。

（2）心柱

直根的中柱。

（3）分杈

直根生长点破坏或主根生长受阻而造成的侧根膨大，出现分杈或多条肉质根的现象。

（4）青头

直根顶端因阳光照射而呈绿色的部分。

4 要求

（1）感官

新鲜，肉质鲜嫩，直根完整，外表光滑，整洁均匀，成熟适度。直根无歧根、裂口、分杈，形状整齐一致，表面光滑。皮色、肉色、心柱着色均匀一致。

（2）营养指标

营养指标应符合表 3-9 的要求。

表 3-9 营养指标 （单位：g/kg）

项目	指标
干物质	≥90.0
维生素 C	≥0.07
β-胡萝卜素	≥0.05
粗纤维	≤8.0
可溶性总糖	≥45.0

（3）安全指标

安全指标应符合表 3-10 的要求。

5 试验方法

（1）感官

将按 NY/T 5344.3 规定抽取的样品量进行检验，品种特征、鲜嫩、完整、歧

表 3-10　安全指标　　（单位：mg/kg）

项目	指标
乐果（dimethoate）	≤1.0
敌敌畏（dichlorvos）	≤0.2
毒死蜱（chlorpyrifos）	≤0.1
乙酰甲胺磷（acephate）	≤1.0
辛硫磷（phoxim）	≤0.05
氯氰菊酯（cypermethrin）	≤2.0
溴氰菊酯（deltamethrin）	≤0.5
氰戊菊酯（fenvalerate）	≤0.5
氯氟氰菊酯（cyhalothrin）	≤0.2
抗蚜威（pirimicarb）	≤1.0
百菌清（chlorothalonil）	≤5.0
铅（以 Pb 计）	≤0.3
镉（以 Cd 计）	≤0.05
亚硝酸盐	≤4

注：1. 出口产品按进口国的要求检测；
2. 其他有毒有害物质的限量应符合国家法律法规、行政规范和强制性标准的规定

根、裂口、分杈、整齐、冻害、病虫害及机械伤等，用目测法检测。外观有明显病虫害症状或怀疑有病虫害的样品，应取样用小刀纵向解剖方法检验，若发现内部症状，则需扩大 1 倍样品数量。异味用嗅的方法检测。

每批样品中不符合品质要求的样品按质量计，总不合格率≤5%。同规格的样品整齐度应≥90%。

（2）营养指标

① 干物质（水分），按 GB/T 5009.3 规定执行。
② 维生素 C（总抗坏血酸），按 GB/T 5009.86 规定执行。
③ β-胡萝卜素，按 GB/T 5009.83 规定执行。
④ 粗纤维，按 GB/T 5009.10 规定执行。
⑤ 可溶性总糖，按 GB/T 6194 规定执行。

（3）安全指标

① 乐果、敌敌畏、毒死蜱、乙酰甲胺磷、辛硫磷、氯氰菊酯、氰戊菊酯、溴氰菊酯、氯氟氰菊酯、百菌清，按 NY/T 761 规定执行。
② 抗蚜威，按 GB/T 5009.104 规定执行。
③ 铅，按 GB/T 5009.12 规定执行。

④ 镉，按 GB/T 5009.15 规定执行。

⑤ 亚硝酸盐，按 GB/T 15401 规定执行。

6 检验规则

（1）组批

按 NY/T 5340 规定执行。

（2）抽样

按照 NY/T 5344.3 有关规定执行。报验单填写的项目应与实货相符，凡与实货单不符，品种、规格混淆不清，包装容器严重损坏者，应由交货单位重新整理后再行抽样。

（3）检验分类

① 交收检验

每批产品交收前，生产单位都要进行交收检验。交收检验内容包括感官和标识。检验合格后并附合格证方可交收。

② 型式检验

型式检验是对产品进行全面考核，即对本标准规定的全部要求（指标）进行检验。有下列情形之一者应进行型式检验：

a）有关行政主管部门提出型式检验要求时；

b）前后两次抽样检验结果差异较大；

c）人为或自然因素使生产环境发生较大变化。

③ 包装检验

逐件称量抽取的样品，每件的质量应一致，不得低于包装外标志的质量。根据整齐度计算的结果，确定所抽取样品的规格，并检查与包装外所示的规格是否一致。

（4）判定规则

按 NY/T 5340 规定执行。

① 限度范围：每批受检样品，不合格率按其所检单位（如每箱、每袋）的平均值计算，总和不应超过所规定限度。若同一批次某单位包装样品不合格百分率超过规定限度时，为避免不合格率变异幅度太大，规定如下：限度总计不超过 10% 者，则任何包装不合格百分率的上限不应超过 20%。

② 每批受检样品的感官指标不合格率按其所检单位（如每箱、每袋）的平均值计算。

③ 安全指标有一项不合格，复检后仍不合格的，判该批次产品为不合格。

④ 复检：该批次样本标志、包装、净含量不合格者，允许生产单位进行整改后申请复验一次。感官和卫生指标检测不合格不进行复验。

7　标志和标签

（1）标志

高原夏菜标志的使用应符合有关规定。

（2）标签

应包括产品名称、产品的执行标准、生产者及详细地址、产地、净含量和包装日期等，要求字迹清晰、完整、准确。

8　包装、运输、贮存

（1）包装

① 用于产品包装的容器如塑料箱、纸箱等应按产品的大小规格设计，同一规格应大小一致，整洁、干燥、牢固、透气、美观、无污染、无异味，内壁无尖突物，无虫蛀、腐烂、霉变等，纸箱无受潮、离层现象。塑料箱应符合 GB/T 8868 的要求。

② 按产品的规格分别包装，同一包装内的产品需摆放整齐紧密。

（2）运输

夏季运输前应进行预冷。运输过程中适宜的温度为 0℃，相对湿度 90%。运输过程中注意防冻、防雨淋、防晒、通风散热，不应与有毒、有害物质混运。

（3）贮存

① 贮存时应按品种、规格分别贮存，不应与有毒、有害物质混贮。

② 贮存温度应保持在 0℃，空气相对湿度保持在 95%，库内堆码时应保证气流均匀流通。

四、芹菜产品质量标准

1　范围

本标准规定了高原夏菜芹菜的术语和定义、要求、试验方法、检验规则、标志和标签、包装、运输和贮存。

本标准适用于高原夏菜芹菜。

2　规范性引用文件

下列文件中的条款通过本标准的引用而成为本部分的条款。凡是注日期的引用文件，其随后所有的修改单（不包括勘误的内容）或修订版均不适用于本部分；凡是不注日期的引用文件，其最新版本适用于本部分。

GB/T 5009.12 食品中铅的测定

GB/T 5009.15 食品中镉的测定

GB/T 5009.18 食品中氟的测定

GB/T 8868 蔬菜塑料周转箱

GB/T 15401 水果、蔬菜及其制品中亚硝酸盐和硝酸盐含量的测定

GB/T 8855 新鲜水果和蔬菜的取样方法

GB/T 5009.3 食品中水分的测定方法

GB/T 5009.86 水果、蔬菜及其制品总抗坏血酸的测定方法

GB/T 5009.10 食品中粗纤维的测定方法

GB/T 6194 水果、蔬菜可溶性总糖含量测定方法

GB/T 20574 蜂胶中总黄酮含量的测定方法

GB/T 5009.104 植物性食品中氨基甲酸酯类农药残留量的测定

GB/T 5009.135—2003 植物性食品中灭幼脲残留量的测定

NY/T 761 蔬菜和水果中有机磷、有机氯、拟除虫菊酯和氨基甲酸酯类农药多种残留检测方法

NY/T 5340 无公害食品 产品检验规范

NY/T 5344. 3 无公害食品 产品抽样规范 第三部分：蔬菜

3 术语和定义

下列术语和定义适用于本标准。

（1）病（伤）株

是指因病理、机械等对植株造成的损伤。

（2）新鲜

芹菜茎秆翠绿发亮，无萎蔫。

（3）腐烂

芹菜因病虫侵染引起的任何腐烂现象。

（4）异味

在贮运过程中，芹菜因污染或病虫危害造成的不良气味和滋味。

（5）整齐度

芹菜茎秆粗细、长短的一致性。分别用主茎直径的平均值乘以（1%±16%）、

主茎长度的平均值乘以（1%±20%）和单个芹菜质量的平均值乘以（1%±20%）的个数的百分率表示。

（6）病虫害

由害虫、病原菌或生理因素造成的芹菜叶片、茎秆病斑、穿孔或咬痕。

（7）机械伤

因环境外力对产品所造成的损伤。

4　基本要求

（1）感官

外观整齐，达到同一品种标准性状。叶片、茎秆新鲜、清洁，无腐烂、畸形、异味、冻害、病虫害及机械伤。同规格的样品整齐度≥90%；每批次产品中不符合感官要求的按质量计，总不合格率不应超过5%。同一批次产品规格允许误差应小于10%。

注：腐烂和病虫害为主要缺陷。

（2）营养指标

营养指标应符合表3-11的要求。

表3-11　营养指标　（单位：g/kg）

项目	指标
干物质	≥80.0
可溶性总糖	≥15.0
粗纤维	≤7.0
维生素C	≥0.16
总黄酮	≥1.0

（3）安全指标

安全指标应符合表3-12的要求。

5　试验方法

（1）感官

将按NY/T 5344.3规定抽取的样品量进行检验，品种特征、新鲜、清洁、整齐、腐烂、冻害、病虫害及机械伤等，用目测法检测。外观有明显病虫害症状或怀疑有病虫害的样品，应取样用小刀纵向解剖方法检验，若发现内部症状，则需扩大1倍样品数量。异味用嗅的方法检测。

表 3-12 安全指标 （单位：mg/kg）

项目	指标
敌敌畏（dichlorvos）	≤0.2
毒死蜱（chlorpyrifos）	≤0.1
乙酰甲胺磷（acephate）	≤1.0
辛硫磷（phoxim）	≤0.05
氯氰菊酯（cypermethrin）	≤2
溴氰菊酯（deltamethrin）	≤0.5
氰戊菊酯（fenvalerate）	≤0.5
氯氟氰菊酯（cyhalothrin）	≤0.2
灭幼脲（chlorbenzuron）	≤3
百菌清（chlorothalonil）	≤5
铅（以 Pb 计）	≤0.3
镉（以 Cd 计）	≤0.05
氟（以 F 计）	≤1.0
亚硝酸盐	≤4

注：1. 出口产品按进口国的要求检测；
2. 其他有毒有害物质的限量应符合国家法律法规、行政规范和强制性标准的规定

（2）营养指标

① 干物质（水分），按 GB/T 5009.3 规定执行。
② 粗纤维，按 GB/T 5009.10 规定执行。
③ 维生素 C（总抗坏血酸），按 GB/T 5009.86 规定执行。
④ 可溶性总糖，按 GB/T 6194 规定执行。
⑤ 总黄酮，按 GB/T 20574 规定执行。

（3）安全指标

① 乐果、敌敌畏、毒死蜱、乙酰甲胺磷、辛硫磷、氯氰菊酯、溴氰菊酯、氰戊菊酯、氯氟氰菊酯，按 NY/T 761 规定执行。
② 灭幼脲，按 GB/T 5009.135 规定执行。
③ 百菌清，按 NY/T 761 规定执行。
④ 铅，按 GB/T 5009.12 规定执行。
⑤ 镉，按 GB/T 5009.15 规定执行。
⑥ 氟，按 GB/T 5009.18 规定执行。
⑦ 亚硝酸盐，按 GB/T 15401 规定执行。

6　检验规则

（1）组批

按 NY/T 5340 规定执行。

（2）抽样

按照 NY/T　5344.3 有关规定执行。报验单填写的项目应与实货相符，凡与实货单不符，品种、规格混淆不清，包装容器严重损坏者，应由交货单位重新整理后再行抽样。

（3）检验分类

① 交收检验

每批产品交收前，生产单位都要进行交收检验。交收检验内容包括感官和标识。检验合格后并附合格证方可交收。

② 型式检验

型式检验是对产品进行全面考核，即对本标准规定的全部要求（指标）进行检验。有下列情形之一者应进行型式检验：

a）有关行政主管部门提出型式检验要求时；

b）前后两次抽样检验结果差异较大；

c）人为或自然因素使生产环境发生较大变化。

③ 包装检验

逐件称量抽取的样品，每件的质量应一致，不得低于包装外标志的质量。根据整齐度计算的结果，确定所抽取样品的规格，并检查与包装外所示的规格是否一致。

（4）判定规则

按 NY/T 5340 规定执行。

① 限度范围：每批受检样品，不合格率按其所检单位（如每箱、每袋）的平均值计算，总和不应超过所规定限度。若同一批次某单位包装样品不合格百分率超过规定限度时，为避免不合格率变异幅度太大，规定如下：限度总计不超过 10% 者，则任何包装不合格百分率的上限不应超过 20%。

② 每批受检样品的感官指标不合格率按其所检单位（如每箱、每袋）的平均值计算。

③ 安全指标有一项不合格，复检后仍不合格的，判该批次产品为不合格。

④ 复检：该批次样本标志、包装、净含量不合格者，允许生产单位进行整改后申请复验一次。感官和卫生指标检测不合格不进行复验。

7　标志和标签

（1）标志

高原夏菜标志的使用应符合有关规定。

（2）标签

应包括产品名称、产品的执行标准、生产者及详细地址、产地、净含量和包装日期等，要求字迹清晰、完整、准确。

8　包装、运输、贮存

（1）包装

① 用于产品包装的容器如塑料箱、纸箱等应按产品的大小规格设计，同一规格应大小一致，整洁、干燥、牢固、透气、美观、无污染、无异味，内壁无尖突物，无虫蛀、腐烂、霉变等，纸箱无受潮、离层现象。塑料箱应符合 GB/T 8868 的要求。

② 按产品的规格分别包装，同一包装内的产品需摆放整齐紧密。

（2）运输

夏季运输前应进行预冷。运输过程中适宜的温度为 1～4℃，相对湿度 85%～90%。运输过程中注意防冻、防雨淋、防晒、通风散热，不应与有毒、有害物质混运。

（3）贮存

① 贮存时应按品种、规格分别贮存，不应与有毒、有害物质混贮。

② 贮存温度应保持在–2～2℃，空气相对湿度保持在 90%～95%，库内堆码时应保证气流均匀流通。

五、洋葱产品质量标准

1　范围

本标准规定了高原夏菜洋葱的术语和定义、要求、试验方法、检验规则、标志和标签、包装、运输和贮存。

本标准适用于高原夏菜洋葱。

2　规范性引用文件

下列文件中的条款通过本标准的引用而成为本部分的条款。凡是注日期的引用文件，其随后所有的修改单（不包括勘误的内容）或修订版均不适用于本部分；

凡是不注日期的引用文件，其最新版本适用于本部分。

GB/T 5009.12 食品中铅的测定

GB/T 5009.15 食品中镉的测定

GB/T 8868 蔬菜塑料周转箱

GB/T 15401 水果、蔬菜及其制品中亚硝酸盐和硝酸盐含量的测定

GB/T 8855 新鲜水果和蔬菜的取样方法

GB/T 5009.3 食品中水分的测定方法

GB/T 5009.86 水果、蔬菜及其制品总抗坏血酸的测定方法

GB/T 5009.10 食品中粗纤维的测定方法

GB/T 6194 水果、蔬菜可溶性总糖含量测定方法

NY/T 761 蔬菜和水果中有机磷、有机氯、拟除虫菊酯和氨基甲酸酯类农药多种残留检测方法

GB/T 5009.104 植物性食品中氨基甲酸酯类农药残留量的测定

NY/T 5340 无公害食品 产品检验规范

NY/T 5344.3 无公害食品 产品抽样规范 第三部分：蔬菜

3　术语和定义

下列术语和定义适用于本标准。

（1）新鲜

鳞茎有光泽、硬实，无萎蔫、皱缩。

（2）机械伤

鳞茎因挤、压、碰等外力造成的损伤。

4　基本要求

（1）感官

洋葱已充分发育，外观整齐，达到同一品种标准性状。新鲜、清洁，无腐烂、畸形、异味、发芽、抽薹、散瓣、冻害、病虫害及机械伤。同规格的样品整齐度≥90%；每批次产品中不符合感官要求的按质量计，总不合格率不应超过10%。

同一批次产品规格允许误差应小于20%。

注：腐烂和病虫害为主要缺陷。

（2）营养指标

营养指标应符合表3-13的要求。

表 3-13 营养指标 （单位：g/kg）

项目	指标
干物质	≥50.0
可溶性总糖	≥25.0
粗纤维	≤4.0
维生素 C	≥0.06

（3）安全指标

安全指标应符合表 3-14 的要求。

表 3-14 安全指标 （单位：mg/kg）

项目	指标
敌敌畏（dichlorvos）	≤0.2
毒死蜱（chlorpyrifos）	≤0.1
乙酰甲胺磷（acephate）	≤1.0
辛硫磷（phoxim）	≤0.05
氯氰菊酯（cypermethrin）	≤2
溴氰菊酯（deltamethrin）	≤0.5
氰戊菊酯（fenvalerate）	≤0.5
氯氟氰菊酯（cyhalothrin）	≤0.2
抗蚜威（pirimicarb）	≤1
百菌清（chlorothalonil）	≤5
铅（以 Pb 计）	≤0.3
镉（以 Cd 计）	≤0.05
亚硝酸盐	≤4

注：1. 出口产品按进口国的要求检测；
2. 其他有毒有害物质的限量应符合国家法律法规、行政规范和强制性标准的规定

5 试验方法

（1）感官

将按 NY/T 5344.3 规定抽取的样品量进行检验，品种特征、新鲜、清洁、整齐、腐烂、冻害、病虫害及机械伤等，用目测法检测。外观有明显病虫害症状或怀疑有病虫害的样品，应取样用小刀纵向解剖方法检验，若发现内部症状，则需扩大 1 倍样品数量。异味用嗅的方法检测。

（2）营养指标

① 干物质（水分），按 GB/T 5009.3 规定执行。

② 粗纤维，按 GB/T 5009.10 规定执行。

③ 维生素 C（总抗坏血酸），按 GB/T 5009.86 规定执行。

④ 可溶性总糖，按 GB/T 6194 规定执行。

（3）安全指标

① 乐果、敌敌畏、毒死蜱、乙酰甲胺磷、辛硫磷、氯氰菊酯、氰戊菊酯、溴氰菊酯、氯氟氰菊酯、百菌清，按 NY/T 761 规定执行。

② 抗蚜威，按 GB/T 5009.104 规定执行。

③ 铅，按 GB/T 5009.12 规定执行。

④ 镉，按 GB/T 5009.15 规定执行。

⑤ 亚硝酸盐，按 GB/T 15401 规定执行。

6　检验规则

（1）组批

按 NY/T 5340 规定执行。

（2）抽样

按照 NY/T 5344.3 有关规定执行。报验单填写的项目应与实货相符，凡与实货单不符，品种、规格混淆不清，包装容器严重损坏者，应由交货单位重新整理后再行抽样。

（3）检验分类

① 交收检验

每批产品交收前，生产单位都要进行交收检验。交收检验内容包括感官和标识。检验合格后并附合格证方可交收。

② 型式检验

型式检验是对产品进行全面考核，即对本标准规定的全部要求（指标）进行检验。有下列情形之一者应进行型式检验：

a）有关行政主管部门提出型式检验要求时；

b）前后两次抽样检验结果差异较大；

c）人为或自然因素使生产环境发生较大变化。

③ 包装检验

逐件称量抽取的样品，每件的质量应一致，不得低于包装外标志的质量。根据整齐度计算的结果，确定所抽取样品的规格，并检查与包装外所示的规格是否一致。

（4）判定规则

按 NY/T 5340 规定执行。

① 限度范围：每批受检样品，不合格率按其所检单位（如每箱、每袋）的平均值计算，总和不应超过所规定限度。若同一批次某单位包装样品不合格百分率超过规定限度时，为避免不合格率变异幅度太大，规定如下：限度总计不超过10%者，则任何包装不合格百分率的上限不应超过20%。

② 每批受检样品的感官指标不合格率按其所检单位（如每箱、每袋）的平均值计算。

③ 安全指标有一项不合格，复检后仍不合格的，判该批次产品为不合格。

④ 复检：该批次样本标志、包装、净含量不合格者，允许生产单位进行整改后申请复验一次。感官和卫生指标检测不合格不进行复验。

7 标志和标签

（1）标志

高原夏菜标志的使用应符合有关规定。

（2）标签

应包括产品名称、产品的执行标准、生产者及详细地址、产地、净含量和包装日期等，要求字迹清晰、完整、准确。

8 包装、运输、贮存

（1）包装

① 用于产品包装的容器如塑料箱、纸箱等应按产品的大小规格设计，同一规格应大小一致，整洁、干燥、牢固、透气、美观、无污染、无异味，内壁无尖突物，无虫蛀、腐烂、霉变等，纸箱无受潮、离层现象。塑料箱应符合GB/T 8868的要求。

② 按产品的规格分别包装，同一包装内的产品需摆放整齐紧密。

（2）运输

夏季运输前应进行预冷。运输过程中适宜的温度为1～4℃，相对湿度85%～90%。运输过程中注意防冻、防雨淋、防晒、通风散热，不应与有毒、有害物质混运。

（3）贮存

① 贮存时应按品种、规格分别贮存，不应与有毒、有害物质混贮。

② 贮存温度应保持在–0.3～3℃，空气相对湿度保持在 65%～70%，库内堆码时应保证气流均匀流通。

六、甘蓝产品质量标准

1　范围

本标准规定了高原夏菜甘蓝的术语和定义、要求、试验方法、检验规则、标志和标签、包装、运输和贮存。

本标准适用于高原夏菜普通结球甘蓝。

2　规范性引用文件

下列文件中的条款通过本标准的引用而成为本部分的条款。凡是注日期的引用文件，其随后所有的修改单（不包括勘误的内容）或修订版均不适用于本部分；凡是不注日期的引用文件，其最新版本适用于本部分。

GB/T 5009.12 食品中铅的测定

GB/T 5009.15 食品中镉的测定

GB/T 5009.18 食品中氟的测定

GB/T 8868　蔬菜塑料周转箱

GB/T 15401 水果、蔬菜及其制品中亚硝酸盐和硝酸盐含量的测定

GB/T 8855　新鲜水果和蔬菜的取样方法

GB/T 5009.3 食品中水分的测定方法

GB/T 5009.86 水果、蔬菜及其制品总抗坏血酸的测定方法

GB/T 5009.10 食品中粗纤维的测定方法

GB/T 6194　水果、蔬菜可溶性总糖含量测定方法

SN 0582 出口粮谷及油籽中灭多威残留量检验

NY/T 761　蔬菜和水果中有机磷、有机氯、拟除虫菊酯和氨基甲酸酯类农药多种残留检测方法

GB/T 5009.104 植物性食品中氨基甲酸酯类农药残留量的测定

NY/T 5340　无公害食品　产品检验规范

NY/T 5344.3　无公害食品　产品抽样规范　第三部分：蔬菜

3　术语和定义

下列术语和定义适用于本标准。

（1）新鲜

甘蓝叶球表面鲜亮、脆嫩，水分适宜、无萎蔫，色泽正常。

（2）结球紧实度

甘蓝成熟时叶球的紧实度。

（3）异味

在贮运过程中，甘蓝因污染或病虫危害造成的不良气味和滋味。

（4）腐烂

甘蓝因病菌引起的任何腐烂现象。

（5）裂球

甘蓝因成熟过度、侧芽萌发或抽薹而造成的叶球开裂。

（6）整修

用于鲜销的甘蓝要去掉叶球外层不可食用的茎、叶。

（7）病虫害

由害虫、病原菌或生理因素造成的甘蓝叶球的病斑、穿孔或咬痕。

（8）机械伤

因环境外力对产品造成的损伤。

4　基本要求

（1）感官

同一品种或相似品种，叶球达到该品种适期收获时的紧实程度，叶球的帮、叶、球有光泽、脆嫩，叶球新鲜、清洁，修整良好，无裂球、腐烂、异味、冻害、病虫害，允许有2%机械伤。每批次产品中不符合感官要求的按质量计，总不合格率不应超过10%。同一批次产品规格允许误差应小于20%。

注：腐烂和病虫害为主要缺陷。

（2）营养指标

营养指标应符合表3-15的要求。

表3-15　营养指标　　（单位：g/kg）

项目	指标
干物质	≥60.0
维生素C	≥0.25
粗纤维	≤7.0
可溶性总糖	≥35.0

（3）安全指标

安全指标应符合表3-16的要求。

表 3-16　安全指标　　　　（单位：mg/kg）

项目	指标
乙酰甲胺磷（acephate）	≤1.0
敌敌畏（dichlorvos）	≤0.2
毒死蜱（chlorpyrifos）	≤0.1
氯氰菊酯（cypermethrin）	≤2
溴氰菊酯（deltamethrin）	≤0.5
氰戊菊酯（fenvalerate）	≤0.5
氯氟氰菊酯（cyhalothrin）	≤0.2
灭多威（methomyl）	≤2
抗蚜威（pirimicarb）	≤1
百菌清（chlorothalonil）	≤1
铅（以 Pb 计）	≤0.3
镉（以 Cd 计）	≤0.05
氟（以 F 计）	≤1.0
亚硝酸盐	≤4

注：1. 出口产品按进口国的要求检测；
2. 其他有毒有害物质的限量应符合国家法律法规、行政规范和强制性标准的规定

5　试验方法

（1）感官

将按 NY/T 5344.3 规定抽取的样品量进行检验，品种特征、新鲜、清洁、整齐、腐烂、冻害、病虫害及机械伤等，用目测法检测。外观有明显病虫害症状或怀疑有病虫害的样品，应取样用小刀纵向解剖方法检验，若发现内部症状，则需扩大 1 倍样品数量。异味用嗅的方法检测。

（2）营养指标

① 干物质（水分），按 GB/T 5009.3 规定执行。

② 粗纤维，按 GB/T 5009.10 规定执行。

③ 维生素 C（总抗坏血酸），按 GB/T 5009.86 规定执行。

④ 可溶性总糖，按 GB/T 6194 规定执行。

（3）安全指标

① 乐果、敌敌畏、毒死蜱、乙酰甲胺磷、氯氰菊酯、溴氰菊酯、氰戊菊酯、氯氟氰菊酯、百菌清，按 NY/T 761 规定执行。

② 灭多威，按 SN 0582 规定执行。

③ 抗蚜威，按 GB/T 5009.104 规定执行。

④ 铅，按 GB/T 5009.12 规定执行。

⑤ 镉，按 GB/T 5009.15 规定执行。

⑥ 氟，按 GB/T 5009.18 规定执行。

⑦ 亚硝酸盐，按 GB/T 15401 规定执行。

6 检验规则

（1）组批

按 NY/T 5340 规定执行。

（2）抽样

按照 NY/T 5344.3 有关规定执行。报验单填写的项目应与实货相符，凡与实货单不符，品种、规格混淆不清，包装容器严重损坏者，应由交货单位重新整理后再行抽样。

（3）检验分类

① 交收检验

每批产品交收前、生产单位都要进行交收检验。交收检验内容包括感官和标识。检验合格后并附合格证方可交收。

② 型式检验

型式检验是对产品进行全面考核，即对本标准规定的全部要求（指标）进行检验。有下列情形之一者应进行型式检验：

a）有关行政主管部门提出型式检验要求时；

b）前后两次抽样检验结果差异较大；

c）人为或自然因素使生产环境发生较大变化。

③ 包装检验

逐件称量抽取的样品，每件的质量应一致，不得低于包装外标志的质量。根据整齐度计算的结果，确定所抽取样品的规格，并检查与包装外所示的规格是否一致。

（4）判定规则

按 NY/T 5340 规定执行。

① 限度范围：每批受检样品，不合格率按其所检单位（如每箱、每袋）的平均值计算，总和不应超过所规定限度。若同一批次某单位包装样品不合格百分率超过规定限度时，为避免不合格率变异幅度太大，规定如下：限度总计不超过 10% 者，则任何包装不合格百分率的上限不应超过 20%。

② 每批受检样品的感官指标不合格率按其所检单位（如每箱、每袋）的平均

值计算。

③ 安全指标有一项不合格，复检后仍不合格的，判该批次产品为不合格。

④ 复检：该批次样本标志、包装、净含量不合格者，允许生产单位进行整改后申请复验一次。感官和卫生指标检测不合格不进行复验。

7　标志和标签

（1）标志

高原夏菜标志的使用应符合有关规定。

（2）标签

应包括产品名称、产品的执行标准、生产者及详细地址、产地、净含量和包装日期等，要求字迹清晰、完整、准确。

8　包装、运输、贮存

（1）包装

① 用于产品包装的容器如塑料箱、纸箱等应按产品的大小规格设计，同一规格应大小一致，整洁、干燥、牢固、透气、美观、无污染、无异味，内壁无尖突物，无虫蛀、腐烂、霉变等，纸箱无受潮、离层现象。塑料箱应符合 GB/T 8868 的要求。

② 按产品的规格分别包装，同一包装内的产品需摆放整齐紧密。

（2）运输

夏季运输前应进行预冷。运输过程中适宜的温度为 1～4℃，相对湿度 85%～90%。运输过程中注意防冻、防雨淋、防晒、通风散热，不应与有毒、有害物质混运。

（3）贮存

① 贮存时应按品种、规格分别贮存，不应与有毒、有害物质混贮。

② 贮存温度应保持在 1～4℃，空气相对湿度保持在 90%～95%，库内堆码时应保证气流均匀流通。

第三节　高原夏菜安全高效标准化生产技术规程

一、莴笋安全高效标准化生产技术规程

1　范围

本标准规定了高原夏菜莴笋生产技术的术语定义、产地环境、产量指标、主

要栽培管理技术、采收及病虫害防治等内容。

本标准适用于甘肃省高原夏菜莴笋生产。

2 规范性引用文件

下列文件对于本文件的应用是必不可少的。凡是注日期的引用文件，仅注日期的版本适用于本文件。凡是不注日期的引用文件，其最新版本（包括所有的修改单）适用于本文件。

GB 4285 农药安全使用标准

GB/T 8321 农药合理使用准则（所有部分）

GB 16715.5—2010 瓜菜作物种子第 5 部分 绿叶菜类

NY/T 496 肥料合理使用准则 通则

DB62/T 1887—2009 高原夏菜产地环境技术条件

DB62/T 1895—2009 高原夏菜 青笋产品质量

3 术语和定义

下列术语和定义适用于本标准。

（1）高原夏菜

是指在海拔 1200m 以上的高原地区生产、夏秋季节上市、主要供应我国东南沿海市场的蔬菜产品。

（2）未熟抽薹

又称为先期抽薹，是指莴笋在肉质茎尚未形成或形成不充分时就抽薹开花的现象。

（3）交替灌溉

是控制性作物根系分区交替灌溉的简称，是指本次灌水的沟下次不灌水，轮流交替进行。

4 产地环境条件

应符合 DB62/T 1887—2009 高原夏菜产地环境技术条件要求。并选择地力肥沃、土壤疏松、排水良好的壤土或砂壤土。

5 产量指标

（1）产量指标

目标产量：75 000～90 000kg/hm^2。

（2）产量构成因素

种植密度 75 000～76 500 株/hm^2，单株重 1.0～1.5kg。

6　栽培技术

（1）前茬

前茬应为非菊科作物。

（2）育苗

① 品种选择

应选择长势强，嫩茎棍棒形、淡绿色，肉质脆嫩，品质佳，抗病性强，不易未熟抽薹，不易裂口的品种，如‘三青香’、‘抗热先锋’、‘夏秋大笋’、‘青美’等。

② 种子质量

种子质量应符合 GB 16715.5—2010 瓜菜作物种子第 5 部分 绿叶菜类。

③ 种子处理

播种前将种子在阳光下晒 6～8h，然后将种子放入 50℃的水中进行温汤浸种 30min，待水温降至 20℃时浸泡 3～5h，再将种子捞出后淋去水分，包在干净、湿润的纱布中，在 15～20℃温度下催芽，当 60%种子萌芽时即可播种。

④ 育苗床准备

a）育苗土配制：选用肥沃园田土与充分腐熟有机肥按 6∶4 的比例混合均匀，加 N∶P_2O_5∶K_2O 为 15∶15∶15 三元复合肥 1.0kg/m^3；将配置好的育苗土铺入苗床，厚度 10cm。

b）育苗土消毒：用 50%多菌灵可湿性粉剂 1000 倍液喷洒苗床消毒，然后将地翻匀、整平后作畦。

⑤ 播种

播前苗床浇足底水，水渗后覆一层细土（或药土），将种子按照 3cm×3cm 间距均匀点播于床面，上覆细土（或药土）0.5cm。

⑥ 苗期管理

苗期要保持床土湿润，小水勤浇；及时拔除杂草，温度控制在 15～20℃；定植前 7 天控制浇水，若发现病虫苗及时拔除并带出田间集中销毁。

⑦ 壮苗指标

苗龄 30～40 天，株高 10～15cm，4～6 片叶，叶片肥厚，叶色绿、有光泽，根系发达，无病虫害。

（3）定植

① 整地

施肥应符合 NY/T 496 要求。在中等肥力条件下，结合整地施优质有机肥

5000kg/亩，尿素 15～20kg/亩、过磷酸钙 40kg/亩、硫酸钾 10～15kg/亩，也可在化学肥料施用量减少 10%的基础上，增施生物肥料；耙平后作畦，畦宽 40cm，畦高 15cm，沟宽 30cm。

② 定植方法：按照 30cm 株距在畦上挖穴定植，每穴 1 株。深度以不埋没心叶为度。定植后立即浇定植水。

（4）田间管理

① 缓苗期：定植后 2～3 天浇缓苗水，待土壤见干后结合中耕修整畦面，培土 1～2 次。

② 莲座期：浇水的原则是保持土壤湿润，保证水分供给，浇水可采用交替灌溉方式。结合浇水追施尿素 10kg/亩、硫酸钾 5kg/亩。

③ 肉质茎膨大期：结合浇水追肥 2 次，每次追施尿素 10kg/亩、硫酸钾 5kg/亩。收获前 20 天禁止追施化学肥料。

7 采收

肉质茎顶端心叶与最高叶片的叶尖相平时为收获适期。

8 病虫害防治

（1）主要病虫害

莴笋主要病虫害有霜霉病、菌核病、灰霉病、软腐病、蚜虫等。

（2）防治原则

始终贯彻“预防为主，综合防治”的植保方针，优先使用物理防治、生物防治技术。使用化学农药时，应执行农药安全使用标准（GB 4285）、农药合理使用准则（GB/T 8321）（所有部分）。

（3）病害防治

① 霜霉病：发病初期选用 64% 噁霜灵・锰锌可湿性粉剂 600～800 倍液，或 75%百菌清可湿性粉剂 500 倍液，或 72.2%霜霉威可湿性粉剂 600～800 倍液喷雾防治，每隔 7～10 天喷 1 次，连喷 2～3 次。

② 菌核病：发病初期用 50%腐霉利可湿性粉剂 1000 倍液，或 50%异菌脲可湿性粉剂 1000 倍液喷雾防治，每隔 7～10 天喷 1 次，连喷 2～3 次。

③ 灰霉病：用 50%腐霉利可湿性粉剂 1000 倍液，或 50%异菌脲可湿性粉剂 1000 倍液喷雾防治。每隔 7～10 天喷 1 次，连喷 2～3 次。

④ 软腐病：发病初期喷洒 72%农用硫酸链霉素可湿性粉剂 4000 倍液，或 14%络氨铜水剂 300 倍液，每隔 7～10 天喷 1 次，共喷 2 次。

（4）虫害防治

① 蚜虫

a）利用黄板诱杀，铺设银灰色地膜条驱避蚜虫。

b）用 50%的抗蚜威可湿性粉剂 2000～3000 倍液，或 10%的吡虫啉可湿性粉剂 1500 倍液，或 0.2%苦参碱水剂 800 倍液喷雾防治，隔 6～7 天喷 1 次，连喷 2～3 次。

9　产品标准

产品质量符合 DB62/T 1895—2009 标准。

二、胡萝卜安全高效标准化生产技术规程

1　范围

本标准规定了高原夏菜胡萝卜生产技术的术语定义、产地环境、产量指标、主要栽培管理技术、采收及病虫害防治等内容。

本标准适用于甘肃省高原夏菜胡萝卜生产。

2　规范性引用文件

下列文件对于本文件的应用是必不可少的。凡是注日期的引用文件，仅注日期的版本适用于本文件。凡是不注日期的引用文件，其最新版本（包括所有的修改单）适用于本文件。

GB 4285　农药安全使用标准

GB 8079　蔬菜种子

GB/T 8321　农药合理使用准则（所有部分）

NY/T 496　肥料合理使用准则　通则

NY 5010　无公害食品　蔬菜产地环境条件

DB62/T 1887—2009　高原夏菜产地环境技术条件

DB62/T 1890—2009　高原夏菜　胡萝卜产品质量

3　术语和定义

下列术语和定义适用于本标准。

（1）高原夏菜

是指在海拔 1200m 以上的高原地区生产、夏秋季节上市、主要供应我国东南沿海市场的蔬菜产品。

（2）未熟抽薹

又称为先期抽薹，是指胡萝卜在根茎尚未形成或形成不充分时就抽薹开花的

现象。

4 产地环境条件

应符合 DB62/T 1887—2009 高原夏菜产地环境技术条件要求，并选择地力肥沃、土壤疏松、排水良好的壤土或砂壤土。

5 产量指标

（1）产量指标

目标产量：75 000～90 000kg/hm^2。

（2）产量构成因素

种植密度 375 000～450 000 株/hm^2，单根重 200～300g。

6 栽培技术

（1）前茬

前茬应是非伞形花科蔬菜作物。

（2）整地

施肥应符合 NY/T 496 要求。深耕细耙，一般耕深 25～30cm，表土要求细碎平整，并进行晒土。为消灭杂草、使土壤疏松，可在播种前复耕 1 次；结合整地施充分腐熟的优质农家肥 5000kg/亩；采用高垄栽培，垄宽 50cm，垄高 25cm，垄沟宽 30cm。可选择覆膜（垄面铺设幅宽 1.10m、厚度 0.005～0.006mm 的地膜）或不覆膜的栽培方法，同期播种时覆膜的可提早约 30 天成熟。

（3）播种

① 品种选择

选用优质、高产、抗病虫、耐抽薹、抗逆性强、适应性广、商品性好的胡萝卜品种，如‘牛顿 1070’、‘幕田佳参’、‘大阪六寸’、‘新秀三红’、‘长城红玥’等。

② 种子质量

符合 GB 8079 蔬菜种子一级良种要求。

③ 种子处理

a）搓去种子上的刺毛。

b）用 10%盐水漂洗种子后，转入 50℃温水浸种 20min。

c）用 0.3%的 50%异菌脲可湿性粉剂，或 50%福美双可湿性粉剂拌种。

④ 播种时期

胡萝卜播种过早容易未熟抽薹，胡萝卜肉质根膨大的适宜温度在 18～25℃，过晚播种导致肉质根膨大处在25℃以上的高温期，产生大量畸形根。在选用耐抽薹品种的前提下，可在日平均温度10℃与夜平均温度7℃时播种。

⑤ 播种方法

按照株行距10cm×15cm进行穴播，每穴播2～3粒，亩用种量300g。播种深度2.0cm，覆土厚度1.0～1.2cm，压实后浇水。

（4）田间管理

① 适时间苗、定苗

胡萝卜齐苗后，在5～6片真叶时进行定苗，去掉小苗、弱苗，每穴留一株苗。

② 及时中耕

每次间苗后进行浅耕，疏松表土，拔除杂草。封垄前、浇水后或雨后也要进行中耕。高垄种植中耕还要结合培土，封垄前将土培至胡萝卜根头，防止出现青头。

③ 合理浇水

胡萝卜出苗前保持土壤湿润。齐苗后幼苗需水量不大，保持土壤见干见湿。定苗后浇水进行深中耕蹲苗，至7～8片叶肉质根开始膨大时结束蹲苗。肉质根膨大期至收获前15天左右应及时浇水，保持土壤湿润。在胡萝卜迅速膨大期，若水分不足，易引起肉质根木栓化，使侧根增多；若水分过多，肉质根易腐烂；如果土壤忽干忽湿会使肉质根开裂，降低品质，因此要精心做好水分管理，切忌忽干忽湿。具体操作为播种至幼苗2～3叶期，灌水2次，保持土壤相对含水量65%～75%；幼苗生长期（4～5叶期）灌水1次，保持土壤相对含水量为45%～55%；根茎膨大期灌水3次，保持土壤相对含水量为65%～75%；成熟期灌水1次，保持土壤相对含水量为55%～65%。

④ 科学施肥

中等肥力条件下，整个生育期胡萝卜施肥量为氮肥（N）16kg/亩，磷肥（P_2O_5）10kg/亩，钾肥（K_2O）12kg/亩。基肥氮、磷、钾分别占总施肥量的60%、100%和60%；胡萝卜追肥的数量、种类需根据土壤肥力和胡萝卜本身的生长状况和发育时期而定。根茎膨大初期第一次追肥，氮占20%、钾占20%；根茎膨大期第二次追肥，氮占20%、钾占20%，以后可视生长情况进行追肥。增施生物菌肥可提高产量、改善品质。

⑤ 杂草防除

为控制苗期田间杂草生长，防止草欺苗现象，除及时进行人工中耕除草外，可在播种后出苗前用25%氟磺胺草醚乳油300g/亩，兑水50kg喷洒畦面，或用33%二甲戊乐灵乳油150ml/亩，兑水75kg喷洒；或在播种2～3天后，当杂草露芽时，用50%扑草净150g/亩兑水50kg喷洒土面即可。

7 收获、贮藏

当肉质根充分膨大，部分叶片开始发黄时，适时收获。收后可贮藏在0～5℃，相对湿度为95%的冷库或仓库中。

8 病虫害防治

(1) 主要病虫害

胡萝卜主要病虫害有黑斑病、软腐病、花叶病、菌核病、蚜虫、小地老虎等。

(2) 防治原则

始终贯彻“预防为主，综合防治”的植保方针，优先使用物理防治、生物防治技术。使用化学农药时，应执行农药安全使用标准（GB 4285）、农药合理使用准则（GB/T 8321）（所有部分）。

(3) 病害防治

① 黑斑病

a）实行2年以上轮作。

b）发病初期喷洒75%百菌清可湿性粉剂600倍液或40%灭菌丹可湿性粉剂300倍液，隔7～10天喷1次，连续防治2～3次。

② 软腐病

a）实行与大田作物2年以上轮作，发病后适当控制浇水，发现病株及时拔除。

b）发病初期喷洒72%农用硫酸链霉素可湿性粉剂4000倍液，或14%络氨铜水剂300倍液，隔7～10天喷1次，共喷2次。

③ 花叶病

a）加强田间管理，及时防治蚜虫。

b）发病初期喷洒0.5%菇类蛋白多糖水剂250～300倍液或20%病毒A可湿性粉剂500倍液。

④ 菌核病

发病初期喷施50%乙烯菌核利可湿性粉剂1000倍液，或50%腐霉利可湿性粉剂1500～2000倍液，或50%异菌脲可湿性粉剂1000～1500倍液，隔7～10天喷1次，共喷2～3次。

(4) 虫害防治

① 蚜虫

a）利用黄板诱杀，铺设银灰色地膜条驱避蚜虫。

b）用50%的抗蚜威可湿性粉剂2000～3000倍液，或10%的吡虫啉可湿性粉剂1500倍液喷雾防治，隔6～7天喷1次，连喷2～3次。

② 小地老虎

采用糖醋液诱杀。糖醋液配方：红糖 1 份，醋 2 份，白酒 0.4 份，敌百虫 0.1 份，水 10 份。

9　产品要求

质量符合 DB62/T 1890—2009 高原夏菜 胡萝卜产品质量要求。

三、花椰菜安全高效标准化生产技术规程

1　范围

本标准规定了高原夏菜花椰菜生产技术的术语定义、产地环境、产量指标、主要栽培管理技术、采收及病虫害防治等内容。

本标准适用于甘肃省高原夏菜花椰菜生产。

2　规范性引用文件

下列文件对于本文件的应用是必不可少的。凡是注日期的引用文件，仅注日期的版本适用于本文件。凡是不注日期的引用文件，其最新版本（包括所有的修改单）适用于本文件。

GB 4285 农药安全使用标准

GB/T 8321 农药合理使用准则（所有部分）

GB 16715.4—2010 瓜菜作物种子第 4 部分 甘蓝类

NY/T 496　肥料合理使用准则 通则

NY 5008—2008 无公害食品 甘蓝类蔬菜

DB62/T 1887—2009 高原夏菜产地环境技术条件

3　术语和定义

下列术语和定义适用于本标准。

高原夏菜是指在海拔 1200m 以上的高原地区生产、夏秋季节上市、主要供应我国东南沿海市场的蔬菜产品。

4　产地环境条件

应符合 DB62/T 1887—2009 高原夏菜产地环境技术条件要求，并选择地力肥沃、土壤疏松、排水良好的壤土或砂壤土。

5　产量指标

（1）产量指标

目标产量：48 000～60 000kg/hm^2。

（2）产量构成因素

种植密度 60 000～75 000 株/hm^2，单球重 0.8～1.0kg。

6　栽培技术

（1）前茬

前茬应为非十字花科作物。

（2）育苗

① 品种选择

选用优质、高产、抗病虫、自覆性强、商品性好、符合市场需求的花椰菜品种。

② 种子质量

种子质量应符合 GB 16715.4—2010 瓜菜作物种子第 4 部分 甘蓝类。

③ 种子处理

宜选用包衣种子，包衣种子可直接播种；未包衣种子可在播前将种子放入 25℃温水浸种 20min，并不停搅拌，然后在常温水中继续浸种 3～4h，将浸好的种子搓洗干净，摊开风干 20min 后，用湿布包好放在 20～25℃条件下催芽，每天用常温清水冲洗一次，当 60%种子萌芽时即可播种。

④ 育苗方式

a）穴盘基质育苗：选用 72 孔规格的穴盘，填入无土育苗专用基质，播前浇透水，将种子每穴 1 粒播入，上覆 0.5cm 无土育苗专用基质或珍珠岩，然后在穴盘上覆盖地膜。

b）营养钵育苗

育苗土配制：选用近 3 年未种过十字花科蔬菜的肥沃园土与充分腐熟有机肥按 2∶1 的比例混合均匀，加 N∶P_2O_5∶K_2O 为 15∶15∶15 三元复合肥 1.0kg/m^3。

育苗土消毒：用 50%多菌灵可湿性粉剂 1000 倍液喷洒育苗土消毒。将消毒后的育苗土装入（8～10）cm×（8～10）cm 的营养钵，整齐摆放在苗床上。

⑤ 播种

播种前 1 天苗床浇足底水，将催芽后的种子每钵 1 粒播入营养钵，覆细土（或药土）0.5cm，然后在苗床上覆盖地膜。

⑥ 苗期管理

出苗后及时撤去地膜。播种至出苗白天温度控制在 20～25℃，夜间温度控制在 15～18℃，出苗后白天温度控制在 16～20℃，夜间温度控制在 10～15℃。苗期要保持床土湿润，小水勤浇。定植前 10 天进行低温炼苗（昼夜温度 10～13℃），控制浇水。

⑦ 壮苗标准：苗龄30～40天，株高12～15cm，6～7片叶，叶片肥厚，根系发达，无病虫害。

（3）定植

① 整地

施肥应符合NY/T 496要求。在中等肥力条件下，结合整地施优质腐熟有机肥5000kg/亩、尿素15～20kg/亩、过磷酸钙50kg/亩、硫酸钾15～20kg/亩；也可在化学施肥量减少10%的基础上，同时增施复合生物肥5kg/亩。深翻细耙后作畦，畦宽50cm，畦高15cm，沟宽30cm。

② 定植方法

按照35～40cm的株距在畦上挖穴定植，坐水栽苗，每畦定植2行。

（4）田间管理

采取前控后促的原则，前期薄肥勤施，在整个生长期内，追肥4～5次，缓苗后第1次追肥，每亩施尿素10～15kg，8～10天后进行第2次追肥，每亩施三元复合肥20kg，以后视植株生长情况再施1～2次复合肥。当心叶开始旋拧时，要施重肥，每亩施三元复合肥30kg和硫酸钾l0kg，以后不再施肥，此时还可追施含硼、钼微量元素的叶面肥。灌水以见干见湿轻浇勤施为原则，据天气情况、植株长势，结合追肥浇水，保持适宜的土壤湿度。当花球直径8～10cm时要束叶遮阴或折叶盖花，以保持花球洁白。

7 采收

花球充分长大紧实，表面平整，基部花枝略有松散时采收为宜，也可根据市场需求及时采收。采收时保留3～4片外叶保护花球。

8 病虫害防治

（1）主要病虫害

花椰菜主要病虫害有霜霉病、黑斑病、黑胫病、黑腐病、蚜虫、菜青虫、小菜蛾等。

（2）防治原则

始终贯彻“预防为主，综合防治”的植保方针，优先使用物理防治、生物防治技术。使用化学农药时，应执行农药安全使用标准（GB 4285）、农药合理使用准则（GB/T 8321）（所有部分）。

（3）病害防治

① 霜霉病：发病初期选用64%噁霜灵·锰锌可湿性粉剂600～800倍液、75%

百菌清可湿性粉剂 500 倍液、72.2%霜霉威可湿性粉剂 600～800 倍液喷雾防治，每隔 7～10 天喷 1 次，连喷 2～3 次。

② 黑斑病：发病初期用 75%的百菌清可湿性粉剂 500～600 倍液，或 50%的异菌脲可湿性粉剂 1500 倍液喷雾防治，隔 7～10 天喷 1 次，连喷 2～3 次。

③ 黑胫病：发病初期用 40%多·硫悬浮剂 500～600 倍液，或 70%的百菌清可湿性粉剂 600 倍液喷雾，每隔 7～10 天喷 1 次，连喷 1～2 次。

④ 黑腐病：发病初期用 14%络氨铜水剂 600 倍液，或 77%的氢氧化铜可湿性粉剂 1500 倍液，或 72%的农用硫酸链霉素可溶性粉剂 4000 倍液喷雾防治，隔 7～10 天喷 1 次，连喷 2～3 次。

（4）虫害防治

① 蚜虫

a）利用黄板诱杀，铺设银灰色地膜条驱避蚜虫。

b）用 50%的抗蚜威可湿性粉剂 2000～3000 倍液，或 10%的吡虫啉可湿性粉剂 1500 倍液，或 0.2%苦参碱水剂 800 倍液，隔 6～7 天喷 1 次，连喷 2～3 次。

② 菜青虫：卵孵化盛期选用 BT 乳剂 200 倍液，或 5%的氟啶脲乳油 2500 倍液喷雾；幼虫 2 龄前用 10%的联苯菊酯乳油 1000 倍液喷雾，隔 7～10 天喷 1 次，连喷 2～3 次。

③ 小菜蛾：卵孵化盛期用 5%的氟啶脲乳油 2000 倍液喷雾；幼虫 2 龄前用 1.8%的阿维菌素乳油 3000 倍液，或 BT 乳剂 200 倍液喷雾，隔 7～10 天喷 1 次，连喷 2～3 次。以上药剂要轮换、交替使用，切忌单一类农药常年连续使用。

9 产品标准

产品质量符合 NY 5008—2008 无公害食品 甘蓝类蔬菜。

四、青花菜安全高效标准化生产技术规程

1 范围

本标准规定了高原夏菜青花菜高效安全生产技术的术语定义、产地环境、产量指标、栽培管理、病虫害防治及采收等内容。

本标准适用于甘肃省高原夏菜青花菜生产。

2 规范性引用文件

下列文件中的条款经引用而成为本标准的条款。凡是注日期的引用文件，其随后所有的修改单（不包括勘误的内容）或修订版均不适用于本标准，然而，鼓励根据本标准达成协议的各方，研究是否可使用这些文件的最新版本。凡是不注

日期的引用文件，其最新版本适用于本标准。

GB 4285 农药安全使用标准

GB/T 8321 农药合理使用准则（所有部分）

GB 16715.4—2010 瓜菜作物种子第 4 部分 甘蓝类

NY/T 496 肥料合理使用准则 通则

DB62/T 1887—2009 高原夏菜产地环境技术条件

NY 5008—2008 无公害食品 甘蓝类蔬菜

3　术语和定义

下列术语和定义适用于本标准。

（1）高原夏菜

是指在海拔 1200m 以上的高原地区所生产的能达到安全、优质、营养要求的蔬菜产品。具有耐贮运、可供应周期长等特点，能弥补南方及沿海地区因夏季高温蔬菜生产受到限制、市场供应的不足。

（2）青花菜

别名绿菜花、青花菜，是食用花球和嫩茎的蔬菜。

（3）蕾粒

花茎上尚未开放的小花蕾。

（4）花球

由嫩茎和蕾粒组成的半球状产品。

（5）青花菜病虫害

青花菜生长发育过程中由于病菌和有害昆虫造成的为害。

4　产地环境条件

应符合 DB62/T 1887—2009 高原夏菜产地环境技术条件。

5　产量指标

（1）产量指标

目标产量：22 500～30 000kg/hm^2。

（2）产量构成因素

密度为 45 000～50 000 株/hm^2，单球质量 0.4～0.8kg。

6　栽培技术

（1）前茬

宜选择3～5年未种过十字花科蔬菜的田块。

（2）育苗

① 品种选择

选择生长势较旺、侧芽少或无，抗逆性强，花球高圆、灰绿、紧实，蕾粒大小均一，耐贮运，商品性好的品种，如‘耐寒优秀’、‘中青9号’等。

② 种子质量

种子质量应符合GB 16715.4—2010瓜菜作物种子第4部分 甘蓝类。

③ 用种量

用种量0.3～0.375kg/hm^2。

④ 育苗方式

可在阳畦、塑料拱棚、日光温室、露地育苗。有条件的可采用工厂化育苗。露地育苗应有防雨、防虫、遮阴等设施。

⑤ 育苗前的准备

a）苗床制作与安装

在温室内安装好育苗苗床，或在育苗设施内南北向做宽2～3m的苗床。

b）营养土与基质配制

营养土配制：选近3年未种过十字花科蔬菜的肥沃园土与充分腐熟过筛圈粪按5∶1比例混合，后加三元复合肥（N∶P_2O_5∶K_2O为15∶15∶15）1kg/m^3。将营养土铺入苗床内，厚度10～12cm。

基质配制（工厂化育苗）：将豆类作物秸秆粉碎腐熟料、菇渣、森林土按2∶3∶1的比例均匀混合，过筛后用50%多菌灵可湿性粉剂800液将营养土拌湿（相对含水量60%）后，用地膜或棚膜裹严营养土，5～7天后装盘播种。

⑥ 种子处理

以下方法任选其一：

a）将种子放入50℃温水浸种20min，然后在常温下继续浸种3～4h。

b）用种子质量0.4%的50%琥胶肥酸铜可湿性粉剂或50%福美双可湿性粉剂拌种。

⑦ 催芽

在20～25℃的条件下催芽，每天用清水冲洗1次，60%的种子萌芽时即可播种。

⑧ 播种

a）土床育苗：浇足苗床底水，水下渗后，先将1/3的药土（将35%福·甲硫可湿性粉剂拌入 40kg 过筛营养土中，用药量按每平方米苗床 8～10g 计算）均匀撒施在床面上，再将种子按 8cm×8cm 株行距均匀点播于床面，后将 2/3 的药土均匀盖在种子上，并补覆营养土至种面上，营养土厚度达 1.5～2cm，然后在床面覆盖地膜。

b）工厂化育苗：先在苗盘内装满育苗基质，轻度镇压并刮平盘面后，在穴格正中打 1.5cm 左右深的孔，将露白的 1～2 粒种子播入孔内，然后用基质封孔、轻度镇压并刮平盘面，用地膜裹严穴盘，将其整齐摆放在苗床上。

⑨ 苗期管理

a）温度管理（表 3-17）。

表 3-17　苗期温度管理表　（单位：℃）

时期	适宜日温	适宜夜温
播种至齐苗	20～25	15～18
齐苗至间苗	18～23	8～15
间苗至缓苗	20～25	10～16
缓苗至定植前 10 天	18～23	6～15
定植前 10 天至定植	15～20	5～10

b）间苗。

两叶一心期间苗 1 次，土床苗苗距 5～8cm，穴盘苗每穴留 1 株，疏除病苗、弱苗。

c）水肥管理。

土床育苗：幼苗子叶展平后适当控制水分。若需浇水，宜浇小水，定植前 7 天浇透水，起苗囤苗，并进行低温炼苗。夏季育苗，气温太高可采取浇水、遮阴等方法降温。要防止床土过干，同时防暴雨冲刷，及时排除苗床积水。

工厂化育苗：幼苗长出真叶后，用 0.05%尿素+0.1%磷酸二氢钾溶液浇洒穴盘苗，每天 1～2 次。

d）壮苗标准。

苗龄 30～35 天，株高 12cm，茎粗 0.5cm 以上，5～6 片叶，叶片肥厚蜡粉多，根系发达，无病虫害。

（3）定植

① 整地施肥

施肥应符合 NY/T 496 的要求。立冬前结合深翻地，施腐熟有机肥 30 000～45 000kg/hm^2（2000～3000kg/亩），开春地表解冻后，施氮肥（N）75kg/hm^2（尿素 11kg/亩）、磷肥（P_2O_5）100kg/hm^2（过磷酸钙 50kg/亩）、钾肥（K_2O）45kg/hm^2（硫酸钾 6kg/亩）后，浅犁地并及时平整地面。

② 作畦

定植前 5～7 天作畦，畦宽 60cm，沟宽 40cm，畦高 15～20cm，畦面覆盖宽幅 70cm 的地膜。

③ 定植期

春夏茬 3 月下旬至 4 月中旬，夏秋茬 7 月上旬至中旬。

④ 方法

宜在下午或阴天进行定植，穴距 40～45cm。每穴栽苗 1 株，一边栽苗，一边浇水。

⑤ 密度

株行距（40～45）cm×50cm，45 000～49 500 株/hm^2（3000～3300 株/亩）。

（4）定植后管理

① 生长前期（缓苗至莲座期）

定植后 10～15 天浇缓苗水，并及时中耕。浇第 2 次水后进行蹲苗 15～20 天，蹲苗结束后结合浇水追施氮肥（N）90kg/hm^2（尿素 14kg/亩）、钾肥（K_2O）54kg/hm^2（硫酸钾 8kg/亩）。

② 生长中、后期（花球形成期）

显球期之前，结合浇水追施氮肥（N）90kg/hm^2（尿素 14kg/亩）、钾肥（K_2O）54kg/hm^2（硫酸钾 8kg/亩）。

③ 植株调整

当侧芽长 2～3cm 时，及时摘除侧芽。

（5）病虫害防治

① 主要病虫害

主要病虫害为小菜蛾、菜青虫、蚜虫、黑腐病、黑胫病。

② 防治原则

按照“预防为主，综合防治”的方针，坚持“以农业防治、物理防治为主，化学防治为辅”的高效安全防治原则，即选用抗病品种，合理轮作倒茬，平衡施肥，清除田间杂草，培育健壮植株。化学农药使用按 GB 4285 和 GB/T 8321 执行。

③ 小菜蛾

在卵孵化盛期至 2 龄幼虫发生期，喷洒 0.2%苦皮藤素乳油 1000 倍液，或 25%灭幼脲悬浮剂 1000 倍液、3%啶虫脒乳油 1500 倍液、3.3%阿维菌素·高效氯氰菊酯乳油 3750 倍液。采收前 7 天停止用药。

④ 菜青虫

喷洒 310 亿 PIB/g 斜纹夜蛾核型多角体病毒母药 500 倍液或 1.8%阿维菌素乳油 4000 倍液、15%茚虫威悬浮剂 3000 倍液、20%抑食肼可湿性粉剂 1000 倍液、

10%氯氰菊酯乳油 2000 倍液，采收前 7 天停止用药。

⑤ 蚜虫

喷洒 50%抗蚜威可湿性粉剂 1000 倍液、10%吡虫啉可湿性粉剂 1500 倍液、5%吡虫啉・丁硫克百威 1500 倍液，采收前 11 天停止用药。

⑥ 黑腐病

喷洒 72%农用链霉素可湿性粉剂或新植霉素 100～200mg/kg，隔 10 天防治 1 次，连续防治 2～3 次。

⑦ 黑胫病

发病初期喷洒 35%福・甲硫可湿性粉剂 800 倍液或 40%百菌清可湿性粉剂 600 倍液，隔 9 天喷 1 次，防治 1 次或 2 次。

7　采收

当花球长至充分大，紧实，花蕾颗粒尚未开散时采收，采收时将花球及其部分主花茎一起割下，并保留 3～4 片小叶保护花球。

8　产品标准

产品质量符合 NY 5008—2008 无公害食品 甘蓝类蔬菜。

五、西芹安全高效标准化生产技术规程

1　范围

本标准规定了高原夏菜西芹生产技术的术语定义、产地环境、产量指标、主要栽培管理技术、采收及病虫害防治等内容。

本标准适用于甘肃省高原夏菜西芹生产。

2　规范性引用文件

下列文件对于本文件的应用是必不可少的。凡是注日期的引用文件，仅注日期的版本适用于本文件。凡是不注日期的引用文件，其最新版本（包括所有的修改单）适用于本文件。

GB 4285 农药安全使用标准

GB/T 8321 农药合理使用准则（所有部分）

GB 16715.5—2010 瓜菜作物种子第 5 部分 绿叶菜类

NY/T 496　肥料合理使用准则 通则

DB62/T 1887—2009 高原夏菜产地环境技术条件

DB62/T 1892—2009 高原夏菜 芹菜产品质量

3 术语和定义

下列术语和定义适用于本标准。

高原夏菜是指在海拔 1200m 以上的高原地区生产、夏秋季节上市、主要供应我国东南沿海市场的蔬菜产品。

4 产地环境条件

应符合 DB62/T 1887—2009 高原夏菜产地环境技术条件要求，并选择地力肥沃、土壤疏松、排水良好的壤土或砂壤土。

5 产量指标

（1）产量指标

目标产量：12 000～15 000kg/hm^2。

（2）产量构成因素

种植密度 75 000～111 000 株/hm^2，单株重 1.5～2.0kg。

6 栽培技术

（1）前茬

前茬应为非伞形花科蔬菜作物。

（2）育苗

① 品种选择

选用优质、高产、抗病虫、抗逆性强、适应性广、商品性好的芹菜品种，如‘圣地亚哥’、‘自由女神’、‘美佳西芹’、‘文图拉’等。

② 种子质量

种子质量应符合 GB 16715.5—2010 瓜菜作物种子第 5 部分 绿叶菜类。

③ 种子处理

播种前将种子在阳光下晒 6～8h，然后将种子放入 50℃的水中进行温汤浸种 30min，待水温降至 20℃时浸泡 3～5h，再将种子捞出后沥去水分，包在干净、湿润的纱布中，在 15～20℃温度下催芽，当 60%种子萌芽时即可播种。

④ 育苗床准备

a）育苗土配制：选用肥沃园土与充分腐熟有机肥按 6∶4 的比例混合均匀，加 N∶P_2O_5∶K_2O 为 15∶15∶15 三元复合肥 1.0kg/m^3；将配置好的育苗土铺入苗床，厚度 10cm。

b）育苗土消毒：用 50%多菌灵可湿性粉剂 1000 倍液喷洒苗床消毒，然后将地翻匀、整平后作畦。每亩生产田需苗床面积 20～30m^2。

⑤ 播种

播前苗床浇足底水，水渗后覆一层细土（或药土），将种子均匀撒播于床面，覆细土（或药土）0.5cm。

⑥ 苗期管理

采用日光温室或大棚育苗，苗床内的适宜温度为 15～20℃。当幼苗第 1 片真叶展开时进行第 1 次间苗，疏掉过密苗、病苗、弱苗，苗距 3cm×3cm，结合间苗拔除田间杂草。苗期要保持床土湿润，小水勤浇。当幼苗 2～3 片真叶时，结合浇水追施尿素 10kg/亩，或用 0.2%尿素溶液叶面追肥。

⑦ 壮苗标准：苗龄 60～70 天、株高 15～20cm，5～6 片叶，叶色浓绿，根系发达，无病虫害。

（3）定植

① 整地

施肥应符合 NY/T 496 要求。在中等肥力条件下，结合整地施优质有机肥 5000kg/亩、尿素 25～30kg/亩、过磷酸钙 50～60kg/亩、硫酸钾 15～20kg/亩、双氰胺 3.0kg/亩；也可在化学施肥量减少 10%的基础上，同时增施 AM 菌肥 1000ml/亩或‘农大哥’复合生物肥 5kg/亩。耙平后作畦，畦宽 40cm，畦高 15cm，沟宽 20cm。

② 定植方法

西芹多以大棵单株销售，栽植密度应稀。一般垄幅宽 60cm，垄面宽 40cm，垄沟宽 20cm，每垄种 2 行，株距 30cm，定苗密度 7500 株/亩；如果生产 2.0kg 以上的大型西芹，则垄幅宽 70cm，垄面宽 50cm，垄沟宽 20cm，每垄种 2 行，株距 35cm，定苗密度 5500 株/亩。边栽边封沟平畦，随即浇水。定植时若苗太高，可于 15cm 处剪掉上部叶柄。大小苗分级后挖穴栽植，1 穴 1 株，深度以埋不住心叶为度，宜浅不宜深。

（4）田间管理

① 中耕

定植后至封垅前，中耕 3～4 次，中耕结合培土和清除田间杂草。缓苗后视生长情况蹲苗 7～10 天。

② 肥水管理

浇水的原则是保持土壤湿润，生长旺盛期保证水分供给。定植 1～2 天后浇 1 次缓苗水。株高 25～30cm 时，结合浇水每亩追施尿素 10～15kg，硫酸钾 10～12kg。在采收前 10 天叶面喷施 0.05%硫酸锰，或 600mg/L 钼酸铵，或 0.15%硫酸锌，或 50ppm 赤霉素控制硝酸盐含量。

7　采收

株高60～80cm，有12～14片叶时即可采收。

8　病虫害防治

（1）主要病虫害

西芹主要病虫害有斑枯病、叶斑病、心腐病、蚜虫等。

（2）防治原则

始终贯彻“预防为主，综合防治”的植保方针，优先使用物理防治、生物防治技术。使用化学农药时，应执行农药安全使用标准（GB 4285）、农药合理使用准则（GB/T 8321）（所有部分）。

（3）病害防治

① 芹菜斑枯病：发病初期可选喷78%波·锰锌可湿性粉剂500～600倍液、75%百菌清可湿性粉剂600倍液、10%苯醚甲环唑水分散粒剂2000倍液，隔7～10天喷施1次，连续防治2～3次。

② 芹菜叶斑病：发病初期喷洒50%多菌灵800倍液或78%波·锰锌 600倍液、10%苯醚甲环唑水分散粒剂2000倍液。

③ 芹菜心腐病：这是西芹在6月、7月高温条件下发生的一种生理性病害，表现为叶变褐腐烂，是由缺钙引起的。用硝酸钙0.5kg溶于18kg水中，喷到受害植株的心叶就可以防治。

（4）虫害防治

① 蚜虫

a）利用黄板诱杀，铺设银灰色地膜条驱避蚜虫。

b）用50%的抗蚜威可湿性粉剂2000～3000倍液，或10%的吡虫啉可湿性粉剂1500倍液，或0.2%苦参碱水剂800倍液喷雾防治，隔6～7天喷1次，共防治2～3次。

9　产品标准

产品质量符合DB62/T 1892—2009标准。

六、洋葱安全高效标准化生产技术规程

1　范围

本标准规定了高原夏菜洋葱生产技术的术语定义、产地环境、产量指标、主

要栽培管理技术、采收及病虫害防治等内容。

本标准适用于甘肃省高原夏菜洋葱生产。

2　规范性引用文件

下列文件对于本文件的应用是必不可少的。凡是注日期的引用文件，仅注日期的版本适用于本文件。凡是不注日期的引用文件，其最新版本（包括所有的修改单）适用于本文件。

GB 4285　农药安全使用标准

GB 8079　蔬菜种子

GB/T 8321　农药合理使用准则（所有部分）

NY/T 496　肥料合理使用准则 通则

DB62/T 1887—2009　高原夏菜产地环境技术条件

DB62/T 1893—2009　高原夏菜 洋葱产品质量

3　术语和定义

下列术语和定义适用于本标准。

高原夏菜是指在海拔 1200m 以上的高原地区生产、夏秋季节上市、主要供应我国东南沿海市场的蔬菜产品。

4　产地环境条件

应符合 DB62/T 1887—2009 高原夏菜产地环境技术条件要求，并选择地力肥沃、土壤疏松、排水良好的壤土或砂壤土。

5　产量指标

（1）产量指标

目标产量：90 000～120 000kg/hm^2。

（2）产量构成因素

种植密度 300 000～375 000 株/hm^2，鳞茎单重 200～300kg。

6　栽培技术

（1）前茬

前茬应为非葱蒜类蔬菜作物。

（2）育苗

① 品种选择

选用优质、高产、抗病虫、耐抽薹、抗逆性强、适应性广、商品性好的洋葱品种。

② 种子质量

宜选择当年新种子，种子质量应符合 GB 8079 蔬菜种子。

③ 种子处理

选用包衣种子。未包衣种子在播种前用 50℃温水浸种 25min，将种子捞出后用湿布包好，在 10～20℃下催芽，每天用清水冲洗 1～2 次，当 60%种子萌芽时即可播种。

④ 育苗床准备

a）育苗土配制：肥沃园土与充分腐熟过筛有机肥按 6∶4 比例混合均匀，育苗土加入磷酸二氢铵 1.0kg/m^3，硫酸钾 0.5kg/m^3，将配置好的育苗土铺入苗床，厚度 10cm。

b）育苗土消毒：用 50%多菌灵可湿性粉剂 1000 倍液喷洒苗床消毒，然后将地翻匀、整平后作畦。每亩生产田需苗床面积 20～30m^2。

⑤ 播种

用种量 200～300g/亩。播种前 1 天将苗床水浇透，待水下渗后将种子均匀撒播在整好的苗床上，播后覆细沙 1.0cm 左右，然后加覆盖物遮阴保墒。

⑥ 苗期管理

温度白天控制在 20～25℃，夜间控制在 10～15℃。出苗后，应及时间苗、定苗，苗距约 3cm。齐苗后浇水 1 次，以后尽量少浇水。可视苗情结合灌水追施尿素 8～10kg/亩，适时进行苗床除草。定植前 10 天通风控水，加强幼苗锻炼，以促进根系生长和利于培育壮苗。

⑦ 壮苗指标

苗龄 50～60 天，幼苗株高 15～18cm，茎粗 5～6mm，具有 5～6 片叶片，根系发达，叶色深绿，无病虫害。

（3）定植

① 整地

施肥应符合 NY/T 496 要求。在中等肥力条件下，结合整地施优质有机肥 5000kg/亩、尿素 25～30kg/亩、过磷酸钙 50kg/亩、硫酸钾 15～20kg/亩。用 50%多菌灵可湿性粉剂 1000 倍液喷洒地表消毒，然后将地翻匀、整平后作畦。铺 1.4m 宽的普通白色或黑色地膜，两幅膜之间留 25～30cm 走道。于施药后 5～7 天定植。

② 定植方法：按 15cm×15cm 株行距打孔插苗，深度以埋住根茎、幼苗不倒伏为宜。

（4）田间管理

定植后随即浇透水 1 次，10 天后再浅灌 1 次。缓苗后逐渐增加浇水次数，鳞茎膨大期每隔6～8天浇水1次，保持地面见干见湿，便于鳞茎膨大，收获前8～10天停止浇水。叶片迅速生长期、鳞茎膨大期结合浇水追肥2次，尿素10kg/亩、硫酸钾8kg/亩，为防止植株早衰，可结合浇水叶面喷施2g/kg磷酸二氢钾溶液，每隔7～10天喷1次，连喷2～3次。最后1次追肥时间应距收获期30天以上。

7　采收

假茎有90%倒伏时选择晴天收获，切忌淋雨。收获后应注意轻拿轻放，避免机械损伤，然后在通风阴凉处晾晒，待鳞茎外3层皮晾干后，进行分级销售。

8　病虫害防治

（1）主要病虫害

洋葱主要病虫害有软腐病、霜霉病、紫斑病、葱蓟马等。

（2）防治原则

始终贯彻“预防为主，综合防治”的植保方针，优先使用物理防治、生物防治技术。使用化学农药时，应执行农药安全使用标准（GB 4285）、农药合理使用准则（GB/T 8321）（所有部分）。

（3）病害防治

① 软腐病：

a）培育壮苗，适时移栽；施足基肥，增施磷、钾肥，提高植株抗逆力；选晴天收获，防止鳞茎带湿土。

b）发病初期可选用77%氢氧化铜500～600倍液，或5%的菌毒清乳剂300倍液，或72%农用链霉素可溶性粉剂4000倍液，或新植霉素4000～5000倍液等，在发病初期喷洒，并注重喷洒植株基部。每5～7天喷1次，连喷2次。

② 霜霉病：发病初期喷洒72%霜脲·锰锌可湿性粉剂600倍液，或64%噁霜灵·锰锌600倍液，或72%霜霉威水剂700倍液等，每7～10天喷1次，连喷2～3次。

③ 紫斑病：发病初期喷施50%异菌脲可湿性粉剂1500倍液，或72%霜脲·锰锌可湿性粉剂600倍液，或64%噁霜灵·锰锌可湿性粉剂500倍液等，每7～10天喷1次，连喷2～3次。

（4）虫害防治

葱蓟马：在若虫发生高峰期喷洒5%氟虫腈悬浮剂3000倍液或10%的吡虫啉可湿性粉剂2500倍液，每7～10天喷1次，连喷2～3次。

9　产品质量

产品质量应符合 DB62/T 1893—2009 标准。

七、娃娃菜安全高效标准化生产技术规程

1　范围

本标准规定了高原夏菜娃娃菜高效安全生产技术的术语定义、产地环境、产量指标、栽培管理、采收及病虫害防治等内容。

本标准适用于甘肃省高原夏菜娃娃菜生产。

2　规范性引用文件

下列文件中的条款通过本标准的引用而成为本标准的条款。凡是注日期的引用文件，其随后所有的修改单（不包括勘误的内容）或修订版均不适用于本标准，然而，鼓励根据本标准达成协议的各方研究是否可使用这些文件的最新版本。凡是不注日期的引用文件，其最新版本适用于本标准。

GB 4285 农药安全使用标准

GB/T 8321 农药合理使用准则 所有部分

GB 16715.2—2010 瓜菜作物种子第 2 部分 白菜类

NY/T 496 肥料合理使用准则 通则

DB62/T 1887—2009 高原夏菜产地环境技术条件

DB62/T 1895—2009 高原夏菜 大白菜产品质量

3　术语和定义

下列术语和定义适用于本标准。

（1）高原夏菜

是指在海拔 1200m 以上的高原地区所生产的能达到安全、优质、营养要求的蔬菜产品。具有耐贮运、供应周期长等特点，能弥补南方及沿海地区因夏季高温蔬菜生产受到限制、市场供应不足。

（2）病虫害

娃娃菜生长发育过程中由于病菌和有害昆虫造成的为害。

4　产地环境条件

应符合 DB62/T 1887—2009 高原夏菜产地环境技术条件要求。

5　肥料、农药使用的原则和要求

生产中肥料的施用按 NY/T 496 执行，农药的使用按 GB 4285 和 GB/T 8321 执行。

6　栽培技术

（1）前茬

宜选择 3～5 年未种植过十字花科蔬菜的砂壤土或壤土田块。

（2）品种选择

选择早熟、耐抽薹、抗逆性强，球直筒形、球高大于 17cm、球色金黄、商品性好的品种，如‘金皇后’、‘春玉黄’、‘介石金杯’等。

（3）种子质量

种子质量应符合 GB 16715.2—2010 瓜菜作物种子第 2 部分 白菜类。

（4）用种量

用种量为 1.5～1.8kg/hm^2（100～120g/亩）。

（5）整地施肥

施肥应符合 NY/T 496 的要求。立冬前结合深翻地，施腐熟有机肥 45 000～60 000kg/hm^2（3000～4000kg/亩），播前先平整地面，后施氮肥（N）90kg/hm^2（尿素 13kg/亩）、磷肥（P_2O_5）54kg/hm^2（过磷酸钙 45kg/亩），施肥后浅犁地，作平畦，畦高 10～15cm、畦宽 100cm、沟宽 30cm，畦面覆宽幅 120cm 的地膜。

（6）播种

① 播期

春夏茬 3 月下旬至 5 月上旬，夏秋茬 7 月中旬至下旬。

②方法与密度

按株行距 25cm×（25～30）cm 打播种穴，穴深 2cm 左右，每穴播种 2～3 粒，后覆盖 1.5～2cm 厚的湿土。密度为 12.75 万～14.25 万株/hm^2（8500～9500 株/亩）。

（7）查苗、补苗

播后 7～10 天检查出苗情况，及时补种空穴。

（8）间苗、定苗

在幼苗两叶一心期时，及时间苗，封穴定苗。

（9）肥水管理

① 生长前期（莲座期）

出苗至莲座期浇水 1～2 次，浇第 2 次水后进行蹲苗 15～20 天，蹲苗结束后结合浇水追施氮肥（N）120kg/hm^2（尿素 17kg/亩）、钾肥（K_2O）45kg/hm^2（硫酸钾 6kg/亩）。

② 生长中、后期（结球前期）

莲座期至结球期，浇水 2～3 次，进入团棵期，结合浇水追施氮肥（N）120kg/hm^2（尿素 17kg/亩）。收获前 15 天左右停止追肥。

（10）病虫害防治

① 主要病虫害

主要病虫害为小菜蛾、菜青虫、蚜虫、霜霉病、黑腐病、黑斑病、软腐病、干烧心。

② 防治原则

按照“预防为主，综合防治”的方针，坚持“以农业防治、物理防治为主，化学防治为辅”的高效安全防治原则，即选用抗病品种，合理轮作倒茬，平衡施肥，清除田间杂草，培育健壮植株。

③ 小菜蛾

在卵孵化盛期至 2 龄幼虫发生期，喷洒 0.2%苦皮藤素乳油 1000 倍液，或 25%灭幼脲悬浮剂 1000 倍液、3%啶虫脒乳油 1500 倍液、3.3%阿维菌素・高效氯氰菊酯乳油 3750 倍液。采收前 7 天停止用药。

④ 蚜虫

喷洒 50%抗蚜威可湿性粉剂 1000 倍液，或 10%吡虫啉可湿性粉剂 1500 倍液，或 5%吡虫啉・丁硫克百威 1500 倍液，采收前 11 天停止用药。

⑤ 菜青虫

喷洒 310 亿 PIB/g 斜纹夜蛾核型多角体病毒母药 500 倍液，或 1.8%阿维菌素乳油 4000 倍液、15%茚虫威悬浮剂 3000 倍液、20%抑食肼可湿性粉剂 1000 倍液、10%氯氰菊酯乳油 2000 倍液，采收前 7 天停止用药。

⑥ 霜霉病

发现中心病株时，开始喷洒抗生素 2507 液体发酵产生菌丝体提取的油状物 1500 倍液，或 70%乙铝・锰锌可湿性粉剂 500 倍液、72%锰锌・霜脲可湿性粉剂 600 倍液、55%福・烯酰可湿性粉剂 700 倍液、50%锰锌・烯酰可湿性粉剂 750 倍液、52.5%抑快净水分散粒剂 2000 倍液，隔 7～10 天防 1 次，连防 2～3 次。

⑦ 软腐病

生长中后期喷洒 3%中生菌素可湿性粉剂 800 倍液，或喷洒 72%农用链霉素可湿性粉剂或新植霉素 100～200mg/kg，隔 10 天防 1 次，连防 2～3 次。

⑧ 黑腐病

喷洒 72%农用链霉素可湿性粉剂或新植霉素 100～200mg/kg，隔 10 天防治 1 次，连续防治 2～3 次。

⑨ 黑斑病

发现少量病株及时拔除，发病初期喷洒 3%多氧清水剂 700～800 倍液，或 50%福・异菌可湿性粉剂 700 倍液、70%乙铝・锰锌可湿性粉剂 500 倍液、58%甲霜灵・锰锌可湿性粉剂 700 倍液，隔 7 天防治 1 次，连续防治 3～4 次。

⑩ 干烧心

在娃娃菜苗期、莲座期或包心前喷洒 0.7%硫酸锰，或喷施“大白菜干烧心防治丰”，连喷 3 次。

7 采收

当球长至充分大、包合紧实时，用刀紧贴地表从基部铲除，“防散心”。削平基部，剥去外层叶装筐。

8 产品标准

产品质量符合 DB62/T 1895—2009 高原夏菜 大白菜产品质量标准。

八、甘蓝安全高效标准化生产技术规程

1 范围

本标准规定了高原夏菜甘蓝生产技术的术语定义、产地环境、产量指标、主要栽培管理技术、采收及病虫害防治等内容。

本标准适用于甘肃省高原夏菜甘蓝生产。

2 规范性引用文件

下列文件对于本文件的应用是必不可少的。凡是注日期的引用文件，仅注日期的版本适用于本文件。凡是不注日期的引用文件，其最新版本（包括所有的修改单）适用于本文件。

GB 4285 农药安全使用标准

GB/T 8321 农药合理使用准则（所有部分）

GB 16715.4—2010 瓜菜作物种子第 4 部分 甘蓝类

NY/T 496 肥料合理使用准则 通则

DB62/T 1887—2009 高原夏菜产地环境技术条件

DB62/T 1895—2009 高原夏菜 甘蓝产品质量

3　术语和定义

下列定义适用于本标准。

高原夏菜：是指在海拔1200m 以上的高原地区生产、夏秋季节上市、主要供应我国东南沿海市场的蔬菜产品。

4　产地环境条件

应符合DB62/T 1887—2009 高原夏菜产地环境技术条件要求。

5　产量指标

（1）产量指标

目标产量：60 000～75 000kg/hm^2。

（2）产量构成因素

密度：67 500～75 000 株/hm^2，单球质量500～1000g。

6　栽培技术

（1）前茬

宜选择3～5年未种过十字花科蔬菜的田块。

（2）育苗

① 品种选择

选择抗逆性强、耐抽薹、圆球形、叶色绿、商品性好的早熟品种，如‘中甘17号’、‘中甘21号’等。

② 种子质量

种子质量应符合GB 16715.4—2010 瓜菜作物种子第4部分 甘蓝类。

③ 用种量

用种量0.3～0.375kg/hm^2。

④ 种子处理

以下方法任选其一：

a）将种子放入50℃温水浸种20min，然后在常温下继续浸种3～4h。

b）用种子质量0.4%的50%福美双可湿性粉剂拌种。

⑤ 催芽

在20～25℃的条件下催芽，每天用常温清水冲洗1次，60%的种子萌芽时即可播种。

⑥ 育苗设施

可在阳畦、塑料拱棚、日光温室内育苗。有条件的可采用穴盘育苗。露地育苗应有防雨、防虫、遮阴等设施。

⑦ 育苗前的准备

a）苗床安装与制作

在育苗设施内南北向制作宽2～3m的苗床，或在温室内安装好育苗苗床。

b）育苗基质与营养土配制

营养土配制：选近3年未种过十字花科蔬菜的肥沃园土与充分腐熟过筛圈粪按5∶1比例混合，后加三元复合肥（N∶P_2O_5∶K_2O为15∶15∶15）1kg/m^3。将营养土铺入苗床内，厚度10～12cm。

基质配制（穴盘育苗）：将豆类作物秸秆粉碎腐熟料、菇渣、腐殖土按2∶3∶1的比例均匀混合，过筛后用50%多菌灵可湿性粉剂800倍液将营养土拌湿（相对含水量60%）后，用地膜或棚膜覆盖营养土，5～7天后装盘播种。

⑧ 播种

a）土床育苗：浇足苗床底水，水下渗后，先将1/3的药土（将35%福·甲硫可湿性粉剂拌入40kg过筛营养土中，用药量按苗床8～10g/m^{2}计算）均匀撒施在床面上，再将种子按8cm×8cm株行距均匀点播于床面，后将2/3的药土均匀盖在种子上，并补覆营养土至种面上，营养土厚度达1.5～2cm，然后在床面上覆盖地膜。

b）穴盘育苗：先在苗盘内装满育苗基质，轻度镇压并刮平盘面后，在穴格正中打1.5cm左右深的孔，将露白的1～2粒种子播入孔内，然后用基质封孔、轻度镇压并刮平盘面，用地膜裹严穴盘，将其整齐摆放在苗床上。

⑨ 苗期管理

a）温度管理

温度管理按表3-18中的温度指标进行。

表3-18　苗期温度管理指标　　（单位：℃）

时期	白天适宜温度	夜间适宜温度
播种至齐苗	20～25	14～16
齐苗至间苗	12～17	8～15
间苗至缓苗	18～25	10～16
缓苗至定植前10天	15～25	6～12
定植前10天至定植	12～15	5～10

b）间苗

两叶一心期间苗1次，土床苗苗距5～8cm，穴盘苗每穴留1株，疏除病苗、弱苗。

c）水肥管理

土床育苗：幼苗子叶展平后适当控制水分。若需浇水，宜浇小水，定植前7天浇透水，起苗囤苗，并进行低温炼苗。

穴盘育苗：幼苗长出真叶后，用0.05%尿素+0.1%磷酸二氢钾溶液浇洒穴盘苗，每天 1～2 次。

夏季育苗，气温太高可采取浇水、遮阴等方法降温。要防止床土过干，同时防暴雨冲刷，及时排除苗床积水。

⑩ 壮苗标准

苗龄 30～35 天，株高 10～12cm，茎粗 0.5cm 以上，5～6 片叶，叶片肥厚、蜡粉多，根系发达，无病虫害。

（3）定植

① 整地施肥

施肥应符合 NY/T 496 的要求。立冬前结合深翻地，施腐熟有机肥 45 000～60 000kg/hm^2，开春地表解冻后，及时平整地面后，施氮肥（N）60kg/hm^2、磷肥（P_2O_5）45kg/hm^2，并浅犁地后耙平地面。定植前 5～7 天作畦，畦宽 50cm，沟宽 30cm，畦高 15～20cm，畦面覆盖宽幅 70cm 的地膜。

② 定植时期

春夏茬 3 月下旬至 4 月中旬，夏秋茬 7 月上旬至中旬。

③ 定植方法

先在畦两边按“品”字形挖好定植穴，穴距 25～30cm，每穴栽苗 1 株，在栽苗的同时，浇足量的定植水。

（4）定植后管理

① 生长前期（缓苗至莲座期）

定植后 10～15 天浇缓苗水，并及时中耕保墒。浇第 2 次水后进行蹲苗 15～20 天，蹲苗结束后结合浇水追施氮肥（N）90kg/hm^2、钾肥（K_2O）45kg/hm^2。

② 生长中、后期（结球期）

浇水以保持土壤湿润为原则。当球直径 3～4cm 时结合浇水追施氮肥（N）75kg/hm^2。

7 采收

叶球紧实后及时采收，并剥去外层叶片后装筐。

8 病虫害防治

（1）主要病虫害

主要病虫害为小菜蛾、菜青虫、蚜虫、黑腐病、霜霉病、黑胫病。

（2）防治原则

按照“预防为主，综合防治”的方针，坚持“以农业防治、物理防治为主，化学防治为辅”的高效安全防治原则，即选用抗病品种，合理轮作倒茬，平衡施肥，清除田间杂草，培育健壮植株。化学农药使用按 GB 4285 和 GB/T 8321 执行。

（3）虫害防治

① 小菜蛾

在卵孵化盛期至 2 龄幼虫发生期，喷洒 0.2%苦皮藤素乳油 1000 倍液，或 25%灭幼脲悬浮剂 1000 倍液、3%啶虫脒乳油 1500 倍液、3.3%阿维菌素・高效氯氰菊酯乳油 3750 倍液。采收前 7 天停止用药。

② 菜青虫

虫害发生期，喷洒 310 亿 PIB/g 斜纹夜蛾核型多角体病毒母药 500 倍液，或 1.8%阿维菌素乳油 4000 倍液、15%茚虫威悬浮剂 3000 倍液、10%氯氰菊酯乳油 2000 倍液，采收前 7 天停止用药。

③ 蚜虫

虫害发生期，喷洒 50%抗蚜威可湿性粉剂 1000 倍液，或 10%吡虫啉可湿性粉剂 1500 倍液，或 5%吡虫啉・丁硫克百威 1500 倍液，采收前 11 天停止用药。

（4）病害防治

① 黑腐病

病害发生初期，喷洒 72%农用链霉素可湿性粉剂 3000 倍液，或 20%噻菌铜悬浮剂 500 倍液，隔 7～10 天防治 1 次，连续防治 2～3 次。

② 霜霉病

发现中心病株时，开始喷洒抗生素 2507 液体发酵产生菌丝体提取的油状物 1500 倍液，或 70%乙铝・锰锌可湿性粉剂 500 倍液、72%锰锌・霜脲可湿性粉剂 600 倍液、55%福・烯酰可湿性粉剂 700 倍液、50%锰锌・烯酰可湿性粉剂 750 倍液、52.5%抑快净水分散粒剂 2000 倍液，隔 7～10 天防 1 次，连防 2～3 次。

③ 黑胫病

发病初期喷洒 35%福・甲硫可湿性粉剂 800 倍液或 40%百菌清可湿性粉剂 600 倍液，隔 9 天喷 1 次，防治 1 次或 2 次。

9　产品标准

产品质量符合 DB62/T 1895—2009 高原夏菜 甘蓝产品质量标准。

九、荷兰豆安全高效标准化生产技术规程

1　范围

本标准规定了高原夏菜荷兰豆生产技术的术语定义、产地环境、产量指标、主要栽培管理技术、采收及病虫害防治等内容。

本标准适用于甘肃省高原夏菜荷兰豆生产。

2 规范性引用文件

下列文件对于本文件的应用是必不可少的。凡是注日期的引用文件，仅注日期的版本适用于本文件。凡是不注日期的引用文件，其最新版本（包括所有的修改单）适用于本文件。

GB 4285 农药安全使用标准

GB/T 8321 农药合理使用准则（所有部分）

NY 2619—2014 瓜菜作物种子 豆类（菜豆、长豇豆、豌豆）

NY/T 496 肥料合理使用准则 通则

NY 5078—2005 无公害食品 豆类蔬菜

DB62/T 1887—2009 高原夏菜产地环境技术条件

3 术语和定义

下列定义适用于本标准。

高原夏菜：是指在海拔 1200m 以上的高原地区生产、夏秋季节上市、主要供应我国东南沿海市场的蔬菜产品。

4 产地环境条件

应符合 DB62/T 1887—2009 高原夏菜产地环境技术条件要求。

5 产量指标

（1）产量指标

目标产量：15 000～18 000kg/hm^2。

（2）产量构成因素

密度：22 万～35 万株/hm^2，单荚重 2.5～4g。

6 栽培技术

（1）品种选择

选用抗逆性强、丰产、嫩荚深绿色、板形正、肉厚、香脆多汁的品种。大荚品种如‘食荚大菜豌 1 号’，‘中荚品种南非大荚豆’，小荚品种如‘美浓’、‘合欢 66’等。

（2）种子质量

种子质量应符合 NY 2619—2014 瓜菜作物种子 豆类（菜豆、长豇豆、豌豆）标准。

（3）用种量

大荚品种用种量45～60kg/hm^2，中荚品种用种量75～90kg/hm^2，小荚品种用种量150kg/hm^2。

（4）种子处理

用种子质量0.3%～0.5%的50%多菌灵可湿性粉剂拌种。

（5）播种前准备

① 茬口选择

宜选择地力中上，3～5年未种植过豆科作物的砂壤土或壤土田块。

② 整地施肥

按NY/T 496标准，结合秋季深翻地，施腐熟有机肥45 000～60 000kg/hm^2，开春地表解冻后，及时平整地面后，沿当地主风向，按1.2m的行距沟施化肥，沟宽15cm，深10～15cm，施氮肥（N）69kg/hm^2、磷肥（P_2O_5）145kg/hm^2、钾肥（K_2O）36kg/hm^2。

（6）播种

① 播期

当地春小麦播期后6～12天为最佳播期。

② 播种方法

采用等行开沟点播法。距施肥沟中心线20～25cm处，沿施肥沟向其两侧开3～5cm深、8～10cm宽的播种沟。大、中、小荚品种在沟内分别按20～25cm、15～20cm、8～10cm的等距双粒点播种子，后及时回土填平播沟，并及时覆宽幅为70～120cm的地膜。

③ 播种密度

宽行80cm，窄行40cm，双行种植。

（7）田间管理

① 放苗

当幼苗出土后及时破膜放苗，待苗高4～5cm时，用干土封严膜穴口。

② 中耕除草

浇水后及时中耕除草。整个生育期中耕除草3～4次。

③ 搭架

在甩蔓期，及时用竹竿搭“人”字形架，竹竿间距离40～60cm，架高1.5～2m，其后随蔓不断长高，在竹竿架下、中、上部位横向拉3道细线绳，助蔓上架。

④ 植株调整

进入旺盛生长期，及时打掉中下部侧枝。

⑤ 浇水追肥

开花期之前，视土壤墒情，浇水 1～2 次，开花结荚始期及时浇水，进入结荚盛期，每 10 天左右灌水 1 次。开花结荚初期随水追肥，追施氮肥（N）90kg/hm^2、钾肥（K_2O）36kg/hm^2；结荚中期随水追肥，追施氮肥（N）90kg/hm^2、钾肥（K_2O）36kg/hm^2。

7 采收

一般在开花后 10 天左右采收，采收标准：豆荚长 5～9cm，单荚重 2.5～4g，豆荚深绿色，种粒微鼓，口味香脆，以后每隔 2～3 天采收 1 次。

8 病虫害防治

（1）主要病虫害

主要病虫害有斑潜蝇、蓟马、蚜虫、根腐病、白粉病、霜霉病。

（2）防治原则

按照“预防为主，综合防治”的方针，坚持“以农业防治、物理防治为主，化学防治为辅”的高效安全防治原则，即选用抗病品种，合理轮作倒茬，平衡施肥，清除田间杂草，培育健壮植株。化学农药使用按 GB 4285 和 GB/T 8321 标准执行。

（3）虫害防治

① 斑潜蝇

在成虫产卵盛期喷洒 1.8%阿维菌素乳油 4000 倍液，或 20%阿维・杀单乳剂 1000 倍液、10%灭蝇胺悬浮剂 1000 倍液，采收前 10 天停止用药。

② 蓟马

虫害发生期，轮换喷洒 0.5%藜芦碱醇溶液 800 倍液、5%吡虫啉・丁硫克百威 1500 倍液、22%毒死蜱・吡虫啉乳油 2500 倍液、2.5%高效氯氰菊酯乳油 2000 倍液防治，采收前 10 天停止用药。

③ 蚜虫

虫害发生期，轮换喷洒 20%吡虫啉可湿性粉剂 4000 倍液、50%抗蚜威可湿性粉剂 2000 倍液、5%顺式氰戊菊酯乳油 3000～4000 倍液、2.5%高效氯氰菊酯乳油 2000 倍液，采收前 15 天停止用药。

（4）病害防治

① 根腐病

播种前，用种子质量 0.25%的 20%三唑酮乳油拌种，或用种子质量 0.2%的 70%

百菌清可湿性粉剂拌种。发病初期用35%福・甲硫可湿性粉剂800倍液，或3.0%噁霉灵・甲霜灵水剂750倍液、50%百・硫悬浮剂600倍液淋根茎基部。

② 白粉病

病害始发期喷洒62.5%锰锌・腈菌唑可湿性粉剂1500倍液，或30%氟菌唑可湿性粉剂2000倍液、12.5%腈菌唑乳油2000倍液、62.5%氟菌唑・代森锰锌可湿性粉剂600倍液、2%武夷菌素水剂150～200倍液，隔10～15天防治1次，连防3～4次。

③ 霜霉病

用种子质量0.3%的35%甲霜灵拌种，发病初期开始喷洒70%乙铝・锰锌可湿性粉剂500倍液、或72%锰锌・霜脲可湿性粉剂600倍液，隔10天防治1次，连防1～2次。

9　产品标准

产品质量符合NY 5078—2005 无公害食品 豆类蔬菜标准。

十、甜脆豆安全高效标准化生产技术规程

1　范围

本标准规定了高原夏菜甜脆豆生产技术的术语定义、产地环境、产量指标、主要栽培管理技术、采收及病虫害防治等内容。

本标准适用于甘肃省高原夏菜甜脆豆生产。

2　规范性引用文件

下列文件对于本文件的应用是必不可少的。凡是注日期的引用文件，仅注日期的版本适用于本文件。凡是不注日期的引用文件，其最新版本（包括所有的修改单）适用于本文件。

GB 4285 农药安全使用标准

GB/T 8321 农药合理使用准则（所有部分）

NY 2619—2014 瓜菜作物种子 豆类（菜豆、长豇豆、豌豆）

NY/T 496 肥料合理使用准则 通则

NY 5078—2005 无公害食品 豆类蔬菜

DB62/T 1887—2009 高原夏菜产地环境技术条件

3　术语和定义

下列定义适用于本标准。

高原夏菜：是指在海拔1200m以上的高原地区生产、夏秋季节上市、主要供应我国东南沿海市场的蔬菜产品。

4　产地环境条件

应符合 DB62/T 1887—2009 高原夏菜产地环境技术条件要求。

5　产量指标

（1）产量指标

目标产量：18 750～22 500kg/hm²。

（2）产量构成因素

密度：30 万～35 万株/hm²，单荚质量 4～5g。

6　栽培技术

（1）品种选择

选用抗逆性强、丰产，嫩荚深绿色、板形正、肉厚、甜脆多汁的品种，如‘绿珍’、‘合欢’、‘丰产 13’等。

（2）种子质量

种子质量应符合 NY 2619—2014 瓜菜作物种子 豆类（菜豆、长豇豆、豌豆）标准。

（3）用种量

用种量 150kg/hm²。

（4）种子处理

用种子质量 0.3%～0.5%的 50%多菌灵可湿性粉剂拌种。

（5）播种前准备

① 茬口选择

宜选择地力中上，3 年内未种植过豆科作物的砂壤土或壤土田块。

② 整地施肥

按 NY/T 496 标准，结合秋冬季深翻地，施腐熟有机肥 45 000～60 000kg/hm²，开春地表解冻后，及时平整地块，沿当地主风向，按 1.2m 的行距沟施化肥，施肥量为氮肥（N）69kg/hm²、磷肥（P_2O_5）145kg/hm²、钾肥（K_2O）37.5kg/hm²。

（6）播种

① 播期

当地春小麦播期后 6～12 天为最佳播期。

② 播种方法

在距施肥沟中心线 20～25cm 处，在其两侧开 4～5cm 深、8～10cm 宽的播种沟，先在沟内按 8～10cm 等距双粒点播种子，后及时回土填平播沟，并及时覆宽幅为 70～120cm 的地膜。

③ 种植密度

宽行 80cm，窄行 40cm，双行种植，株距 8～10cm。

（7）田间管理

① 放苗

当幼苗出土后及时破膜放苗，待苗高 4～5cm 时，用干土封膜穴口。

② 中耕除草

浇水后及时中耕除草。整个生育期中耕除草 3～4 次。

③ 搭架

在甩蔓期，及时用竹竿搭“人”字形架，竹竿间距离 40～60cm，架高 1.8～2m，其后随蔓不断长高，在竹竿架下、中、上部横向拉 3 道线绳，助蔓上架。

④ 浇水追肥

开花之前，视土壤墒情，浇水 1～2 次，开花结荚初期，及时浇水 1 次，进入结荚盛期，每 10 天左右灌水 1 次。开花结荚初期随水追肥，追氮肥（N）60kg/hm^2、钾肥（K_2O）45kg/hm^2；结荚中期随水追肥，追氮肥（N）60kg/hm^2、钾肥（K_2O）45kg/hm^2。

7　采收

开花后 10 天左右，当豆荚长 5～6cm，单荚重 4～5g，豆荚深绿色，半鼓粒，口味脆甜时，开始采收，以后每隔 1～2 天采收 1 次。

8　病虫害防治

（1）主要病虫害

主要病虫害有斑潜蝇、蓟马、蚜虫、根腐病、白粉病、霜霉病。

（2）防治原则

按照“预防为主，综合防治”的方针，坚持“以农业防治、物理防治为主，化学防治为辅”的高效安全防治原则，即选用抗病品种，合理轮作倒茬，平衡施肥，清除田间杂草，培育健壮植株。化学农药使用按 GB 4285 和 GB/T 8321 标准执行。

（3）虫害防治

① 斑潜蝇

在成虫产卵盛期喷洒 1.8%阿维菌素乳油 4000 倍液，或 20%阿维·杀单乳剂

1000倍液、10%灭蝇胺悬浮剂1000倍液，采收前10天停止用药。

② 蓟马

虫害发生期，轮换喷洒0.5%藜芦碱醇溶液800倍液、5%吡虫啉·丁硫克百威1500倍液、22%毒死蜱·吡虫啉乳油2500倍液、2.5%高效氯氰菊酯乳油2000倍液喷雾防治，采收前10天停止用药。

③ 蚜虫

虫害发生期，轮换喷洒20%吡虫啉可湿性粉剂4000倍液、50%抗蚜威可湿性粉剂2000倍液、5%顺式氰戊菊酯乳油3000～4000倍液、2.5%高效氯氰菊酯乳油2000倍液，采收前15天停止用药。

（4）病害防治

① 根腐病

播种前，用种子质量0.25%的20%三唑酮乳油拌种，或用种子质量0.2%的70%百菌清可湿性粉剂拌种。发病初期用35%福·甲硫可湿性粉剂800倍液，或3.0%噁霉灵·甲霜灵水剂750倍液、50%百·硫悬浮剂600倍液淋根茎基部。

② 白粉病

病害始发期喷洒62.5%锰锌·腈菌唑可湿性粉剂1500倍液，或30%氟菌唑可湿性粉剂2000倍液、12.5%腈菌唑乳油2000倍液、62.5%氟菌唑·代森锰锌可湿性粉剂600倍液、2%武夷菌素水剂150～200倍液，隔10～15天防治1次，连防3～4次。

③ 霜霉病

用种子质量0.3%的35%甲霜灵拌种，发病初期开始喷洒70%乙铝·锰锌可湿性粉剂500倍液，或72%锰锌·霜脲可湿性粉剂600倍液，隔10天防治1次，连防1～2次。

9 产品标准

产品质量符合NY 5078—2005 无公害食品 豆类蔬菜标准。

第四节 高原夏菜贮运保鲜技术规范

一、白菜贮运保鲜技术规范

1 贮运前准备

贮运前对库房（空库）及一切用具进行消毒，准备周转筐、放菜架和保鲜袋、包装箱等。在贮藏蔬菜一周前用6～10ppm臭氧或按甲醛：高锰酸钾=5：1的比例配制成溶剂，以5g/m^{3}的用量或用5%的仲丁胺按5ml/m^{3}用量或用20g/m^{3}的硫磺粉点燃熏蒸冷库 24～48h；用 0.5%～0.7%的过氧乙酸水溶液喷洒墙壁、贮藏架、地面，用 0.5%的漂白粉水溶液或 0.5%的硫酸铜水溶液刷洗周转筐、放菜架等冷库用具，暴晒干后备用；入库前一天，打开换气窗换气。

2 采收整理及预处理

选择叶球粗大、紧实、顶部叶片包合紧密，生长健壮，大小一致，无病虫害和机械损伤的大白菜进行采收。贮藏用的大白菜选择抗寒性和耐藏性都较强的晚熟品种，并适时采收，适宜的采收期在气温降至 3℃左右时进行，一般以八成成熟、包心不太坚实为好，采收时拔起植株，不砍根部。采收在晴天早晨或傍晚气温和菜温较低时进行。轻拿轻放，避免机械损伤。采收后装入木箱、塑料箱或纸箱内（箱内衬纸或塑料膜），及时运回预冷，避免阳光直射。常温贮藏大白菜进行 2～4 天田间晾晒处理，在入贮前摘除部分烂叶、虫害叶、黄叶，尽量保留健康的外叶。

3 挑选分级

在整理的基础上，进一步剔出有病虫害、机械伤、发育欠佳的产品，然后依据坚实度、清洁度、鲜嫩度、整齐度、单球重、颜色、形状以及有无病虫害感染或机械伤进行分级。

4 保鲜剂处理

将伊源保鲜剂 200ml 原液加水 2kg，混合均匀，在大白菜采收后，将其均匀放于塑料膜上，用叶菜保鲜剂经喷雾器均匀喷洒大白菜，每 200ml 原液可处理大白菜 500kg。

5 预冷

将选择采收、保鲜剂处理后的大白菜，采用自然降温、冷库或强制通风预冷方式进行预冷，迅速去除田间热，使菜体温度快速冷却到规定温度。

6 包装贮藏

将经过伊源保鲜剂处理、预冷、挑选、分级后的大白菜，装入专用保鲜袋中，每袋装 10kg，按 0.5g/m^3 的量加入 1-MCP，10g/kg 的量加入生氧剂，用胶带密封包装。或将白菜装入条板箱或筐中，堆藏在冷库内即可，垛间留一定的通风道，库内温度保持在 0～1℃，相对湿度在 85%～95%为宜。

7 运输

白菜运输主要采用公路和铁路运输两种方式。

（1）公路运输

将经过伊源保鲜剂处理、预冷和包装后的大白菜，用汽运保温车进行运输。

装车前先在车厢底板铺两层草帘和一层棉被或棉毯，内壁两侧挂一层草帘，其上再挂一层棉被或棉毯，最后再挂上塑料膜，进行装车。在货物装完第三层时在车体中间加一定量的冰块。装货完备后，将草帘、棉毯严密覆盖货物，其上再加一层棉毯后，罩上绳网，然后用 14～17 根粗绳拦腰捆紧在车辆两侧支柱槽或丁字铁上，进行运输。

（2）铁路运输

用加冰冷藏车运输，又称为冰箱保温车，简称冰保车。常见的车顶式冰箱冷藏车，加冰冰箱设置在车顶，一般车顶有 4 个冰箱，每个冰箱可载冰 1t，使车厢内温度达到-8～10℃，各处温度相差不超过 1～2℃。在火车冰箱加冰后，将处理包装好的大白菜码入火车厢内，然后将门用塑料膜密闭即可。

二、莴笋贮运保鲜技术规范

1 贮运前准备

贮运前对库房（空库）及一切用具进行消毒，准备周转筐、放菜架和保鲜袋、包装箱等。在贮藏蔬菜一周前用 6～10ppm 臭氧或按甲醛∶高锰酸钾=5∶1 的比例配制成溶剂，以 5g/m^3 的用量或用 5%的仲丁胺按 5ml/m^3 用量或用 20g/m^3 的硫磺粉点燃熏蒸冷库 24～48h；用 0.5%～0.7%的过氧乙酸水溶液喷洒墙壁、贮藏架、地面，用 0.5%的漂白粉水溶液或 0.5%的硫酸铜水溶液刷洗周转筐、放菜架等冷库用具，暴晒干后备用；入库前一天，打开换气窗换气。

2 采收整理及预处理

选择生长健壮、大小一致、无病虫害和机械损伤的莴笋进行采收。收获时应连根拔起，适当摊晾，从茎盘基部将根切掉，进行贮藏。采收要在晴天早晨或傍晚气温和菜温较低时进行。轻拿轻放，避免机械损伤。采收后装入木箱、塑料箱或纸箱内（箱内衬纸或塑料膜），及时运回预冷，避免阳光直射。

3 挑选分级

在整理的基础上，进一步剔出有病虫害、机械伤、发育欠佳的产品，然后依据坚实度、清洁度、鲜嫩度、整齐度、重量、颜色、形状以及有无病虫害感染或机械伤进行分级。

4 保鲜剂处理

将伊源保鲜剂 200ml 原液加水 2kg，混合均匀，在莴笋采收后，将其均匀放于塑料膜上，用伊源保鲜剂经喷雾器均匀喷洒笋叶（笋身不喷），每 200ml 原液可处理莴笋 500kg。

5　预冷

将选择采收、保鲜剂处理后的莴笋，采用自然降温、冷库或强制通风预冷方式进行预冷，迅速去除田间热，使菜体温度快速冷却到规定温度。

6　包装贮藏

将经过伊源保鲜剂处理、预冷、挑选、分级后的莴笋，装入莴笋专用袋中，每袋装 10kg，并按每袋 0.2ml/kg 的量加入防腐剂，$1g/m^3$ 的量加入 1-MCP，用胶带密封包装。贮藏温度：（0±1）℃，相对湿度：85%～90%。

7　运输

莴笋运输主要采用公路和铁路运输两种方式。

（1）公路运输

将经过伊源保鲜剂处理、预冷和包装后的莴笋，用汽运保温车进行运输。装车前先在车厢底板铺两层草帘和一层棉被或棉毯，内壁两侧挂一层草帘，其上再挂一层棉被或棉毯，最后再挂上塑料膜，进行装车。在货物装完第三层时在车体中间加一定量的冰块。装货完备后，将草帘、棉毯严密覆盖货物，其上再加一层棉毯后，罩上绳网，然后用 14～17 根粗绳拦腰捆紧在车辆两侧支柱槽或丁字铁上，进行运输。

（2）铁路运输

用加冰冷藏车运输，又称为冰箱保温车，简称冰保车。常见的车顶式冰箱冷藏车，加冰冰箱设置在车顶，一般车顶有 4 个冰箱，每个冰箱可载冰 1t，使车厢内温度达到–8～10℃，各处温度相差不超过 1～2℃。在火车冰箱加冰后，将处理包装好的莴笋码入火车厢内，然后将门用塑料膜密闭即可。

三、花椰菜贮运保鲜技术规范

1　贮运前准备

贮运前对库房（空库）及一切用具进行消毒，准备周转筐、放菜架和保鲜袋、包装箱等。在贮藏蔬菜一周前用 6～10ppm 臭氧或按甲醛：高锰酸钾=5：1 的比例配制成溶剂，以 $5g/m^3$ 的用量或用 5%的仲丁胺按 $5ml/m^3$ 用量或用 $20g/m^3$ 的硫磺粉点燃熏蒸冷库 24～48h；用 0.5%～0.7%的过氧乙酸水溶液喷洒墙壁、贮藏架、地面，用 0.5%的漂白粉水溶液或 0.5%的硫酸铜水溶液刷洗周转筐、放菜架等冷库用具，暴晒干后备用；入库前一天，打开换气窗换气。

2 采收整理及预处理

选择花球紧实、匀称，色泽洁白，叶球圆整，表面光洁，花球重约0.75kg的花椰菜进行采收。适时早采，七八成成熟为最佳；用于贮藏的花椰菜在采前7～10天停止浇水，下雨或雨后2～3天不采收。采收在晴天早晨或傍晚气温和菜温较低时进行。采收时修剪基部，保留3～5轮叶片，保护花球，轻拿轻放，尽量避免机械损伤。花椰菜在阴凉的通风场所摊晾2～3天，装入木箱或塑料箱（箱内衬纸或塑料膜），及时运回预冷，避免阳光直射。

3 挑选分级

在整理的基础上，进一步剔出有病虫害、机械伤、发育欠佳的产品，然后依据坚实度、清洁度、鲜嫩度、整齐度、重量、颜色、形状以及有无病虫害感染或机械伤进行分级。

4 保鲜剂处理

将伊源保鲜剂200ml原液加水2kg，混合均匀，在花椰菜采收后，将其均匀放于塑料膜上，用喷雾器均匀喷洒花茎切口和所剩叶片，勿喷洒花球，每200ml原液可处理花椰菜500kg。

5 预冷

将选择采收、保鲜剂处理后的花椰菜，采用自然降温、冷库或强制通风预冷方式进行预冷，迅速去除田间热，使菜体温度快速冷却到规定温度。

6 包装贮藏

将经过伊源保鲜剂处理、预冷、挑选、分级后的花椰菜装入内衬塑料袋（厚度为0.03mm的聚乙烯薄膜袋）的纸箱或直接装入厚度为0.03mm的聚乙烯薄膜袋中，每箱装（袋）10kg，并按每箱（袋）0.2ml/kg的量加入防腐剂，8g/kg的量加入生氧剂，用胶带密封包装。或将摊晾后的花椰菜装入经过消毒处理的筐或箱中，送入冷风库房中堆码贮藏，贮藏期在两个月以内的，以留叶为宜，两个月以上的，应去掉外叶，贮藏的温度控制在0～1℃，相对湿度以90%～95%为宜。贮藏过程中每月翻菜一次，将脱落及腐败的叶片摘除，并淘汰不适宜继续贮藏的花球。

7 运输

花椰菜运输主要采用公路和铁路运输两种方式。

（1）公路运输

将经过伊源保鲜剂处理、预冷和包装后的花椰菜，用汽运保温车进行运输。

装车前先在车厢底板铺两层草帘和一层棉被或棉毯，内壁两侧挂一层草帘，其上再挂一层棉被或棉毯，最后再挂上塑料膜，进行装车。在货物装完第三层时在车体中间加一定量的冰块。装货完备后，将草帘、棉毯严密覆盖货物，其上再加一层棉毯后，罩上绳网，然后用14～17根粗绳拦腰捆紧在车辆两侧支柱槽或丁字铁上，进行运输。

（2）铁路运输

用加冰冷藏车运输，又称为冰箱保温车，简称冰保车。常见的车顶式冰箱冷藏车，加冰冰箱设置在车顶，一般车顶有4个冰箱，每个冰箱可载冰1t，使车厢内温度达到–8～10℃，各处温度相差不超过1～2℃。在火车冰箱加冰后，将处理包装好的花椰菜码入火车厢内，然后将门用塑料膜密闭即可。

四、芹菜贮运保鲜技术规范

1　贮运前准备

贮运前对库房（空库）及一切用具进行消毒，准备周转筐、放菜架和保鲜袋、包装箱等。在贮藏蔬菜一周前用6～10ppm臭氧或按甲醛：高锰酸钾=5：1的比例配制成溶剂，以5g/m^{3}的用量或用5%的仲丁胺按5ml/m^{3}用量或用20g/m^{3}的硫磺粉点燃熏蒸冷库24～48h；用0～0.7%的过氧乙酸水溶液喷洒墙壁、贮藏架、地面，用0.5%的漂白粉水溶液或0.5%的硫酸铜水溶液刷洗周转筐、放菜架等冷库用具，暴晒干后备用；入库前一天，打开换气窗换气。

2　采收整理及预处理

选择生长健壮，大小一致，无病虫害和机械损伤的芹菜进行采收，应选择心实色绿、耐寒力强的品种。由于芹菜只能忍受轻霜，收获期应比菠菜早些，西北地区一般在“小雪”前后，收获时的外界气温接近0℃。采收在晴天早晨或傍晚气温和菜温较低时进行。采收时带浅根留2cm左右。轻拿轻放，避免机械损伤。采收后装入木箱、塑料箱或纸箱内（箱内衬纸或塑料膜），及时运回预冷，避免阳光直射。贮藏用芹菜采收后摘除黄枯烂叶，打成小捆，置于阴凉处预贮散热。

3　挑选分级

在整理的基础上，进一步剔出有病虫害、机械伤、发育欠佳的产品，然后依据坚实度、清洁度、鲜嫩度、整齐度、单株重、颜色、形状以及有无病虫害感染或机械伤进行分级。

4　保鲜剂处理

将伊源保鲜剂200ml原液加水2kg，混合均匀。在芹菜采收后，将其均匀放于塑料膜上，用叶菜保绿剂经喷雾器均匀喷洒茎叶，每 200ml 原液可处理芹菜 500kg。

5　预冷

将选择采收、保鲜剂处理后的芹菜，采用自然降温、冷库或强制通风预冷方式进行预冷，迅速去除田间热，使菜体温度快速冷却到规定温度。

6　包装贮藏

将经过伊源保鲜剂处理、预冷、挑选、分级后的芹菜，装入 PVC 果蔬调气透湿袋或 PE 保鲜袋中，每袋装 10kg，并按每袋 0.2ml/kg 的量加入防腐剂，$1g/m^3$ 的量加入 1-MCP，8g/kg 的量加入生氧剂，用胶带密封包装。贮藏温度：–1～0℃，相对湿度：98%～100%。

7　运输

芹菜运输主要采用公路和铁路运输两种方式。

（1）公路运输

将经过伊源保鲜剂处理、预冷和包装后的芹菜，用汽运保温车进行运输。装车前先在车厢底板铺两层草帘和一层棉被或棉毯，内壁两侧挂一层草帘，其上再挂一层棉被或棉毯，最后再挂上塑料膜，进行装车。在货物装完第三层时在车体中间加一定量的冰块。装货完备后，将草帘、棉毯严密覆盖货物，其上再加一层棉毯后，罩上绳网，然后用 14～17 根粗绳拦腰捆紧在车辆两侧支柱槽或丁字铁上，进行运输。

（2）铁路运输

用加冰冷藏车运输，又称为冰箱保温车，简称冰保车。常见的车顶式冰箱冷藏车，加冰冰箱设置在车顶，一般车顶有 4 个冰箱，每个冰箱可载冰 1t，使车厢内温度达到–8～10℃，各处温度相差不超过 1～2℃。在火车冰箱加冰后，将处理包装好的芹菜码入火车厢内，然后将门用塑料膜密闭即可。

五、甘蓝贮运保鲜技术规范

1　贮运前准备

贮运前对库房（空库）及一切用具进行消毒，准备周转筐、放菜架和保鲜袋、包装箱等。在贮藏蔬菜一周前用 6～10ppm 臭氧或按甲醛∶高锰酸钾=5∶1 的比例配制成溶剂，以 $5g/m^3$ 的用量或用 5%的仲丁胺按 $5ml/m^3$ 用量或用 $20g/m^3$ 的硫磺粉点燃熏蒸冷库 24～48h；用 0.5%～0.7%的过氧乙酸水溶液喷洒墙壁、贮藏架、地面，用 0.5%的漂白粉水溶液或 0.5%的硫酸铜水溶液刷洗周转筐、放菜架等冷库用具，暴晒干后备用；入库前一天，打开换气窗换气。

2　采收整理及预处理

选择叶球扁圆、包心紧实，生长健壮，大小一致，无病虫害和机械损伤的甘蓝进行采收。贮藏的甘蓝其收获时间可迟些，冬季在 12 月至翌年的 1 月，夏季在 5～6 月采收。采收要在天气晴朗、土壤干燥、露水干时采收。采收时保留 8～10cm 长的根和 2～3 层外叶。轻拿轻放，避免机械损伤。采收后装入木箱、塑料箱或纸箱内（箱内衬纸或塑料膜），及时运回预冷，避免阳光直射。甘蓝贮藏前要经过 3～4 天的摊晾和预冷处理。

3　挑选分级

在整理的基础上，进一步剔出有病虫害、机械伤、发育欠佳的产品，然后依据坚实度、清洁度、鲜嫩度、整齐度、单球重、颜色、形状以及有无病虫害感染或机械伤进行分级。

4　保鲜剂处理

将伊源保鲜剂 200ml 原液加水 2kg，混合均匀，在甘蓝采收后，将其均匀放于塑料膜上，用叶菜保绿剂经喷雾器均匀喷洒甘蓝，每 200ml 原液可处理甘蓝 500kg。

5　预冷

将选择采收、保鲜剂处理后的甘蓝，采用自然降温、冷库或强制通风预冷方式进行预冷，迅速去除田间热，使菜体温度快速冷却到规定温度。

6　包装贮藏

将经过伊源保鲜剂处理、预冷、挑选、分级后的甘蓝，装入专用保鲜袋中，每袋装 10kg，按 $1g/m^3$ 的量加入 1-MCP，5g/kg 的量加入生氧剂，用胶带密封包装。或用打孔的聚乙烯薄膜（每 $929cm^2$ 薄膜有一个直径为 6.35mm 的小孔）垫在箱子或筐内进行贮藏，库内温度控制在 0℃，相对湿度 90%。

7　运输

甘蓝运输主要采用公路和铁路运输两种方式。

（1）公路运输

将经过伊源保鲜剂处理、预冷和包装后的甘蓝，用汽运保温车进行运输。装车前先在车厢底板铺两层草帘和一层棉被或棉毯，内壁两侧挂一层草帘，其上再挂一层棉被或棉毯，最后再挂上塑料膜，进行装车。在货物装完第三层时在车体中间加一定量的冰块。装货完备后，将草帘、棉毯严密覆盖货物，其上再加一层棉毯后，罩上绳网，然后用14～17根粗绳拦腰捆紧在车辆两侧支柱槽或丁字铁上，进行运输。

（2）铁路运输

用加冰冷藏车运输，又称为冰箱保温车，简称冰保车。常见的车顶式冰箱冷藏车，加冰冰箱设置在车顶，一般车顶有4个冰箱，每个冰箱可载冰1t，使车厢内温度达到–8～10℃，各处温度相差不超过1～2℃。在火车冰箱加冰后，将处理包装好的甘蓝码入火车厢内，然后将门用塑料膜密闭即可。

六、青花菜贮运保鲜技术规范

1 贮运前准备

贮运前对库房（空库）及一切用具进行消毒，准备周转筐、放菜架和保鲜袋、包装箱等。在贮藏蔬菜一周前用6～10ppm臭氧或按甲醛∶高锰酸钾=5∶1的比例配制成溶剂，以5g/m^{3}的用量或用5%的仲丁胺按5ml/m^{3}用量或用20g/m^{3}的硫磺粉点燃熏蒸冷库24～48h；用0.5%～0.7%的过氧乙酸水溶液喷洒墙壁、贮藏架、地面，用0.5%的漂白粉水溶液或0.5%的硫酸铜水溶液刷洗周转筐、放菜架等冷库用具，暴晒干后备用；入库前一天，打开换气窗换气。

2 采收整理及预处理

选择花球紧实、匀称，色泽翠绿，叶球圆整，花球重约0.5kg的青花菜进行采收。用于贮藏的青花菜在采前7～10天停止浇水，下雨或雨后2～3天不采收。采收在晴天早晨或傍晚气温和菜温较低时进行。采收时修剪基部，保留2～3轮叶片，保护花球，轻拿轻放，避免机械损伤。采收后装入木箱、塑料箱或纸箱内（箱内衬纸或塑料膜），及时运回预冷，避免阳光直射。

3 挑选分级

在整理的基础上，进一步剔出有病虫害、机械伤、发育欠佳的产品，然后依据坚实度、清洁度、鲜嫩度、整齐度、单球重、颜色、形状以及有无病虫害感染或机械伤进行分级。

4 保鲜剂处理

将伊源保鲜剂200ml原液加水2kg，混合均匀，在青花菜采收后，将其均匀放于塑料膜上，用喷雾器均匀喷洒花球，每200ml原液可处理青花菜500kg。

5 预冷

将选择采收、保鲜剂处理后的青花菜，采用自然降温、冷库或强制通风预冷方式进行预冷，迅速去除田间热，使菜体温度快速冷却到规定温度。

6 包装贮藏

将经过伊源保鲜剂处理、预冷、挑选、分级后的青花菜装入内衬塑料袋（厚度为 0.03mm 的聚乙烯薄膜袋）的纸箱或直接装入厚度为 0.03mm 的聚乙烯薄膜袋中，每箱（袋）装 10kg，并按每箱（袋）0.2ml/kg 的量加入防腐剂，2～3 包（每包 10g）/箱的量加入乙烯吸收剂，5g/kg 的量加入生氧剂，用胶带密封包装。贮藏温度：0℃，相对湿度：90%～95%。

7 运输

青花菜运输主要采用公路和铁路运输两种方式。

（1）公路运输

将经过伊源保鲜剂处理、预冷和包装后的青花菜，用汽运保温车进行运输。装车前先在车厢底板铺两层草帘和一层棉被或棉毯，内壁两侧挂一层草帘，其上再挂一层棉被或棉毯，最后再挂上塑料膜，进行装车。在货物装完第三层时在车体中间加一定量的冰块。装货完备后，将草帘、棉毯严密覆盖货物，其上再加一层棉毯后，罩上绳网，然后用 14～17 根粗绳拦腰捆紧在车辆两侧支柱槽或丁字铁上，进行运输。

（2）铁路运输

采用加冰冷藏车运输，又称为冰箱保温车，简称冰保车。常见的是车顶式冰箱冷藏车，加冰冰箱设置在车顶，一般车顶有 4 个冰箱，每个冰箱可载冰 1t，使车厢内温度达到–8～10℃，各处温度相差不超过 1～2℃。在火车冰箱加冰后，将处理包装好的青花菜码入火车厢内，然后将门用塑料膜密闭即可。

七、荷兰豆贮运保鲜技术规范

1 贮运前准备

贮运前对库房（空库）及一切用具进行消毒，准备周转筐、放菜架和保鲜袋、包装箱等。在贮藏蔬菜一周前用 6～10ppm 臭氧或按甲醛∶高锰酸钾=5∶1 的比例配制成溶剂，以 5g/m^3 的用量或用 5%的仲丁胺按 5ml/m^3 用量或用 20g/m^3 的硫磺粉点燃熏蒸冷库 24～48h；用 0.5%～0.7%的过氧乙酸水溶液喷洒墙壁、贮藏架、地面，用 0.5%的漂白粉水溶液或 0.5%的硫酸铜水溶液刷洗周转筐、放菜架等冷库用具，暴晒干后备用；入库前一天，打开换气窗换气。

2　采收整理及预处理

选择豆粒半鼓起，豆荚鲜嫩有光泽、颜色绿白，荚长7cm以上，生长健壮，大小一致，无弯荚、无病虫害和机械损伤的荷兰豆进行采收。采收要在幼嫩豌豆颜色从暗绿色变为亮绿色时进行，选择晴天早晨或傍晚气温和菜温较低时进行。轻拿轻放，避免机械损伤。采收后装入木箱、塑料箱或纸箱内（箱内衬纸或塑料膜），及时运回预冷，避免阳光直射。

3　挑选分级

在整理的基础上，进一步剔出有病虫害、机械伤、发育欠佳的产品，然后依据坚实度、清洁度、鲜嫩度、整齐度、豆荚重量、颜色、形状以及有无病虫害感染或机械伤进行分级。

4　保鲜剂处理

将伊源保鲜剂200ml原液加水2kg，混合均匀，在荷兰豆采收后，将其均匀放于塑料膜上，用喷雾器均匀喷洒荷兰豆，每200ml原液可处理荷兰豆500kg。

5　预冷

将选择采收、保鲜剂处理后的荷兰豆，采用自然降温、冷库或强制通风预冷方式进行预冷，迅速去除田间热，使菜体温度快速冷却到规定温度。

6　包装贮藏

将经过伊源保鲜剂处理、预冷、挑选、分级后的荷兰豆，装入专用保鲜袋（箱）中，每袋（箱）装10kg，并按0.5g/m^{3}的量加入1-MCP，10g/kg的量加入生氧剂，用胶带密封包装。贮藏温度：（0±1）℃，相对湿度：90%～95%。

7　运输

荷兰豆运输主要采用公路和铁路运输两种方式。

（1）公路运输

将经过伊源保鲜剂处理、预冷和包装后的荷兰豆，用汽运保温车进行运输。装车前先在车厢底板铺两层草帘和一层棉被或棉毯，内壁两侧挂一层草帘，其上再挂一层棉被或棉毯，最后再挂上塑料膜，进行装车。在货物装完第三层时在车体中间加一定量的冰块。装货完备后，将草帘、棉毯严密覆盖货物其上再加一层棉毯后，罩上绳网，然后用14～17根粗绳拦腰捆紧在车辆两侧支柱槽或丁字铁上，进行运输。

（2）铁路运输

用加冰冷藏车运输，又称为冰箱保温车，简称冰保车。常见的车顶式冰箱冷藏车，加冰冰箱设置在车顶，一般车顶有 4 个冰箱，每个冰箱可载冰 1t，使车厢内温度达到–8～10℃，各处温度相差不超过 1～2℃。在火车冰箱加冰后，将处理包装好的荷兰豆码入火车厢内，然后将门用塑料膜密闭即可。

第四章　高原夏菜高效种植模式

第一节　高海拔冷凉地区夏秋蔬菜延期供应技术

高海拔冷凉地区利用夏秋季节气候冷凉的优势进行蔬菜生产，为解决我国长江以南地区夏秋淡季蔬菜供应发挥了巨大作用，目前已形成了甘肃兰州“高原夏菜”、张北“错季蔬菜”和云（南）贵（州）“反季节蔬菜”三大基地。但是由于种植模式单一，产品上市过于集中、供应期短，销售风险大，效益提升缓慢等原因，不但影响了市场均衡供应，而且影响了高海拔冷凉地区蔬菜产业的发展壮大。本书依托国家科技支撑计划课题“高原夏菜安全高效生产及保鲜加工关键技术研究与示范”，对此展开了研究，总结出3种高海拔冷凉地区夏秋蔬菜延期供应技术。

一、通过错期播种实现夏秋蔬菜延期供应

对于生育期较短且一次性采收的甘蓝类和白菜类蔬菜，如甘蓝、花椰菜、青花菜、大白菜、娃娃菜等，可通过错开播种期实现均衡供应。海拔为1200～1800m地区，错期10～15天播种，海拔为1800～2600m地区，错期7～10天播种，共安排3～4个播期，可使蔬菜供应期延长30～40天。2009年3～8月，在甘肃省金昌市永昌县焦家庄乡红庙墩村（海拔1996m，共设4个播期处理，各间隔10天）、甘肃省兰州市皋兰县西岔镇陈家井村（海拔1520m，共设3个播期处理，各间隔15天）开展了分期播种对‘中甘21号’甘蓝生长发育的影响研究。结果表明：随着播种时期推迟，‘中甘21号’甘蓝生育期缩短2～4天，播种期相差40天时，甘蓝成熟期相差37天。该技术不但可有效规避销售风险，实现产品延期供应，而且能降低因市场价格波动造成的效益损失，同时解决了因人力投入集中而无法扩大种植规模的难题。目前，错期播种技术在甘肃省榆中县、皋兰县、天祝县、永昌县等高原夏菜主产区得到了广泛应用，根据近几年的价格变化趋势和市场需求，总结提出花椰菜、甘蓝和青花菜“334型”的错期播种模式，按3∶3∶4的面积比例分期播种，从最早种植时间开始，每隔10天种植一茬。据不完全统计，2010年该技术应用面积达到1500hm^2，花椰菜、甘蓝和青花菜平均每亩产值分别达3943元、6520元和4863元，比一次性播种方式分别增收443元、212元和375元。

二、利用不同覆盖方式实现夏秋蔬菜延期供应

气温低、无霜期短是高海拔冷凉地区的气候特点，对于生育期较长的胡萝卜、

西芹等蔬菜，利用不同覆盖方式栽培是实现延期供应的最佳措施之一。采用地膜覆盖栽培、塑料拱棚+地膜覆盖栽培与常规露地栽培相配套，可使胡萝卜、西芹等蔬菜供应期延长 50～60 天。2009 年 3～9 月，在甘肃省金昌市永昌县焦家庄乡红庙墩村（海拔 1996m，无霜期 136 天，年平均气温 4.8℃）进行胡萝卜不同覆盖方式栽培试验，结果表明：露地栽培胡萝卜上市期在 9 月 5 日，地膜覆盖栽培胡萝卜上市期在 7 月 26 日，而塑料拱棚+地膜覆盖栽培胡萝卜可在 7 月 1 日上市，较露地栽培提前 65 天。由于该技术延长了产品供应期，销售风险大为降低，还有效解决了因产品上市集中而被收购商借机压低价格等实际问题。2010 年重点在甘肃省永昌县推广胡萝卜塑料拱棚+地膜覆盖栽培，推广面积 40hm^2，胡萝卜平均每千克销售价格为 2.0 元，每亩生产效益达 9960 元，较常规露地栽培经济效益提高 45%。

三、利用不同海拔温差实现夏秋蔬菜延期供应

高海拔冷凉地区不同海拔温度差异明显，该特点为利用不同海拔垂直气候变化实现蔬菜延期供应提供了条件。不同海拔地区，蔬菜播种期不同，随着海拔升高，播种期推迟，成熟期也相应延后。2009 年 3～8 月，在甘肃省选择了 3 个不同海拔的地区，分别是兰州市皋兰县西岔镇陈家井村（海拔 1520m，3 月 19 日播种），金昌市永昌县焦家庄乡红庙墩村（海拔 1996m，4 月 10 日播种），武威市天祝县华藏镇周家窑村（海拔 2560m，4 月 25 日播种），开展了不同海拔对青花菜生长发育的影响研究，结果表明：随着海拔升高，播种期推迟，‘中青 9 号’青花菜的成熟期也相应推迟，海拔梯度相差 1000m 左右，该品种成熟期相差约 35 天。因此，在宏观布局上，将同一种蔬菜作物分布在不同海拔的区域种植，可以实现产品延期供应。

第二节　甘肃省高原夏菜优化栽培模式

自 20 世纪 90 年代初以来，甘肃省高原夏菜发展迅速，已成为甘肃省特色高效农业产业之一，是农民增收的主渠道。为了推动甘肃省高原夏菜产业安全高效发展，自 1997 年以来甘肃省农业科学院蔬菜研究所在甘肃省兰州市榆中县、红古区、皋兰县，天水市秦州区，金昌市永昌县等地设试验示范基点开展高原夏菜安全高效生产技术的研究与示范推广工作，总结出以下高原夏菜优化栽培模式。

一、菜用豌豆复种娃娃菜栽培模式

菜用豌豆 3 月中下旬播种，6 月上旬始收，7 月上中旬采收结束；娃娃菜 7 月中旬播种，9 月中下旬采收。每亩菜用豌豆产量 1200～1500kg、娃娃菜产量 9000～10 000 棵，总产值 6000～7000 元。适宜区域为海拔 1700～1900m 的陇中

沿黄灌区。

（一）菜用豌豆栽培技术要点

适宜的荷兰豆品种为‘美浓’、‘南非大荚豆’、‘食荚大菜豌’；甜脆豆品种为‘合欢’甜脆豆、‘绿珍’。播种前每亩施磷酸二铵 40kg、尿素 10～15kg、过磷酸钙 50kg、油渣 50kg，作为基肥开沟 1 次施入。采用宽窄行点播，播种沟方向与当地主风向相同，宽行距 1.0～1.1m，窄行距 30～35cm，株距 10～13cm，播种深度 4～5cm，每穴 2 粒，播后覆土，覆盖宽 80cm 的地膜。当幼苗出土后及时放苗，防止地膜下温度过高而烧苗。5 月上旬浇水 1 次，并及时搭架，架杆高度在 2m 左右，在窄行中间地两头顺播种沟方向栽一粗杆，两端用拉线、地锚固定，在杆上距地面 1.8m 处拉一水平铁丝，每隔 0.5m 用细竹竿插“人”字形架利于茎蔓攀爬。当茎蔓长到 0.5～0.6m 时用塑料绳束一腰线，以后每隔 0.5m 就勒 1 次腰线，一般要勒 3～4 次腰线，以防茎蔓横卧地面。5 月下旬（开花结荚期）浇水追肥，每亩追施尿素 15kg、硫酸钾 10kg，以后每隔 5 天左右浇水 1 次，隔水追肥，每亩追施尿素 15kg、磷酸二氢钾 10kg。及时用 1.8%‘爱诺虫清 3 号’（阿维菌素）乳油 800 倍液，或 95%吡虫啉水剂 1500 倍液及时防治斑潜蝇 3～4 次；用黄板诱杀成虫，减少虫口密度。蓟马用 10%吡虫啉 3000 倍液、1.8%阿维菌素 300 倍液等药剂叶面喷雾防治。白粉病用 50%多菌灵可湿性粉剂 800 倍液、12.5%腈菌唑 3000 倍液等药剂交替喷雾防治。花后 10 天左右即可采收嫩荚。采收时根据田间长势分次（批）进行。采摘要轻拿轻放，以免划破豆皮，造成损伤，从而影响外观品质。7 月中旬采收完毕，及时整地，待播娃娃菜。

（二）娃娃菜栽培技术要点

适宜品种为‘春玉黄’、‘介石金杯’、‘金皇后’、‘春宝宝’等。7 月中旬及时清理菜用豌豆秧蔓残叶，保留地膜。在膜上按株行距 18cm×20cm 打深 0.5～1cm 的穴，每穴点入 3～4 粒种子，轻覆土。在直播 3～4 天后，查看出苗情况，及时补种。在幼苗长出 3～4 片真叶时进行间苗，每穴留 1 株，每亩保苗密度 1.0 万～1.1 万株。5～6 叶期每亩随水追施尿素 15kg，在开始结球前 5～6 天施三元复合肥 25kg，在结球中期和后期再各施尿素 15kg。用 1.8%‘爱诺虫清 3 号’乳油 800 倍液、2.5%溴氰菊酯乳油 2000 倍液或 10%吡虫啉 1500 倍液或 20%啶虫脒 1500 倍液及时防治小菜蛾、蚜虫、美洲斑潜蝇等害虫。用 72%杜邦克露可湿性粉剂 500 倍液或 50%烯酰・锰锌可湿性粉剂 750 倍液或 58%甲霜灵・锰锌可湿性粉剂 800 倍液等及时防治霜霉病和黑斑病。

二、菜用豌豆复种花椰菜栽培模式

菜用豌豆 3 月下旬播种，6 月上旬采收，7 月上中旬采收结束；花椰菜 6 月上旬育苗，7 月中旬定植，10 月上中旬采收。每亩菜用豌豆产量 1200～1500kg、花椰菜产量 2500～3000kg，总产值 6000～6500 元。适宜区域为海拔 1700～1900m 的陇中沿黄灌区。

（一）菜用豌豆栽培技术要点

参照模式一中菜用豌豆栽培技术。

（二）花椰菜栽培技术要点

适宜品种为'雪妃'、'赛欧'。7 月中旬及时拔除菜用豌豆秧蔓，在距膜边 5cm 处及时定植花椰菜，缓苗后每亩随水沟施或穴施磷酸二铵和尿素（比例为 2∶1）配方肥 10～15kg，并及时中耕培土蹲苗，培土高度 8～10cm。蹲苗结束后适时灌水，进入结球前期（15～16 片叶）时，每亩随水沟施或穴施磷酸二铵、尿素和硫酸钾（比例为 1∶2∶1）配方肥 20kg 左右。用 1.8%阿维菌素乳油 800 倍液，或 3.3%爱诺贝雷（阿维菌素+高效氯氰菊酯）乳油 3750 倍液等及时防治小菜蛾、蚜虫等害虫。

三、蒜苗复种西芹栽培模式

大蒜 3 月上旬播种，6 月上旬采收蒜苗；西芹 3 月下旬育苗，6 月中旬定植，9 月上中旬采收。每亩蒜苗产量 3000～4000kg、西芹产量 7000～8000kg，总产值 6000～6800 元。适宜区域为海拔 1600～1900m 的陇中沿黄灌区及河西地区。

（一）蒜苗栽培技术要点

适宜品种为'张掖白蒜'、'蔡家坡大蒜'。精选瓣大、微露绿芽、根盘完好、无虫孔和腐烂斑的蒜瓣为种蒜，播前在阳光下晾晒 1～2 天以催芽。播种前每亩施优质腐熟农家肥 3000～4000kg、过磷酸钙 50kg、磷酸二铵 30kg，浅犁地并耙平地面后作平畦，畦宽 1m，畦间距 0.2m。在畦面按行距 20cm 开 6～8cm 深的小沟，在小沟内按株距 10～12cm 点播蒜种，并在沟内喷毒死蜱乳油 800 倍液，后用土填平播种沟并覆盖 1.4m 宽的地膜，蒜苗出土后及时放苗和浇水。在蒜退母前后浇水，并随水追施尿素，每亩追肥量 10～15kg。以后浇水追肥的原则是少量多次，一般每亩每次灌水量 40～50m^3、追肥量 10～15kg，追肥以碳酸氢铵、硝酸钾等速效肥为主，隔水追肥。用 40%辛硫磷乳油 800～1000 倍液灌根，及时防治地下害虫。

（二）西芹栽培技术要点

适宜品种为'圣地亚哥'、'凡尔赛'、'文图拉'等。定植时株距 20cm、行距 25cm，培土以埋住短缩茎、露出心叶为宜，边栽苗、边浇水。定植后 10～15 天及时浇缓苗水，中耕保墒。进入立心期（植株6～8片叶，内部叶柄已渐直立，开始迅速生长）结合浇水进行第1次追肥，每亩追施尿素10～12kg。在叶片旺盛生长期，结合浇水进行第2次追肥，每亩追施碳酸氢铵+硫酸钾（2∶1）的配方肥30～35kg，以后经常保持地面湿润。用50%多菌灵可湿性粉剂800倍液，或75%百菌清可湿性粉剂700～800倍液，或53.8%可杀得可湿性粉剂1000～1200倍液及时防治叶枯病。

四、蒜苗复种花椰菜栽培模式

大蒜3月上旬播种，6月中旬采收蒜苗；花椰菜5月中旬育苗，6月下旬定植，9月中下旬采收。每亩蒜苗产量3000～4000kg、花椰菜产量2500～2800kg，总产值6000～7000元。适宜区域为海拔1600～1900m的陇中沿黄灌区。

（一）蒜苗栽培技术要点

参照模式三中蒜苗栽培技术。

（二）花椰菜栽培技术要点

适宜品种为‘雪妃’、‘赛欧’。定植前每亩施优质农家肥3000～4000kg、磷酸二铵15～20kg、硫酸钾10～15kg，浅犁地并耙平地面后作畦，畦宽60cm、高10～15cm，沟宽40cm。畦作好后覆盖70～80cm宽的地膜，及时定植花椰菜幼苗。其他技术参照模式二中的花椰菜栽培技术。

五、蒜苗复种娃娃菜栽培模式

大蒜3月上中旬播种，6月中下旬采收蒜苗；娃娃菜7月上旬播种，9月中下旬采收。每亩蒜苗产量3000～4000kg、娃娃菜产量9000～10 000棵，总产值6500～8000元。适宜区域为海拔1600～1900m的陇中沿黄灌区及河西地区。

（一）蒜苗栽培技术要点

参照模式三中蒜苗栽培技术。

（二）娃娃菜栽培技术要点

作宽0.8～1.2m的平畦，覆膜后播种，其他技术参照模式一中的娃娃菜栽培技术。

六、菠菜复种娃娃菜栽培模式

菠菜5月上中旬播种，6月中下旬采收；娃娃菜6月下旬至7月上旬播种，9月上中旬采收。每亩菠菜产量1000～1500kg、娃娃菜产量9000～10 000棵，总产值达6000～8000元。适宜区域为海拔1600～1900m的陇中沿黄灌区及河西地区。

（一）菠菜栽培技术要点

适宜品种为‘盛夏王’、‘羞月’、‘爱可托’。适宜播期是5月上中旬。播种前7～10天浇地，每亩施优质农家肥2000～3000kg、过磷酸钙30～50kg、尿素10～15kg，浅犁地并耙平地面后播种。用小型播种机播种，播种时将行间距调整至20cm，每亩播种量1.5～2.0kg，播种深度2～3cm。三叶一心期进行第1次浇水追肥，每亩追施碳酸氢铵20～30kg。六叶一心时带根采收。

（二）娃娃菜栽培技术要点

参照模式一中的娃娃菜栽培技术。

七、菠菜复种花椰菜栽培模式

菠菜5月上旬播种，6月中下旬采收；花椰菜5月中下旬育苗，6月下旬定植，9月中下旬采收。每亩菠菜产量1000～1500kg、花椰菜产量2500～3000kg，总产值5000～6000元。适宜区域为海拔1600～1900m的陇中沿黄灌区及河西地区。

（一）菠菜栽培

参照模式六中的菠菜栽培技术。

（二）花椰菜栽培

参照模式二中的花椰菜栽培技术。

八、马铃薯复种大葱栽培模式

马铃薯2月下旬至3月上旬播种，6月中下旬采收；大葱4月上旬育苗，7月上中旬定植，11月上中旬采收。每亩马铃薯产量2000～2200kg、大葱产量7000～8000kg，总产值6000～6500元。适宜区域为海拔1300～1500m的陇东及渭河灌区。

（一）早熟马铃薯栽培技术要点

适宜品种为‘克新2号’、‘克新6号’。播种前每亩施优质农家肥4000～5000kg、腐熟油渣100kg、磷酸二铵20～25kg、硫酸钾10～15kg，浅犁地并耙平地面后，按窄行距30cm、宽行距50cm、株距25～30cm开沟点播种薯，播完及时培土加垄，垄宽50cm，沟宽30cm，并覆盖70～80cm宽的地膜。每亩密度5500～6600株，出苗后及时放苗。95%苗出齐后，可浇水1次，现蕾期结合浇水每亩追施尿素 10～15kg，以后进行控水。花期叶面喷施 0.2%的 40%矮壮素溶液 1～2 次，现蕾前可摘除花序，促进养分向块茎转移。

（二）大葱栽培技术要点

适宜品种为‘章丘大葱’、‘铁杆王’、‘大梧桐’。定植时先按行距 70～80cm 开宽 30cm、深 30cm 的定植沟，每亩沟施腐熟农家肥 2000～3000kg、磷酸二铵 15kg、过磷酸钙 50kg，结合沟内松土，将沟土与肥料混匀后，在定植沟内栽苗，每排 3 株，株距 3cm，排距 10cm。栽苗后及时在定植沟内灌足水。缓苗期一般不浇水，缓苗后浇水 2～3 次，随水追肥 1 次，每亩追施尿素 10～15kg。葱白旺长期，每隔 10～15 天浇水 1 次，并及时追肥培土 3 次，结合培土每亩追施三元复合肥 15kg，同时用 0.5%硼砂溶液进行叶面追肥，每亩用液量 50L，每隔 10 天左右追施 1 次，连续追 2～3 次。一般在追肥浇水后进行培土，应掌握前松后紧的原则，培土应在午后进行，一般培土 4～6 次，前 2 次陆续填平定植沟，以后培土要适当压紧实，每次培土至叶鞘与叶身的分界处略下，勿埋没叶身，培土时取土宽度勿超过行距的 1/3，以免伤根。葱白充实期浇水 2 次即可，收获前 7～10 天停止浇水。用 50%甲霜铜可湿性粉剂 800 倍液，或 72.2%普力克（霜霉威）水剂 800 倍液及时防治霜霉病。用 77%可杀得（氢氧化铜）可湿性粉剂 500 倍液，或 72%克露（霜脲·锰锌）可湿性粉剂 800 倍液，或 30%绿得保（碱式硫酸铜）悬浮剂 500 倍液及时防治白尖病。

九、莴笋复种花椰菜栽培模式

甘肃省河西走廊海拔 1800～2200m 的高海拔冷凉区，由于受气候冷凉、光热资源限制，一般只能生产一茬蔬菜，这就很大程度限制了土地和光能利用率。为提高土地利用率，增加效益，通过育苗技术，利用日光温室或塑料大棚在 3 月和 6 月育苗，可实现在高海拔冷凉区两茬蔬菜种植。

莴笋 3 月中下旬育苗，4 月下旬定植，7 月上旬采收；花椰菜 6 月上旬育苗，7 月中旬定植，9 月下旬采收。每亩产莴笋 5000～5500kg、花椰菜 2200～2500kg，总产值达 7000～8000 元。

（一）莴笋栽培技术要点

适宜的品种为‘三青香’、‘青美’、‘抗热先锋’等。在日光温室内进行育苗，可采用穴盘育苗或漂浮育苗。播种前将种子在阳光下晒 6～8h，然后将种子放入 50℃的水中进行温汤浸种 30min，待水温降至 20℃时浸泡 3～5h，再将种子捞出后淋去水分，包在干净、湿润的纱布中，在 15～20℃温度下催芽，当 60%种子萌芽时即可播种。

采用穴盘育苗时，选择 128 孔穴盘。基质可采用商品育苗基质，也可自配基质，如以草炭、蛭石、废菇料为育苗原料，按草炭：蛭石为 2：1 或草炭：蛭石：废菇料为 1：1：1 配制；自配基质应添加肥料，一般每立方米自配基质拌入三元复合肥 1.2kg。将基质适当浇水并拌匀后装盘，装入基质的高度一般是距育苗盘 0.5cm，用直尺刮平；将种子均匀地播在基质上，每穴播种 2～3 粒，播种后，用蛭石进行覆盖，然后用直尺沿育苗盘上沿刮平，将多余的蛭石除去，保证播种深度均匀一致，发芽整齐；由于蛭石质地较轻，直接浇水容易冲掉蛭石造成露籽，具体做法是将育苗盘水平地置于水中，注意水深不能浸过育苗盘高度，让水从盘底慢慢地渗入，直至饱和为止，取出育苗盘。播种后注意穴盘保湿，一般播种后 3～4 天齐苗。莴笋幼苗生长适宜温度为白天 15～18℃，夜间 10℃左右，不低于 5℃。齐苗后保持基质湿润，一般应在早晨浇水；莴笋幼苗柔嫩，水分过多、温度较高时容易发生烂心、猝倒病，应防雨防涝。从子叶展开到 2 叶 1 心，基质的含水量应控制在 75%～80%，两叶一心后进行删苗补苗，每穴留苗 1 株，若有缺苗应及时补苗，并结合喷水，用 0.2%～0.3%尿素和磷酸二氢钾进行叶面喷雾。从三叶一心至定植，基质的含水量控制在 70%～75%。一般苗龄 30～35 天。

采用漂浮育苗时，可选择浮盘长 53cm、宽 34cm、高 6cm、160 穴/盘的聚苯乙烯（EPS）格盘。营养池规格长、宽度应比育苗盘长、宽度数值的整倍数多 3cm，苗池深 13～15cm，埂宽 20cm，长、宽依据浮盘的规格、育苗量等因素而定。漂浮池建好后用兆冠 500 倍液、200 倍的漂白粉溶液或 0.1%高锰酸钾溶液对场地周围、漂浮池拱架进行全面喷雾消毒；铺衬黑膜前，池底用 50%辛硫磷 800 倍液或敌杀死 1000 倍液等杀虫剂全面喷雾一次，防止地下害虫咬破池膜。苗床用水必须清洁、无污染，选用无污染、pH 6～6.5 的地下水或自来水，一般不使用池塘水、河水，严禁使用受污染的水源进行漂浮育苗。在育苗前 3 天注入苗池中，并覆膜以利升温。一般要求苗池的灌水深度在 8cm，浮盘盘面与营养池池壁顶平。但在早春灌水过深不利于增温，为了达到迅速提高温度的目的，育苗前期苗池的灌水深度可在 3～5cm，能保持浮盘能够浮起即可；待空气温度稳定上升到有利于育苗生长的气温时，再增加苗池内水的深度，最高保持在 8cm 左右。除首次使用的新盘外，育苗前苗盘必须消毒。消毒的方法是用 15%次氯酸钠溶液或 1%～2%的福尔马林溶液喷洒、0.05%～0.1%的高锰酸钾溶液喷洒苗盘，用塑料薄膜密封 24h，然后用清水彻底冲洗干净。基质使用漂浮育苗专用的基质，从专业的生产厂家购买。装盘前首先将基质喷水，预先浸泡湿透再装填，达到握之成团、触之即散的效果。装盘后在每个苗穴的中心位置压出一个约 5mm 深、1cm 见方的小穴，可用特制的压穴板压出整齐一致的小穴。漂浮育苗播种数量每穴 1～2 粒，播后覆盖少量的基质。播种的育苗盘要当天漂放，以防基质干燥漏失，影响出苗。播种 24h 后要及时检查，若有的种植孔不能吸水，基质干燥，要将种植孔用细铁丝钻通。未漂放育苗盘前和出苗前不施肥，以防营养液浓缩和 pH 上升“烧种”。一般要出齐苗后放第一次肥（10g/盘），所施的肥可用氮磷钾比例为 15∶15∶15 的复合肥，在幼苗长出 3～4 片叶时，施第二次施肥，施肥量每盘 15～20g，按氮磷钾比例为 20∶15∶15 的标准施肥。肥料完全溶解于水桶中沿苗池走向，边走边将溶液倒入苗池中搅动，使营养液混匀，严禁从苗盘上方加肥料溶液和水，水分蒸发补充水位。播种后应注意保温来保证出苗整齐，盘面温度以 20～28℃为宜，当晴天中午棚内温度超过 30℃时，应及时打开棚膜通风排湿。莴笋苗出齐，两片子叶全展即应开始间苗、定苗，同时对空穴进行假植补苗，拔取两棵苗中大的苗来补，使每一个孔都有一株健壮整齐的苗。在间苗时，要尽量减少带出种植孔内的基质，补苗不要改变种植孔内基质的形态。当莴笋苗进入成苗期，移栽前 7～10 天断水、断肥炼苗。即茎高 8～10cm 开始炼苗，先从两边卷起至顶部，开始白天揭棚膜底部通风口晚上盖，5 天后进行昼夜通风炼苗。从营养液中取出育苗盘，放在苗床边（或用竹竿架于池埂两边将苗盘托起断水），大棚两侧昼夜大通风，以莴笋苗中午明显萎蔫，早晚能恢复为宜，移栽前 2 天停止炼苗，把苗盘放入营养池内，吸足水，以利拔苗不伤根。

结合整地施优质有机肥 5000kg/亩，尿素 20kg/亩、过磷酸钙 50kg/亩、硫酸钾 15kg/亩，也可在化学肥料施用量减少 10%的基础上，增施生物肥料；耙平后作畦，畦宽 40cm，畦高 15cm，沟宽 30cm。按照 30cm 株距在畦上挖穴定植，每穴 1 株。深度以不埋没心叶为度。定植后立即浇定植水。定植后 2～3 天浇缓苗水，待土壤见干后结合中耕修整畦面，培土 1～2 次。莲座期浇水的原则是保持土壤湿润，保证水分供给，浇水可采用交替灌溉方式；结合浇水追施尿素 10kg/亩、硫酸钾 5kg/亩。肉质茎膨大期结合浇水追肥 2 次，每次追施尿素 10kg/亩、硫酸钾 5kg/亩。收获前 20 天禁止追施化学肥料。

霜霉病发病初期选用 64%噁霜灵·锰锌可湿性粉剂 600～800 倍液，或 75%百菌清可湿性粉剂 500 倍液，或 72.2%霜霉威可湿性粉剂 600～800 倍液喷雾防治，每隔 7～10 天喷 1 次，连喷 2～3 次。菌核病发病初期用 50%腐霉利可湿性粉剂 1000 倍液，或 50%异菌脲可湿性粉剂 1000 倍液喷雾防治，每隔 7～10 天喷 1 次，连喷 2～3 次。灰霉病用 50%腐霉利可湿性粉剂 1000 倍液，或 50%异菌脲可湿性粉剂 1000 倍液喷雾防治。每隔 7～10 天喷 1 次，连喷 2～3 次。害虫主要有潜叶蝇、蚜虫等，可用 1.8%阿维菌素 3000～4000 倍液或 10%吡虫啉乳油 2000～4000 倍液防治。

（二）花椰菜栽培技术要点

花椰菜适宜品种为‘雪妃’、‘赛欧’等。6 月上旬育苗，在日光温室或塑料大棚内进行，可采用穴盘育苗或漂浮育苗，7 月中旬定植。

穴盘育苗一般选用 128 孔黑色塑料穴盘，穴盘消毒可用 40%甲醛 100 倍液浸泡穴盘 20～30min，塑料薄膜密闭 7 天后用清水冲洗干净，晾干备用。或将穴盘在高锰酸钾 1000 倍液中浸泡 10min 取出，清水冲洗干净，晾晒备用。种子消毒可用 50%扑海因可湿性粉剂 800 倍液浸种，或用 50%福美双可湿性粉剂按种子量的 0.3%拌种。选用专用蔬菜育苗基质或自己配置。自配基质可选用草炭、珍珠岩、蛭石以 3∶2∶1 比例混合，然后每立方米加入腐熟粉碎的干鸡粪 10～15kg、尿素 500g、磷酸二铵 600g、土壤杀菌剂（多菌灵 50%可湿性粉剂 200g、甲基托布津 70%可湿性粉剂 150g 喷雾）搅拌均匀，基质含水达到手握成团、松手即散时即可，及时填装穴盘。为了提高播种工效可采用气吸式播种机播种，也可自制穴盘打孔器，人工用镊子单粒播种，播种后覆盖基质 0.5～1cm。播完即用遮阳网（透光 50%）覆盖遮阳。播种后基质温度控制在 20～28℃，出苗期温度白天气温保持在 20～28℃，夜间保持在 20℃。夏季最高气温不能超过 30℃，若温度过高，可用水帘降温。采用微喷系统或洒壶，一般早晚浇水各一次，浇水量要求适可而止，切记水量过多流失养分，一般微喷 6～7min/次，洒壶掌握每穴盘 400～500ml。叶面喷施 2%～3%的钾宝或磷酸二氢钾叶面肥，出苗后的 12 天可酌情喷施，7～10 天/次。苗期主要虫害是蚜虫和菜青虫，可用 1.8%阿维菌素 3000～4000 倍液或 10%吡虫啉乳油 2000～4000 倍液防治。立枯病和猝倒病是苗期主要病害，立枯病发病初期用噁霉灵 4000 倍液或 50%多菌灵 500 倍液喷雾。猝倒病发病初期可选用 72.2%霜霉威 500 倍液或 50%安克 2000 倍液喷雾。一般苗龄控制在 30～35 天，成苗后要及时移栽，避免老化。主要病害是立枯病和猝倒病。

采用漂浮育苗时，可选择 160 穴/盘的聚苯乙烯（EPS）格盘。基质可采用商品育苗基质，也可自配基质。基质装填好后及时播种，深 1～1.5cm，每穴播 1～2 粒种子，盖种后，用压盘板轻压，使种子与基质充分接触。从播种到出苗，保持基质湿润，当苗有 2 片真叶时，育苗池补水到 8～10cm。破心阶段及时间苗、补苗，保证每穴 1 苗。为提高幼苗素质，增加茎粗，促进根系发育，使秧苗均匀一致，在整个苗期共施肥 3 次。第 1 次是 1 片真叶时，每 40 盘用复合肥料（N∶P∶K 为 15∶15∶15）1kg 溶解后施入池中；第 2 次是 3 片真叶时，每 40 盘用复合肥料（N∶P∶K 为 15∶5∶5）1kg 溶解后施入池中；第 3 次是三叶一心时，每 40 盘用尿素 0.4kg 溶解后施入池中。

7 月上旬莴笋采收后及时清理残叶，保留地膜。7 月中旬在距膜边 5cm 处及时定植花椰菜，缓苗后每亩随水沟施或穴施磷酸二铵和尿素（比例为 2∶1）配方肥 10～15kg，并及时中耕培土蹲苗，培土高度 8～10cm。蹲苗结束后适时灌水，进入结球前期（15～16 片叶）时，每亩随水沟施或穴施磷酸二铵、尿素和硫酸钾（比例为 1∶2∶1）配方肥 20kg 左右。用 1.8%阿维菌素乳油 800 倍液，或 3.3%爱诺贝雷（阿维菌素+高效氯氰菊酯）乳油 3750 倍液等及时防治小菜蛾、蚜虫等害虫。霜霉病用 40%的三乙膦酸铝可湿性粉剂 150～200 倍液，或 72%的霜霉威（普力克）水剂 600～800 倍液，7～10 天喷 1 次，连喷 2～3 次。黑斑病发病初期用 75%的百菌清可湿性粉剂 500～600 倍液，或 50%的异菌脲可湿性粉剂 1500 倍液，

7～10 天喷 1 次，连喷 2～3 次。黑腐病发病初期用 14%的络氨铜水剂 600 倍液，或 77%氢氧化铜可湿性粉剂 1500 倍液，或 72%农用硫酸链霉素可溶性粉剂 4000 倍液，7～10 天喷 1 次，连喷 2～3 次。黑胫病发病初期用 60%多・福可湿性粉剂 600 倍液，或 40%多・硫悬浮剂 500～600 倍液，或 70%百菌清可湿性粉剂 600 倍液喷雾，隔 9 天喷 1 次，连喷 1～2 次。

十、花椰菜复种娃娃菜栽培模式

花椰菜 3 月中旬育苗，4 月下旬定植，7 月上旬采收；娃娃菜 6 月中旬育苗，7 月中旬定植，9 月中旬采收。每亩产花椰菜 2500～2800kg、娃娃菜 6000～7000kg，总产值达 7000～8000 元。通过育苗技术，利用日光温室或塑料大棚，第一茬材料在 3 月中旬育苗，7 月上旬采收；第二茬材料于 6 月中旬育苗，7 月中旬定植。在海拔 1800～2200m 的河西走廊高海拔冷凉区可实现两茬种植。

（一）花椰菜栽培技术要点

花椰菜品种选择和育苗参照模式九中的方法。结合整地施优质有机肥 5000kg/亩，复合肥 20kg/亩、过磷酸钙 50kg/亩，也可在化学施肥量减少 10%的基础上，即复合肥 18kg/亩、过磷酸钙 45kg/亩，施‘农大哥’复合生物肥 5kg/亩或 AM 生物菌肥 1000ml/亩，施肥后耕翻，整地起垄，垄幅宽 80cm，垄面宽 50cm，垄沟 30cm。每垄种 2 行，株行距 40cm，定苗密度 4100 株/亩；按行株距要求挖穴，坐水栽苗，培土后立即浇水。采取前控后促的原则，前期薄肥勤施，在整个生长期内，追肥 4～5 次，缓苗后第 1 次追肥，每亩施尿素 10～15kg；8～10 天后进行第 2 次追肥，每亩施三元复合肥 20kg，以后视植株生长情况再施 1～2 次复合肥。当心叶开始旋拧时，要施重肥，每亩施三元复合肥 30kg 和硫酸钾 10kg，以后不再施肥，此时还可追施含硼、钼微量元素的叶面肥。以见干见湿、轻浇勤施为原则，据天气情况、植株长势，结合追肥浇水，保持适宜的土壤湿度。病虫害防治参照模式九中的方法。

（二）娃娃菜栽培技术要点

适宜品种为‘春玉黄’、‘介石金杯’、‘金皇后’等。6 月中旬育苗，在日光温室或塑料大棚内进行，可采用穴盘育苗或漂浮育苗，7 月中旬定植。参照模式一中的娃娃菜栽培技术。

十一、娃娃菜套种向日葵高效栽培技术

甘肃省河西走廊高海拔冷凉区，农业生产一直是“一季有余，两季不足”。例如，种植娃娃菜在 7 月中下旬就已经收获，夏秋季农田长时间闲置，造成了土地

和光热等资源的浪费。结合娃娃菜和向日葵的生长特性，合理调整播种期，结合作物植株的高低、根系长短合理搭配，优势互补，利用延长生长期和作物高差的间作效应，以及作物生物学特性和形态特征的互助效应，在不影响各自产量和品质的前提下，做到娃娃菜和向日葵的双丰收。通过多年的试验示范，探索出隔 3 垄娃娃菜套种 1 行向日葵的高效种植模式，该模式经济效益比娃娃菜单作增加 300 元以上。从而充分地利用了光、热、水、肥等自然资源，实现了优势互补，提高了土地利用率，达到了农民增收、农业增效的目的。

（一）娃娃菜栽培技术要点

娃娃菜适宜品种为‘春玉黄’、‘介石金杯’、‘金皇后’等。前茬作物收获后及时深翻暴晒，灌足底水，春季整墒，播前结合浅耕施用腐熟农家肥 5000kg/亩，尿素 15kg/亩、过磷酸钙 25kg/亩用作基肥一次性施入，整平耙细。起垄作畦，垄宽 40cm、沟宽 30cm、沟深 20cm，选择宽度 70cm 的地膜铺膜待种。播种在 5 月上旬，宜早不宜迟，每垄播种 2 行，株距 25cm，穴深 2cm 左右，每穴播种 2～3 粒，覆盖 1.5cm 厚的湿土。播后 7～10 天检查出苗情况，及时补种空穴。在幼苗两叶一心期时，及时间苗，封穴定苗。出苗至莲座期浇水 1～2 次，浇第 2 次水后进行蹲苗 15～20 天，蹲苗结束后结合浇水追施尿素 17kg/亩、硫酸钾 6kg/亩。莲座期至结球期，浇水 2～3 次，进入团棵期，结合浇水追施尿素 17kg/亩。在娃娃菜莲座初期、包心前期分别喷洒 0.7%氯化钙溶液和 50ml/L 萘乙酸混合液或 1%过磷酸钙溶液，7～10 天后再喷洒 0.7%硫酸锰溶液一次，交替喷施 2～3 次，防治娃娃菜干烧心。病虫害防治技术参照模式一中的方法。

（二）向日葵栽培技术要点

向日葵适宜品种为‘LD5009’、‘SR0817’、‘新葵杂 6 号’等。娃娃菜出苗全后，向日葵于 5 月中旬播种较为适宜，每垄种 1 行，播于垄面中间，株距为 55cm。每穴播种 2～3 粒种子，覆土厚度 2cm 左右。1～2 片真叶时间苗，2～3 片真叶时定苗，每穴留 1 株。向日葵苗期水肥根据娃娃菜生理需求浇水施肥，待娃娃菜采收后及时整理残植，减少病虫害发生。在向日葵现蕾期浇水，随水追施尿素 5～8kg/亩，在开花期随水追施尿素 8～10kg/亩，娃娃菜采收后一般浇水 3～4 次。向日葵属于异花授粉作物，开花期采取必要的辅助授粉措施是高产的保证。在蜜蜂较少时要采用人工辅助授粉，一般当田间开花株数达到 70%以上，单盘开花 2～3 天后，进行 1 次授粉，以后每隔 3 天进行 1 次，共授粉 2～3 次。授粉时用直径 15cm 左右的圆形硬纸板，上面铺一层棉花后再包一层干净的纱布，做成“粉扑子”。授粉时一手握住花盘背面脖颈处，另一手用“粉扑子”在花盘下面开花部位轻轻按几下，依次按同样的方法进行。向日葵主要病害为菌核病和锈病，菌核病发病初期用速克灵或菌核净每喷雾器兑药 30g，逐株灌根防治，每株 50～100ml 药液，每隔 7 天灌防 1 次，至少 2 次。用 50% 腐霉利可湿性粉剂 1500～2000 倍液，或 50%菌核净 600～800 倍液，重点保护花盘背面，防治烂盘型的菌核病。锈病在发病初期用 50%的粉锈宁可湿性粉剂 75g 兑水 30kg 进行喷雾防治。主要虫害为向日葵螟，在开花前和开花后喷洒 20%杀灭菊酯 3000 倍液防治，喷施部位以花盘为主。

十二、娃娃菜间作西芹高效栽培技术

针对甘肃省河西走廊高海拔冷凉区农业生产一直是“一季有余，两季不足”的现状，利用不同作物间作优势，提出了 2 垄娃娃菜间作 1 垄西芹的高效种植模式，该模式娃娃菜单株重达 2.09kg，西芹单株重达 2.24kg，产量达 9463.77kg/亩，产值达 10 704.77 元/亩，经济效率达 16.05 元/m^2。实现了优势互补，提高了土地利用率，达到了农民增收的目的。

（一）娃娃菜栽培技术要点

娃娃菜适宜品种为‘春玉黄’、‘介石金杯’、‘金皇后’等。播前结合浅耕施用腐熟农家肥 5000kg/亩，尿素 15kg/亩、过磷酸钙 25kg/亩、硫酸钾 10kg/亩用作基肥一次性施入，整平耙细。起垄作畦，垄宽 40cm、沟宽 30cm、沟深 20cm，选择宽度 70cm 的地膜铺膜。可采用直播或育苗种植。直播在 5 月上旬进行；育苗种植时，4 月中旬在日光温室内进行，可用穴盘育苗或漂浮育苗，5 月中旬定植。播种或定植时植株 2 垄，留 1 垄准备定植西芹。娃娃菜蹲苗结束后结合浇水追施尿素 12kg/亩、硫酸钾 5kg/亩。莲座期至结球期，浇水 2～3 次；进入团棵期，结合浇水追施尿素 12kg/亩。病虫害防治技术参照模式一中的方法。

（二）西芹栽培技术要点

西芹适宜品种为‘圣地亚哥’、‘文图拉’等。采用育苗移栽，于 4 月中旬播种育苗，6 月初定植，定植于预留的空垄上。定植时株距 20cm，行距 25cm，培土以埋住短缩茎、露出心叶为宜，边栽苗、边浇水。定植后 10～15 天及时浇缓苗水，中耕保墒。西芹苗期水分根据娃娃菜生理需求浇水，待娃娃菜采收后及时整理残植，减少病虫害发生。进入立心期（植株 6～8 片叶，内部叶柄已渐直立，开始迅速生长）结合浇水进行第 1 次追肥，追施尿素 4～5kg/亩。在叶片旺盛生长期，结合浇水进行第 2 次追肥，追施尿素 4～5kg/亩、硫酸钾 3～4kg。在采收前 10 天叶面喷施 0.05%硫酸锰，或 600mg/L 钼酸铵，或 0.15%硫酸锌，或 50ppm 赤霉素控制硝酸盐含量。病虫害防治技术参照模式三中的方法。

彩　图

胡萝卜高效安全生产技术示范

莴笋高效安全生产技术示范

菜用豌豆高效安全生产技术示范

洋葱高效安全生产技术示范

榆中县高原夏菜种植基地

安定区甘蓝种植基地

性诱剂防治花椰菜小菜蛾示范

荷兰豆采后分级包装

技术人员培训

农民培训

方智远院士指导工作

李佩成院士主持成果鉴定会

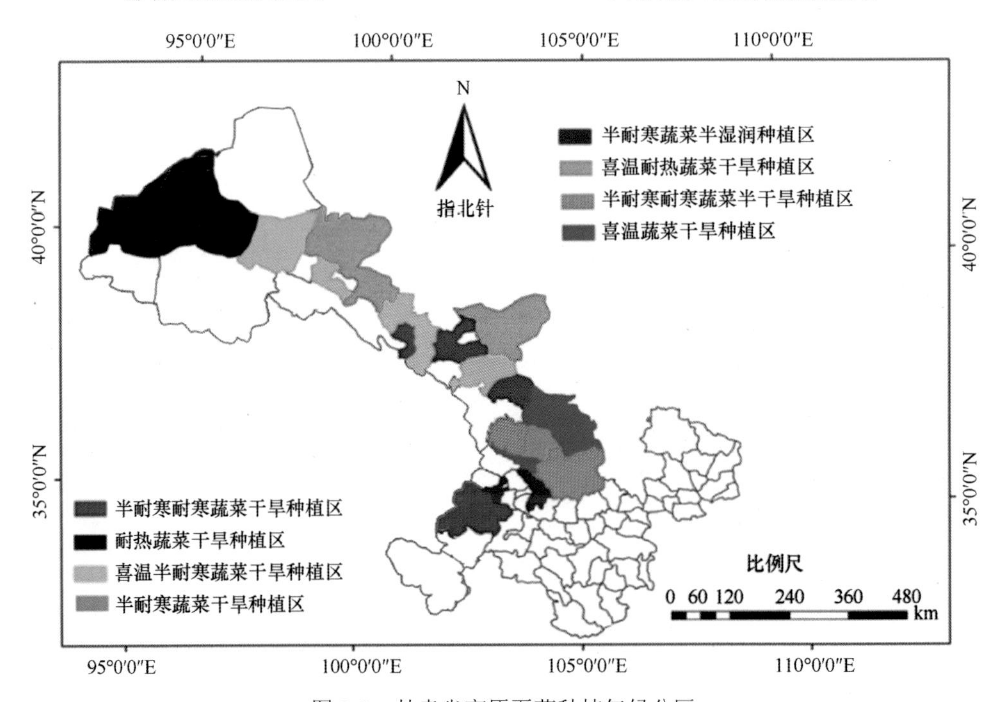

图 2-2　甘肃省高原夏菜种植气候分区